TURING
图灵教育

站在巨人的肩上

Standing on the Shoulders of Giants

TURING
图灵教育
站在巨人的肩上
Standing on the Shoulders of Giants

TURING 图灵程序设计丛书

Deep Learning for Search

深度学习搜索引擎开发

Java实现

[意]托马索·泰奥菲利 著
李军 天舒 译

人民邮电出版社
北 京

图书在版编目（CIP）数据

深度学习搜索引擎开发 : Java实现 / (意) 托马索·泰奥菲利 (Tommaso Teofili) 著 ; 李军, 天舒译. -- 北京 : 人民邮电出版社, 2020.10
(图灵程序设计丛书)
ISBN 978-7-115-54726-2

Ⅰ. ①深… Ⅱ. ①托… ②李… ③天… Ⅲ. ①JAVA语言—程序设计 Ⅳ. ①TP312.8

中国版本图书馆CIP数据核字(2020)第162719号

内容提要

本书是市面上少见的将搜索与深度学习相结合的书，讨论了使用（深度）神经网络来帮助建立有效的搜索引擎的方法。阅读本书无须具备开发搜索引擎的背景，也不需要具备有关机器学习或深度学习的预备知识，因为本书将介绍所有相关的基础知识和实用技巧。书中研究了搜索引擎的几个组成部分，不仅针对它们的工作方式提供了一些见解，还为在不同环境中使用神经网络提供了指导。读完本书，你将深入理解搜索引擎面临的主要挑战、这些挑战的常见解决方法以及深度学习所能提供的帮助。你将清晰地理解几种深度学习技术以及它们在搜索环境中的适用范围，并深入了解 Lucene 和 Deeplearning4j 库。书中示例代码用 Java 编写。

本书适合有一定编程经验，对深度学习和开发搜索引擎感兴趣的读者阅读。

◆ 著　[意] 托马索·泰奥菲利
译　李 军 天 舒
责任编辑　温 雪
责任印制　周昇亮

◆ 人民邮电出版社出版发行　北京市丰台区成寿寺路11号
邮编 100164　电子邮件 315@ptpress.com.cn
网址 https://www.ptpress.com.cn
三河市祥达印刷包装有限公司印刷

◆ 开本：800×1000 1/16
印张：17.25
字数：408千字　2020年10月第1版
印数：1－3 000册　2020年10月河北第1次印刷

著作权合同登记号 图字：01-2020-2151号

定价：79.00元

读者服务热线：(010)51095183转600　印装质量热线：(010)81055316

反盗版热线：(010)81055315

广告经营许可证：京东市监广登字 20170147 号

版权声明

献给 Mattia、Giacomo 和 Michela。

“幸福，只有在分享时才是真实的。”

——Christopher McCandless

译 者 序

虽然现在市面上关于深度学习的图书不少，但是将深度学习应用于搜索领域，且既重视实践又兼顾理论诠释的书不多，而本书就是这样一本书。本书由一位真正的开源先驱所作。作者并没有大量使用晦涩的数学公式，而是尽可能多地使用图表进行形象的表达，并针对每一个主题给出了示例代码。本书第一部分从搜索、机器学习和深度学习的基本概念出发，介绍了如何将深度学习技术应用于搜索问题。第二部分讨论了常见的搜索任务，以及如何应用深度神经网络等技术解决这些搜索任务。第三部分讨论了基于深度学习的机器翻译和图像搜索。全书内容层层推进，逐步深入。

本书翻译历时近一年，第 1~5 章由天舒翻译，第 6~9 章及文前部分由李军翻译，并由李军对全书进行了两遍以上的校对、审阅，使得全书能够保持行文的连贯性和术语的一致性。

本书涉及很多术语。与信息检索相关的术语，在翻译时主要参考了《搜索引擎：信息检索实践》（ISBN：9787111288084）；与深度学习相关的术语，则主要参考了《深度学习》（ISBN：9787115461476）。因为深度学习领域发展极为迅速，所以我们也参考了网络上一些公开课程的翻译，遇到表达不准的术语时，均尽力采用业界较为常用的译法。由于译者水平有限，以及书中涉及技术较为深奥，因此难免偶有误译现象，还请读者见谅。读者如发现错误，请到图灵社区网站本书页面提交勘误。

在翻译过程中，我们对原书也有一些疑惑。其中一些问题通过在网上搜索相关知识、查看 Deeplearning4j 文档找到了答案，但仍有十余处存疑。为此，我们通过电子邮件向作者托马索·泰奥菲利进行了核实，根据作者的回复，其中 8 处是作者笔误，我们已在书中一一订正。在此感谢作者在百忙之中做出回复！

非常感谢图灵公司的副总经理傅志红老师，在本书的翻译过程中，傅老师一直与我们保持密切联系，对翻译中的标点符号、术语、行文风格等方面给了我们许多指导和帮助；同时也非常感谢图灵公司的祁玥、温雪编辑，她们细致认真地审核了本书，经常晚上、周末还与译者联系校稿，可以说细致入微，为本书的出版付出了巨大努力。作为译者，我们深深感受到了图灵人对于每一本书精雕细琢的态度，这也是所有读者之福。我们由衷希望阅读本书使大家能有所收获。希望大家喜欢本书！

李军、天舒

2020 年 3 月

序

我们很难量化像“神经网络”和“深度学习”这样的名词现在变得有多普通，或者更直接地说，我们很难量化这些技术如何影响我们的生活。从自动化日常工作到复制困难的决策，再到帮助汽车（载着人）自动行驶到目的地，作为彻底改变计算的技术，神经网络和深度学习的力量才刚刚开始萌芽。

这就是这本书如此重要的原因。神经网络、人工智能和深度学习不仅使日常工作和决策自动化，使它们变得更容易，同时也使搜索变得更容易。以前，信息检索和搜索技术涉及复杂的线性代数，包括表示用户查询与文档匹配的矩阵乘法。如今，先进的技术不再使用代数和线性模型，而是在神经网络学习了如何使用单独的网络对文档中的单词进行归纳总结后，再应用它们来识别文档之间的单词相似性。而这只是搜索过程中使用人工智能和深度学习的一个领域。

本书作者托马索·泰奥菲利在书中采用了一种实用的方法，展示了在搜索引擎开发中使用神经网络、人工智能和深度学习的最新技术。书中有许多例子，能引导读者了解当今搜索引擎的架构，同时提供了足够的背景知识，以帮助读者理解深度学习的适用情景和使用方法，以及如何利用深度学习来提升搜索效果。从建立你的第一个网络并在查询扩展中找到相似的单词，到学习词嵌入来帮助搜索排序，再到跨语言搜索和图像搜索，托马索展示了人工智能和深度学习在哪些情况下可以增强你的代码和搜索能力。

本书作者是一位真正的开源先驱。他是 Apache Lucene 项目的前任主席，而该项目实际上是为 Elasticsearch 和 Apache Solr 提供支持的搜索索引引擎，他还为 Apache OpenNLP 项目中的语言理解和翻译做出了巨大贡献。近来他获得提名，担任 Apache Joshua（孵化）统计机器翻译项目的主席。

我知道你会从这本书中学到很多东西，我推荐这本书，因为它在常识、对复杂理论的解释以及用前沿的深度学习和搜索技术来编写真正的代码这三者之间实现了平衡。

希望你能享受阅读本书的乐趣。我自己真的非常享受！

Chris Mattmann
美国国家航空航天局喷气推进实验室副首席技术与创新官

前 言

大约 10 年前，我在攻读硕士学位时第一次接触到自然语言处理这个领域，并立刻被它深深地吸引住了。计算机能够帮助我们理解大量已有的文本文档，这样的前景听起来不可思议。我仍然记得，当看到我的第一个 NLP 程序从几个文本文档中提取出大致正确且有用的信息时，我有多么兴奋。

大约在同一时间，在工作中，我需要为一个客户提供咨询服务，他们正在开发新的开源搜索架构。我的一位同事是该领域的专家，但他当时正忙于另一个项目，于是他给了我一本 *Lucene in Action*。我研究了这本书几周之后，就被派去做咨询工作了。在我为那个基于 Lucene 和 Solr 的项目工作几年后，这个新的搜索引擎上线了（据我所知，它目前仍在使用中）。搜索引擎算法经常因为某个查询或者某个索引文本片段而需要反复调整，但我们让它工作了。我可以看到用户的查询，也可以看到检索的数据，但是，仅仅由于拼写上的细微差别或遗漏某个单词，就可能导致密切相关的信息无法出现在搜索结果中。为了提供尽可能好的用户体验，产品经理常常要求我进行许多人工干预。因此，虽然我对自己的工作感到非常自豪，但我也一直在思考如何尽量减少人工干预。

在此之后，我很偶然地发现自己涉足了机器学习领域，这要感谢吴恩达（Andrew Ng）的第一门机器学习在线课程（它是 Coursera MOOC 系列课程的起源）。我对课堂上展示的神经网络背后的概念如此着迷，以至于决定尝试用 Java 实现一个小型的神经网络库，只是为了好玩儿。为此我开始寻找其他在线课程，比如 Andrej Karpathy 关于视觉识别的卷积神经网络的课程，以及 Richard Socher 关于自然语言处理的深度神经网络的课程。从那以后，我一直专注于搜索引擎、自然语言处理和深度学习，且主要是在开源领域。

几年前，Manning 出版社找到我，希望我为一本关于自然语言处理的书写评论。我撰写了评论，并在该评论的最后提到自己有兴趣写一本关于搜索引擎和神经网络的书。当 Manning 出版社再次找到我，表示对此有兴趣时，我有点惊讶，并且自问："我真的想就此写本书吗？"我意识到，是的，我很感兴趣。

尽管深度学习已经给计算机视觉和自然语言处理带来了革命性的变化，但它在搜索领域的应用空间仍然有待探索。我相信目前我们还不能依赖深度学习来自动设置和调优搜索引擎，但是它可以让搜索引擎用户的体验更加流畅。有了深度学习，我们就可以在搜索引擎中做一些其他现有技术做不到的事情，或者强化搜索引擎中现有技术的功能。通过深度神经网络提高搜索引擎效率的旅程刚刚开始，祝你旅途愉快。

致　谢

首先，我要感谢我可爱的妻子 Michela 在编写本书的漫长过程中对我的鼓励和支持，感谢她在我写作的日日夜夜里给我的爱、鼓励和奉献！

感谢 Giacomo 和 Mattia 帮助我选择了最酷的封面插图，感谢他们在我努力写作时在旁边嬉闹玩耍。

感谢我的父亲，感谢他为我感到骄傲，并且对我充满信心。

非常感谢我的朋友 Federico，他不知疲倦地审阅了所有的书稿材料（书稿、代码、图像，等等），并和我展开了令人愉悦的讨论，分享了他的想法。更要感谢我的朋友和同事 Antonio、Francesco 和 Simone，感谢他们的支持、欢笑和建议。还要感谢 Apache OpenNLP 项目中的伙伴，Suneel、Joern 和 Koji，他们提供了反馈、建议和想法，帮助我完成了这本书。

感谢 Chris Mattmann 为本书撰写了这么鼓舞人心的序言。

感谢我的策划编辑 Frances Lefkowitz 在整个写作过程中的耐心和指导，还跟我讨论库里、杜兰特和勇士队。还要感谢 Manning 出版社的其他成员，是他们让这本书成为可能，包括出版人 Marjan Bace，以及所有在幕后工作的编辑和制作团队成员。此外，我要感谢由 Ivan Martinović 领导的技术同行评议者——Abhinav Upadhyay、Al Krinker、Alberto Simões、Álvaro Falquina、Andrew Wyllie、Antonio Magnaghi、Chris Morgan、Giuliano Bertoti、Greg Zanotti、Jeroen Benckhuijsen、Krief David、Lucian Enache、Martin Beer、Michael Wall、Michal Paszkiewicz、Mirko Kämpf、Pauli Sutelainen、Simona Ruso、Srdan Dukic 和 Ursin Stauss，还有论坛贡献者。在技术方面，感谢本书的技术编辑 Michiel Trimpe 以及技术校对 Karsten Strøbaek。

最后，感谢 Apache Lucene 和 Deeplearning4j 社区提供的优秀工具和它们对用户的友好支持。

关于本书

本书以实践为宗旨，主要讨论了使用（深度）神经网络来帮助建立有效的搜索引擎的方法。书中研究了搜索引擎的几个组成部分，不仅针对它们的工作方式提供了一些见解，还为在不同环境中使用神经网络提供了指导。重点在于通过示例解释搜索和深度学习技术，且其中大部分示例配有代码。同时，本书还在适当的地方提供了相关的研究论文，以鼓励你进行扩展阅读，深化对特定主题的认识。对神经网络和搜索相关主题的阐释贯穿全书。

读完本书，你将深入理解搜索引擎面临的主要挑战、这些挑战的常见解决方法以及深度学习所能提供的帮助。你将清晰地理解几种深度学习技术以及它们在搜索环境中的适用范围，并深入了解 Lucene 和 Deeplearning4j 库。此外，你还将培养出一种实践的态度，测试神经网络的有效性（而不是将其视为神奇的“魔法”），并且度量它们的成本和收益。

目标读者

本书是为具有中级编程背景的读者准备的。如果你精通 Java 编程，并且对开发搜索引擎有兴趣或愿意参与其中，那就再好不过了。如果你想让搜索引擎更有效地给出相关结果，从而对最终用户更有用，那么你应该读读本书。

即使你没有开发搜索引擎的背景也没关系，因为本书在涉及搜索的每个具体方面时，都会介绍搜索引擎的基本概念。同样，你也无须提前掌握机器学习或深度学习的知识。本书将介绍所有必需的机器学习和深度学习基础知识，以及在生产场景中将深度学习应用于搜索引擎的实用技巧。

你应该准备好动手写代码，并扩展现有的开源库，以实现深度学习算法，解决搜索问题。

阅读路线图

本书分成三个部分。

- 第一部分介绍了搜索、机器学习和深度学习的基本概念。第 1 章介绍了将深度学习技术应用于搜索问题的基本原理，涉及与最常见的信息检索方法相关的内容。第 2 章给出了第一个例子，用于说明如何使用神经网络模型从数据中生成同义词，以提高搜索引擎有效性。

- 第二部分讨论了常见搜索引擎任务，这些任务可以通过深度神经网络更好地处理。第 3 章介绍了如何使用循环神经网络（recurrent neural network）来生成用户输入查询的替代查询。第 4 章介绍了如何借助深度神经网络的帮助，在用户输入查询时提供更好的建议。第 5 章重点介绍了排序模型，特别是如何使用词嵌入提供相关性更强的搜索结果。第 6 章讨论了文档嵌入在排序函数和内容推荐中的使用。
- 第三部分介绍了更复杂的场景，如由深度学习驱动的机器翻译和图像搜索。第 7 章指导你通过基于神经网络的方法为搜索引擎提供多语言搜索能力。第 8 章讨论了如何使用深度学习模型，基于内容搜索图像集合。第 9 章讨论了与生产相关的主题，如深度学习模型调优和处理连续传入的数据流。

本书涉及的主题与概念的复杂性是递增的。如果你对深度学习或搜索不熟悉，或者对两者都不熟悉，强烈建议你先阅读第 1 章和第 2 章。在其他情况下，你可以根据自己的需要和兴趣随意选择章节阅读。

代码约定

本书偏向于提供代码片段而不是完整的代码清单，因为这样能快速、轻松地了解代码在做什么以及是如何做的。完整的源代码可以扫描本书封底二维码下载[①]，也可以在本书的图灵社区页面（https://www.ituring.com.cn/book/2733）下载。

代码示例使用 Java 编程语言和两个开源（Apache 授权的）库，即 Apache Lucene 和 Deeplearning4j。Lucene 是构建搜索引擎时使用最广泛的库之一；在撰写本书时，Deeplearning4j 是用于深度学习的原生 Java 库的最佳选择。同时使用两者将使你轻松、快速、顺利地测试和试验搜索和深度学习。

在本书中，为了与普通文本相区别，源代码采用了等宽字体。在很多情况下，源代码的格式经过了调整，我们添加了换行符，修改了缩进，以适应本书页面的可用空间。但是，在极少数情况下，即使这样也不能适应版面，因此代码清单中使用了续行符（➥）。此外，当用文本描述代码时，源代码中的注释通常会从代码清单中删除。许多代码清单有代码注释，以突出重要的概念。

liveBook 论坛

在购买本书英文版后，你可以免费访问由 Manning Publication 运营的一个私有网络论坛，在那里你可以对本书发表评论，提出技术问题，并从作者和其他用户那里获得帮助。要访问论坛，请访问 https://livebook.manning.com/#!/book/deep-learning-for-search/discussion 。可以通过 https://livebook.manning.com/#!/discussion 了解 Manning 的论坛和行为规则。

Manning 虽然为读者提供了一个平台，以方便读者之间、读者与作者之间进行有意义的对话，但是不能保证作者会频繁参与互动，因为作者对论坛的贡献是自愿的（也是无偿的）。我们建议

① 扫描二维码前，请先关注图灵社区微信公众号，以便及时获取推送。——编者注

读者向作者提出一些有挑战性的问题，以引起他的兴趣。只要本书仍然印刷出版，论坛和以前讨论的档案就可以从出版商的网站上找到。

电子书

本书中文版除了纸质版本，还有电子书可供选购。扫描如下二维码，即可购买本书中文版电子版。“随书下载”处可下载本书部分彩图。

关于封面图

本书封面上的插画题为 *Habit of a Lady of China*。这幅插画来自 Thomas Jefferys 于 1757 年至 1772 年间在伦敦出版的 *A Collection of the Dresses of Different Nations, Ancient and Modern*（共 4 卷）。该书扉页指出，这些插画都是手工上色、铜版雕刻的，其颜料中还添加了阿拉伯树胶。

Thomas Jefferys（1719—1771）被称为“乔治三世国王的地理学家”。他是一位英国地图制图师，是当时主要的地图供应商。他不仅为政府和其他官方机构雕刻并印刷地图，还制作了各种商用地图和地图集，特别是北美洲地图。地图制图师的工作让他对调研各地民族服饰产生了兴趣，这一兴趣在这套服饰集里体现得淋漓尽致。在 18 世纪晚期，着迷于远方的大陆并为了消遣去旅行还是相对新鲜的现象，而像这套服饰集这样的合集在当时非常流行，因为它们可以向观光客和足不出户的“游客”介绍其他国家与地区的居民。

Jefferys 作品中异彩纷呈的图画生动地描绘了 200 多年前世界各国的特色。自那以后，服饰文化发生了变化，各个国家与地区之间一度非常丰富的多样性已逐渐消失。现在，不同大洲的居民往往很难通过服饰来分辨。也许，我们该乐观一点儿，我们牺牲了文化和视觉上的多样性换来了更多样的人生，或者说是更多样、更有趣、更智能的科技人生。

在很难通过封面分辨不同计算机读物的这个时代，Manning 出版社在图书封面上采用了两个世纪以前各地居民丰富多样的形象，以此体现了计算机行业别出心裁、独具创新的特性。这要归功于 Jefferys 的绘画。

目　　录

第一部分　当搜索遇上深度学习

第二部分　将神经网络用于搜索引擎

第三部分 延伸

Part 1 第一部分

当搜索遇上深度学习

建立能够有效响应用户需求的搜索引擎并非易事。传统上，为了让搜索引擎在真实的数据集上正常工作，需要在搜索引擎的内部进行许多手动调整。此外，深度神经网络非常善于从大量数据中学习有用的信息。在本书的第一部分，我们将着手研究如何将搜索引擎与神经网络结合使用，以解决一些常见的问题，并为用户提供更好的搜索体验。

第1章 神经搜索

1

本章内容

- 搜索基本原理的概括介绍
- 搜索中的重要问题
- 神经网络使搜索引擎更高效的原因

假如你想了解人工智能研究的一些最新突破，应该如何查找相关信息？你需要付出多少时间和努力才能得到所需信息？如果你在一个大型图书馆里，可以询问图书管理员哪些书与这个主题相关，他们可能会推荐几本他们知道的。理想情况下，图书管理员还会建议你浏览一下这几本书中的特定章节。

虽然这听起来很简单，但是图书管理员通常与你来自不同的专业领域，这意味着你们对该领域的重点可能会有不同的理解。图书馆可能有不同语言的书，而图书管理员也可能说着与你不一样的语言。考虑到“最新”是一个相对的时间概念，图书管理员关于这个主题的信息有可能已经过时了，而且你不知道图书管理员最近一次阅读关于人工智能的资料是什么时候，或者图书馆是否定期接收该领域的出版物。此外，图书管理员可能不能正确理解你的询问，甚至可能以为你在从心理学的角度谈论智能[①]。你们只有在反复交流后才能相互理解，从而使你得到一点所需信息。

在这之后，你可能会发现图书馆里根本没有你需要的书，或者你所需要的信息分散在几本书中，你必须将这些书全都读完。这真是费时费力！

除非你自己就是一名“图书管理员”，否则在互联网上进行搜索的时候，这种现象会常常出现。我们可以把互联网看作一个巨大的图书馆，在这里，有很多不同的“图书管理员”来帮助你查找信息，它们就是搜索引擎。有的搜索引擎专精于某一主题，有的只了解“图书馆”中的一部分书，甚至只了解一本书。

现在想象有这样一个人，我们就叫他罗比吧，他既熟悉图书馆，又熟悉来访者，可以更好地找到你要找的东西。他能帮助你和图书管理员沟通，让你更快地得到答案。比如罗比可以通过提供额外的上下文来帮助图书管理员理解来访者的询问。罗比知道来访者通常读些什么，所以他跳过了所有关于心理学的书。而且，罗比在图书馆里读了很多书，能更好地洞察人工智能领域中什

① 这是我生活中发生的真实事件。

么更重要。如果有像罗比这样的顾问来帮助搜索引擎更高效地工作，同时帮助用户获得更多有用的信息，那将极为有益。

本书的重点是使用一种在机器学习领域被称为**深度学习**（deep learning）的技术来建立模型和算法，让搜索引擎更高效地工作。深度学习算法将扮演上文中罗比的角色，帮助搜索引擎提供更好的搜索体验，并向最终用户提供更精准的答案。

需要着重提醒的是，深度学习与**人工智能**（artificial intelligence）是不同的。如图 1-1 所示，人工智能是一个巨大的研究领域，机器学习只是人工智能中的一部分，而深度学习则是机器学习的一个子领域。基本上，深度学习研究的是如何使用深度神经网络计算模型让机器进行"学习"。

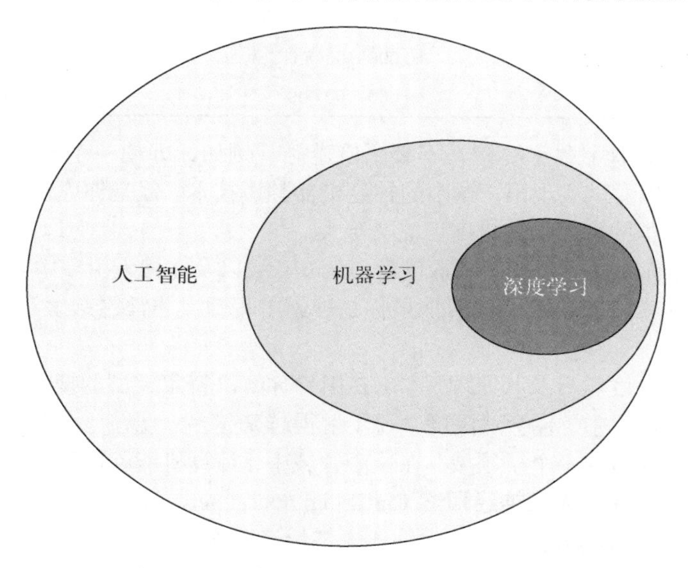

图 1-1　人工智能、机器学习以及深度学习

1.1　神经网络及深度学习

本书的目标是使你能够在搜索引擎中使用深度学习技术改进搜索体验和结果。即使不打算构建下一个谷歌搜索引擎，你也能够在中小型搜索引擎中使用深度学习技术，为用户提供更好的体验。神经搜索能帮助你自动完成工作，而无须手动执行。例如，你将学习如何从搜索引擎数据中自动提取同义词，从而避免手动编辑同义词文件（第 2 章）。不论在哪种应用场景下或在哪个领域中，这都能提高搜索效率、节省时间。在为搜索推荐优质相关内容方面（第 6 章将介绍），使用神经搜索和深度学习能起到同样的作用。在许多情况下，提供普通的搜索并导航到相关内容就能使用户满意。本书还将介绍一些更具体的实例，比如跨语言的内容搜索（第 7 章）和图像搜索（第 8 章）。

对于本书将讨论的技术，唯一要满足的条件是：有足够多的数据输入神经网络。但在实际应用中，人们很难为“足够多的数据”定义一般性标准。因此，我们总结一下本书中所列举的每个问题所需要的最少文档（文本、图像等）数量，详见表 1-1。

表 1-1　神经搜索技术针对每个任务所需的文档数量

任　务	所需的最少文档数量（范围）	所在的章
学习单词表示	1000~10 000	第 2 章、第 5 章
文本生成	10 000~100 000	第 3 章、第 4 章
学习文档表示	1000~10 000	第 6 章
机器翻译	10 000~100 000	第 7 章
学习图像表示	10 000~100 000	第 8 章

注意，表 1-1 中的数字源于经验，不必严格遵循。例如，即使一个搜索引擎的文档数少于 10 000 个，你仍然可以尝试实现第 7 章中的神经机器翻译技术。但是你应该考虑到，这时候获得高质量结果（例如完美的翻译）的难度可能会更大。

在阅读本书时，你将学到很多关于深度学习的知识，以及在搜索引擎中实现这些深度学习基本原理所需的所有搜索基础知识。因此，如果你是搜索工程师或非常愿意学习神经搜索的程序员，本书就非常适合你。

你不必预先了解深度学习及其原理。本书在引导你解决特定类型的搜索问题时，会逐个研究一些具体算法，在此过程中，你会对深度学习了解得越来越多。现在，本书将从一些基本定义入手。深度学习是机器学习的一个子领域，在这个领域中，计算机能够借助深度神经网络，逐步地学习表示和识别事物。深度**人工神经网络**（artificial neural network）是一种计算范式，最初灵感来自于神经元组织成大脑的方式（尽管大脑比人工神经网络复杂得多）。通常，信息流入**输入层**（input layer）的神经元，然后通过隐藏的神经元网络［它们形成一个或多个**隐藏层**（hidden layer）］，再通过**输出层**（output layer）的神经元输出。神经网络也可以看作黑盒：根据每个网络的训练目的，通过智能函数将输入转换为输出。普通的神经网络至少有一个输入层、一个隐藏层和一个输出层。当一个网络有多个隐藏层时，我们称之为**深度神经网络**。在图 1-2 中，可以看到一个具有两个隐藏层的深度神经网络。

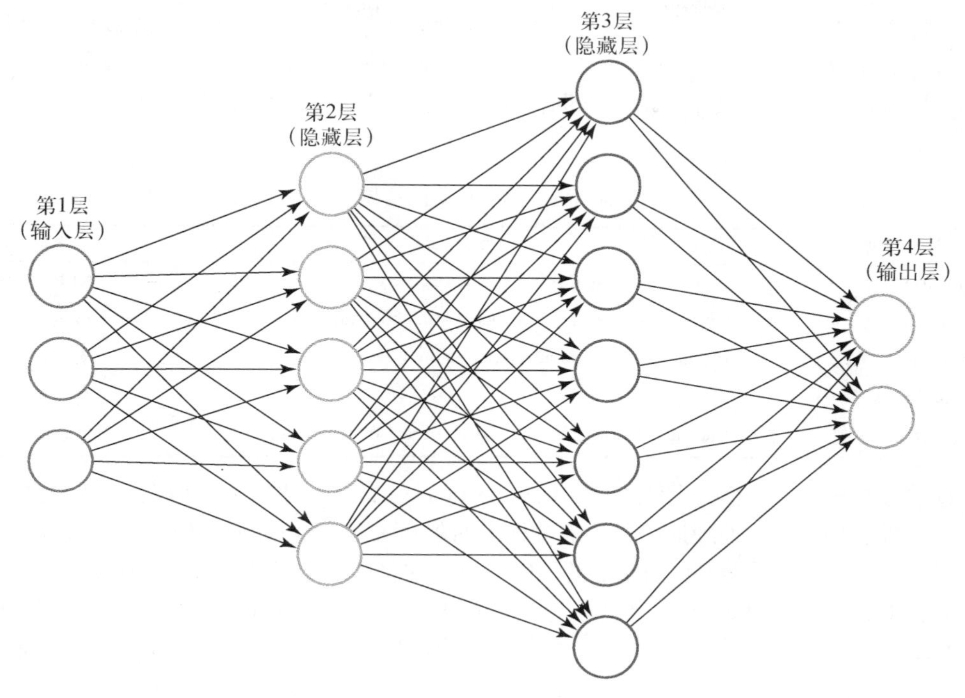

图 1-2　具有两个隐藏层的深度神经网络

在详细介绍神经网络之前，请先后退一步。前文曾提到，深度学习是机器学习的一个子领域，而机器学习是人工智能领域的一部分。那么，什么是机器学习呢？

1.2　什么是机器学习

在深入学习深度学习和搜索细节之前，先概述基本的机器学习概念会有极大的帮助。许多应用于人工神经网络学习的概念，如**监督学习**（supervised learning）和**无监督学习**（unsupervised learning）、**训练**（training）和**预测**（predicting），都来自机器学习。让我们快速回顾一下机器学习的一些基本概念，本书将在介绍深度学习搜索应用的过程中使用这些概念。

机器学习是一种基于算法来自动解决问题的方法，它可以从经验中学习问题的最优解决方案。在许多情况下，这种经验成对出现，包括以前观察到的数据，以及人们希望算法从中推断出的结果。例如，可以给机器学习算法提供文本对，其中输入是一些文本，输出是一个类别，用于对类似的文本进行分类。现在想象你回到了图书馆，但这次是作为一名图书管理员。你购买了成千上万本书，想把它们有序地陈列在书架上，以方便人们查找。为此，你希望对它们进行分类，将同一类的书放在同一个书架上（书架上可能有一个小标签表示类别）。如果先花几个小时手动对书进行分类，那么你就构建了机器学习算法所需的经验。然后，你可以根据自己的理性判断来训练一个机器学习模型，它将替你对剩余的图书进行分类。

在这种类型的训练中，由你指定与每个输入对应的输出类型。这种训练被称为**监督学习**（supervised learning）。由一个输入及其对应的目标输出所组成的一对样本，被称为**训练样本**（training sample）。表1-2展示了为了帮助创建监督学习算法，图书管理员可以手动进行的一些分类。

表1-2　图书分类的实例

书　名	文　本	分　类
Taming Text	If you're reading this book, chances are you're a programmer…	NLP，检索
Relevant Search	Getting a search engine to behave can be maddening…	搜索，相关
OAuth 2 in Action	If you're a software developer on the web today…	安全，OAuth
The Lord of the Rings	…	奇幻，小说
Lucene in Action	Lucene is a powerful Java search library that lets you…	Lucene，搜索

监督学习算法会在被称为训练阶段（training phase）的过程中输入类似表1-2中的数据。在训练阶段，机器学习算法处理训练集（训练样本的集合），并学习如何映射，比如将输入文本映射到输出的类别中。机器学习算法学习的内容取决于它将用于完成什么任务，在本例中，它应用于**文档分类**（document categorization）任务。机器学习算法的**学习方式**取决于算法本身的构建方式。并不只有一种算法可用于机器学习，机器学习有不同的子领域，这些子领域存在许多不同的算法。

说明　深度学习只是利用神经网络实现机器学习的一种方法。当要决定哪种神经网络最适合用于完成某项任务时，往往有大量的选择。在本书中，我们将主要讨论基于深度学习的机器学习。我们偶尔也会快速介绍其他类型的机器学习算法，主要是为了比较和分析真实场景。

训练阶段完成后，通常会得到一个机器学习模型。可以将其看作捕获算法在训练期间所学内容的一个制品（artifact），这个制品将用于预测。当模型接收到一个不包含任何期望输出的新输入时，便开始预测。然后模型根据在训练阶段所学到的内容，给出一个正确的输出。需要注意的是，如果你想输出好结果，就需要在训练阶段提供大量数据（不是数百个，而是至少数万个训练样本）。

在图书分类的例子中，当给定以下文本时，模型将提取“搜索”和“Lucene”等类别。

```
Lucene is a powerful Java search library that lets you easily add search to
    any application ...
```

这是*Lucene in Action*第2版的开场白。

就像前面提到的，提取出来的“类别”信息可用于将同一类别的图书放在图书馆的同一个书架上。那么，除了人为地提供一套已经做好分类的图书作为训练集，是否还有其他方法来实现这个功能呢？如果能找到一种方法来判别几本书之间的相似度，就可以把内容相似的书放在一起，而不用太在意每个图书类别的确切名称。如果要在不进行事先分类的前提下达成这个目的，可以使用**无监督学习**技术将类似的文档聚集在一起。与监督学习相反，在无监督学习中，机器学习算法在学习阶段并没有任何期望输出，它会从读取的数据中提取模式和数据表示。在聚类过程中，每个输入数据片段（在本例中，是一本书的文本）都转换为图表上的一个点。在训练阶段，聚类算法分类放置每一个点，并且假设位置相近的点在语义上彼此相近。训练结束后，同类图书就可以放在书架上相应的位置。

在这个例子中，无监督学习的输出是一组聚类，每个聚类包含分配好的点。如前文所述，这类模型可以用来进行预测，比如预测这本新书/这个点属于哪个集合。

机器学习可以帮助解决许多问题，包括图书分类和相似文本分组。截至 21 世纪初，人们已经为解决这类任务尝试过各种技术，以取得良好的效果。最后，不论是在大学的研究实验室还是工业中，深度学习都成为了主流。由于深度学习能更好地解决许多机器学习问题，因此广为人知，其使用也变得更加频繁。深度学习取得的成功和它的广泛使用不仅让图书分类和聚类变得更加精确，而且还带来了许多其他方面的进步。

1.3　深度学习能为搜索做什么

使用深度人工神经网络能帮助解决搜索问题，这个领域被称为神经搜索。本书将介绍用在搜索引擎中的神经网络的组成、工作方式和应用实践。

神经搜索

神经搜索（neural search）是“神经信息检索”（neural information retrieval）一词的一种不太学术的表达形式。“神经信息搜索”一词最早出现在 2016 年 SIGIR 大会的一个研讨会上，该研讨会重点讨论深度神经网络在信息检索领域的应用。

你可能会好奇：既然已经拥有了很好的网络搜索引擎，并且我们经常能够利用它们找到所需要的东西，那为什么还需要神经搜索呢？

深度神经网络有以下优点。

- 提供能捕获单词和文档语义的文本数据表示，从而让机器识别出语义相似的单词和文档。
- 生成在特定语境中有意义的文本，比如，用于创建聊天机器人。
- 提供图像的表示。这种表示与像素无关，而是与它们的组成对象有关。这使我们能够建立有效的人脸/对象识别系统。
- 高效地完成机器翻译。
- 在某些假设下逼近任何函数[①]。从理论上讲，深度神经网络能完成的任务种类是没有限制的。

① 参见 Kurt Hornik、Maxwell Stinchcombe 和 Halbert White 的文章“Multilayer Feedforward Networks Are Universal Approximators”，刊载于 *Neural Networks*，1989 年第 2 卷、第 5 期，第 359~366 页。

这听起来可能有点抽象，所以让我们来看看这些功能如何帮助搜索工程师和（或）用户。在使用搜索引擎时，我们只考虑主要的难点。你很可能会遇到如下问题。

- 无法获得良好的搜索结果：虽然找到了一些相关的资料，但都不是真正需要的那个。
- 搜索所需信息花费的时间过长（最后放弃了）。
- 要很好地理解想学习的主题，就得通读许多搜索到的结果。
- 需要母语版的资料，搜到的有用资料却是英语的。
- 曾经在网站上看到过某张图片，但再也找不到了。

上述这些问题很常见，解决办法也多种多样。令人兴奋的是，如果信息筛选得当，深度神经网络可以在上述所有情况下发挥作用。

在深度学习算法的帮助下，搜索引擎能够完成如下任务。

- 为最终用户提供相关性更强的结果，提高用户满意度。
- 用和搜索文本一样的方法来搜索二进制内容，比如图像。例如，用户可通过输入"picture of a leopard hunting an impala"这样的一段文字来找到需要的图片（当然，你不是谷歌搜索引擎[①]）。
- 为使用不同语言的用户提供所需内容，让更多用户能够访问搜索系统中的数据。
- 对所提供的数据更加敏感，也就是说查询没有结果的情况会减少。

如果你曾经设计、实现或配置过搜索引擎，那么你肯定遇到过这样一个问题：如何获得适合手中数据的解决方案。深度学习有助于为这些问题提供解决方案，使这些解决方案准确地基于数据本身，而非固定的规则或算法。

搜索结果的质量对最终用户来说至关重要。搜索引擎必须保证匹配到的结果是用户最需要的信息。合理排序的搜索结果可以让用户更简单、更快地找到所需结果，这就是为什么我们一再强调**相关结果**这个话题。在实际生活中，这会产生巨大的影响。深度神经网络可以根据用户查询历史或搜索引擎内容，自动调整用户的查询内容。

如今，人们已经习惯了使用网络搜索引擎来搜索图像。例如，在谷歌搜索引擎上搜索"pictures of angry lions"，就能得到相关性很强的图片。在深度学习出现之前，这些图像必须先使用元数据（metadata，关于数据的数据）描述其内容，然后才能放入搜索引擎。而这些元数据通常必须人工输入。而由于深度神经网络可以抽象出图像的表示，用于表示图像中的内容，因此不需要人工干预就可以将图像描述放入搜索引擎中。

因为在网络搜索这样的场景（搜索互联网上的所有网站）中，用户可能来自世界各地，所以最好能够允许用户通过母语进行搜索。此外，即便用户搜索时使用的是英语，搜索引擎也可以根据用户的个人资料，以用户的母语返回搜索结果。这是技术查询的常见情景，因为很多内容是用英语生成的。深度神经网络的一个有趣的应用被称为**神经机器翻译**，这是一组通过深度神经网络将一段文本从源语言翻译成目标语言的技术。

---

① 可能是作者的俏皮话，谷歌搜索引擎能实现，但你不是谷歌搜索引擎，所以要通过本书掌握通过文字搜索图像的方法。——译者注

同样令人兴奋的是，利用深度神经网络可以改变搜索引擎向用户返回相关信息的方式。最常见的情况是，搜索引擎在响应搜索查询时给出搜索结果列表。深度学习技术可以让搜索引擎只返回一条结果，而该结果能够提供用户需要的所有信息[①,②]。这将避免用户为了获得所需的所有知识而不得不查看每个结果。我们甚至可以将这些想法聚合起来，构建一个搜索引擎，为来自世界各地的用户无缝提供他们所需要的单个文本和图像，而非一系列搜索结果。

这些都是**神经搜索**应用的案例。可以想象，神经搜索有潜力彻底改变我们如今的工作方式和使用搜索引擎的方式。

计算机帮助人们获取所需信息的方法有很多。虽然神经网络在过去一直被讨论，但直到最近才变得如此流行，这是因为研究人员已经发现如何使它们比从前更有效。例如，21 世纪初，功能更强大的计算机所提供的帮助是一个关键进展。为了充分发挥深度神经网络的所有潜力，对计算机科学感兴趣的人士，尤其是自然语言处理、计算机视觉和信息检索等领域的人士，将需要了解这种人工神经网络在实践中是如何工作的。

本书是为那些有兴趣利用深度学习构建智能搜索引擎的人准备的。这并不意味着你一定要构建下一个谷歌搜索引擎，只是意味着你可以利用在本书中学到的知识为你的公司设计并实现一个高效的搜索引擎，或者扩展你的知识库，将深度学习技术应用到可能包括网络搜索引擎的大型项目中。在这里，我们的目标是丰富你关于搜索引擎和深度学习的技能，因为这些技能在许多情况下很有用。例如：

- 训练一个深度神经网络来学习识别图像中的对象，并在搜索图像时利用神经网络已学到的知识；
- 使用神经网络填充搜索引擎搜索结果列表中的“相关内容”栏；
- 训练神经网络学习如何让用户的查询更具体（更少但更好的搜索结果）或更广泛（更多的搜索结果，即使有些可能不太相关）。

1.4 学习深度学习的路线图

我们将利用信息检索库 Apache Lucene 和深度学习库 Deeplearning4j，在用 Java 编写的开源软件上运行我们的神经搜索示例。但是，为了确保本书中介绍的技术能够应用于不同的技术场景，我们将尽可能多地关注基本原理而不是它的具体实现。编写本书时，Deeplearning4j 是企业中广泛使用的深度学习框架，是 Eclipse Foundation 的一部分。由于与 Apache Spark 等流行的大数据框架集成，它的采用率较高。本书的完整源代码可以在 Manning 网站的本书页面和本书的 GitHub 官方页面找到。当然，还存在其他深度学习框架，例如 TensorFlow（来自谷歌公司）在 Python 社区和研究社区中很流行。因为几乎每天都有新的工具发明出来，所以我决定着重介绍一个相对

① 参见 Christina Lioma 等人的文章“Deep Learning Relevance: Creating Relevant Information (As Opposed to Retrieving It)”。

② 该论文提出了一种信息检索配置，该配置下信息检索系统不检索现有相关信息，而是通过循环神经网络学习现有相关信息后生成一个新的、相关的合成文档。通过几个随机的查询，显示这个合成文档相关性排序最高。这就是作者所说的“只返回一条结果，而该结果能够提供用户需要的所有信息”。——译者注

容易使用的深度学习框架，它可以很容易地与 Lucene 集成，而 Lucene 是 JVM 中使用最广泛的搜索库之一。

在规划本书内容的时候，我决定以一种难度递增的方式来呈现各个章节，所以每一章都用一种广为人知的算法，教授神经网络在特定搜索问题上的应用。本书将关注前沿的深度学习算法，但无法覆盖所有的内容。本书的目的是提供良好的基础，即便一周后就出现了一种新的、更好的基于神经网络的算法，这一基础也将很容易拓展到新算法中。借助深度神经网络，我们希望改进相关性、查询理解、图像搜索、机器翻译和文档推荐。如果你对这些都不了解，也不要担心，本书将介绍一些不使用深度学习技术就可以完成的任务，然后说明深度学习何时以及如何提供帮助。

本书第一部分概述神经网络如何帮助改进搜索引擎。该部分将介绍神经网络的一个应用，即通过生成同义词来帮助搜索引擎构建同一查询的多个版本。第二部分将主要研究基于深度学习的技术，以使搜索查询更具表现力。这种改进了的表现能力将使查询与用户的意图更加相符，从而使搜索引擎返回更好（相关性更强）的结果。第三部分将研究更复杂的问题，比如跨语言搜索和图像搜索，最后讨论神经搜索系统性能方面的问题。

在此过程中，我们也会停下来思考应用神经搜索的准确率，以及如何度量最终结果。如果没有数据来不断地证明我们所认为的好的东西，我们就不会走得太远。我们需要度量在有与没有神奇的神经网络的情况下，我们的系统有多好。

本章从搜索引擎试图解决的问题和这些问题的常用解决方案开始，介绍关于在搜索引擎中分析、接收和检索文本的基础知识，因此你将了解查询如何影响搜索结果，以及如何解决优先返回相关结果的问题。我们还将揭示常见搜索技术中固有的一些缺点，进而讨论深度学习在搜索环境中能起什么作用。然后，本章将研究深度学习可以帮助解决哪些任务，以及它在搜索领域的应用有哪些实际意义。这将有助于你了解神经搜索在现实场景中能带来什么，不能带来什么。

1.5　检索有用的信息

我们首先学习如何检索与用户需求相关的搜索结果。这将为你提供所需的搜索基础，以便理解深度神经网络如何帮助建立创造性的搜索平台。

第一个问题：什么是搜索引擎？它是一个系统，一个运行在计算机上的程序，人们可以用它来检索信息。搜索引擎的主要价值在于，它接收“数据”，并被期望提供“信息”。这一目标意味着搜索引擎应该尽其所能理解它得到的数据，以便提供用户可以很容易使用的内容。而用户很少需要关于某个主题的大量数据，他们需要的往往是特定的信息，并且更乐于看到一条答案，而非成百上千条结果。

当提及搜索引擎时，大多数人会想到谷歌搜索、必应搜索、百度搜索和其他大型、流行的搜索引擎，这些搜索引擎能访问大量来源不同的信息。但是，还有许多较小的搜索引擎，它们专注于特定领域或主题的内容。这些通常被称为**垂直搜索引擎**（vertical search engine），因为它们处理有限的一类文档或主题，而不是现有网络上的全部内容。垂直搜索引擎也扮演着重要的角色，因为它们通常能够提供更精确的结果——它们是为特定的内容量身定做的。它们通常会让我们得到**准确率**（accuracy）更高的、粒度更细的检索结果（对比一下使用谷歌搜索和使用谷歌学术搜索学术文章）。（本节不会讨论准确率的详细定义，只会把它当成一般意义上对问题回答的准确率。但准确率也是信息检索中一个定义明确的、用于度量检索结果有多好、多准确的标准术语。）现在我们不区分数据和用户基数的大小，因为下面的所有概念都适用于大多数现有的搜索引擎，无论搜索引擎大小。

搜索引擎的主要职责通常包括：

- **索引**——高效获取和存储数据，以便快速检索数据；
- **查询**——提供检索功能，以便用户执行搜索；
- **排序**——根据特定的度量标准来呈现和排列结果，最大程度地满足用户的信息需求。

效率（efficiency）在实际应用中非常关键。如果用户为获取信息花了太多的时间，那么下次他很可能会换一个搜索引擎。

但是搜索引擎如何处理页面、图书和类似的文本呢？在接下来的章节中，你将了解以下内容：

- 如何将大的文本分成较小的部分，以便搜索引擎收到指定的查询后能快速检索文档；
- 对于特定的查询，如何获取搜索结果的重要性和相关性的基础知识。

让我们从信息检索的基础知识（索引、查询和排序）开始。在深入研究这个问题之前，需要了解搜索引擎是如何完成对大型文本流的处理的。这很重要，因为它影响搜索引擎快速搜索和提供精确结果的能力。

1.5.1　文本、词素、词项和搜索基础

站在图书管理员的角度想一想：他刚刚收到一条关于某个主题的图书查询。他如何知道一本书包含了关于某个主题的信息？他又怎么知道一本书里有某个特定的单词？

提取某本书所属的类别（如“人工智能”和“深度学习”这样更高层次的主题）与提取该书中包含的所有单词不同。例如，对于新手来说，分类使搜索一本关于人工智能的书变得更容易，因为他们不需要预先了解人工智能技术或作者。用户只需进入搜索引擎网站，浏览现有类别，并寻找与人工智能主题足够接近的内容即可。但是，对于人工智能专家来说，知道一本书中是否包含“梯度下降”（gradient descent）或“反向传播”（back propagation）这两个词，有助于发现关于人工智能领域中特定技术或问题的更细粒度的信息。

人类通常很难记住一本书中所包含的所有单词，却可以通过阅读书中的几段甚至从前言中看出一本书的主题。计算机的行为往往与此相反。它们可以轻松地存储大量文本，并“记住”数百万个页面中包含的所有单词，以便在搜索时使用；但是它们不擅长提取隐含的、分散的或没有在给定文本中直接表述的信息，比如一本书属于哪个类别。例如，一本关于神经网络的书可能根本没有提到“人工智能”（尽管它可能会提到机器学习），但是它仍然属于“关于人工智能的图书”这一宽泛的类别。

我们先看看计算机已经可以完成得很好的任务：从文本流中提取和存储文本片段［也称为**词项**（term）］。你可以把这个过程称为**文本分析**，也就是把一本书的文本分解为所有组成它的单词。假设有一盘磁带，一本书的内容以流的形式写在这盘磁带上，还有一台机器（文本分析算法）。你将磁带作为输入插入这台机器中，输出是磁带的许多片段，每个输出片段包含一个单词、一个句子或一个名词短语（例如“人工智能”）。你可能会注意到，一些写在输入磁带上的单词被机器吞噬了，没有以任何形式输出。

因为文本分析算法要创建的最终单元既可能是单词，也可能是一组单词或句子，甚至是单词的一部分，所以我们将这些片段称为词项。词项可以被视为搜索引擎用来存储数据以及检索数据的基本单元。

这是最基本的搜索形式之一——**关键字搜索**（keyword search）的基础：用户输入一组单词，并期望搜索引擎返回包含部分或全部词项的所有文档。几十年前，网络搜索就是这样开始的。尽管现在的许多搜索引擎要“智慧”得多，但是许多用户仍然根据他们期望的搜索结果所包含的关键字组合进行查询。这就是你现在要学习的内容：用户在搜索框中输入文本后，如何使搜索引擎返回结果。**查询**（query）就是我们所说的用户为搜索某物而输入的文本。虽然查询只是文本，但它传达了用户需求，以及用户如何将这种可能泛泛或抽象的需求（例如“我想了解人工智能领域最新和最重大的研究”）用简洁且具有描述性的方式表达出来（例如“人工智能的最新研究”，如图 1-3 所示）。

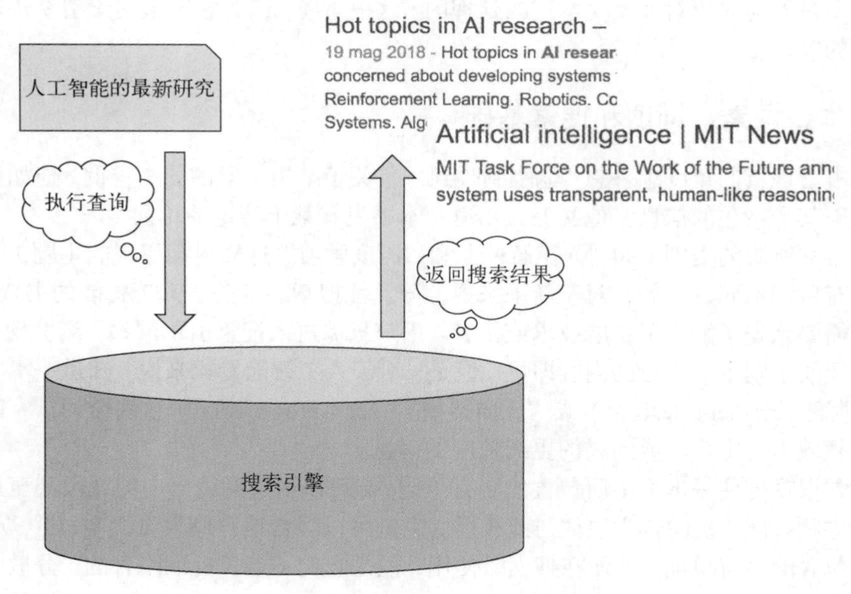

图 1-3　搜索并获得结果

作为用户，如果你希望找到包含单词“search”的文档，搜索引擎将如何返回这些文档呢？一种比较笨拙的方法是从头到尾检查每个文档的内容，直到搜索引擎找到匹配的内容。但是，对每个查询执行这样的文本扫描将非常费时，对许多大型文档尤其如此。

- 许多文档可能不包含“search”一词，因此对它们进行全文扫描是对计算资源的浪费。
- 即使一个文档包含单词“search”，但是它可能出现在文档的末尾，这就要求搜索引擎“阅读”前面的所有单词，然后才能找到与“search”匹配的单词。

当在搜索结果中找到属于查询的一个或多个词项时，就称为**匹配**或**命中**。

因此你需要找到一种方法，快速完成这个检索阶段。实现这一目标的一个基本方法是将“I like search engines”这样的句子分解成更小的单元：[I, like, search, engines]。这是实现被称为**倒排索引**（inverted index）的高效存储机制的先决条件。稍后会讨论倒排索引。文本分析程序通常被组织为一个管道，其中包含一条组件链，其中每个组件都以前一个组件的输出作为输入。这类管道通常由两种类型的构件组成。

- **分词器**（tokenizer）——将文本流切分为单词、短语、符号或其他单元的组件。切分成的单元被称为**词素**（token）。
- **词素过滤器**（token filter）——接受词素流（来自分词器或其他过滤器）并可以修改、删除或添加新词素的组件。

这类文本分析管道的输出是一系列连续的词项，如图 1-4 所示。

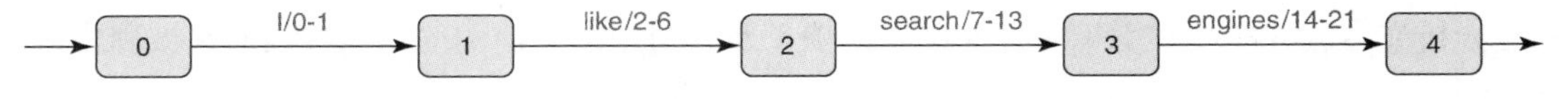

图 1-4 使用一个简单的文本分析管道获取“I like search engines”中的单词

现在你已经知道文本分析有助于构建快速搜索引擎。同样重要的是，它控制着如何将查询和文本放入索引中进行匹配。通常，文本分析管道可以用于过滤一些词素，这些词素被认为对搜索引擎无用。常见的做法是避免存储常用词项，比如搜索引擎中的介词或冠词，因为这些词语存在于大多数英文文档中。通常你也不希望一个查询返回搜索引擎中的所有结果，因为有些结果价值不大。这种情况下，你可以创建一个词素过滤器，负责删除诸如“the”“a”“an”“of”“in”等词素，同时又让所有其他词素在分词器生成词素时得以输出。在这个简单的例子中：

- 分词器将在每次遇到空白字符时切分词素；
- 词素过滤器将删除与黑名单［也称为**停用词表**（stopword list）］匹配的词素。

在现实生活中，尤其是在第一次设置搜索引擎时，通常会构建几种文本分析算法，并在希望放入搜索引擎搜索的数据上进行尝试。这样你就可以将这些算法处理内容的方式可视化，比如生成哪些词素，过滤哪些词素，等等。现在我们已经构建了这个文本分析链［也称为**分析器**（analyzer）］，并希望确保它像预期的那样工作，过滤冠词、介词等。现在，让我们来尝试将第一个文本“the brown fox jumped over the lazy dog”输入到分析管道中，并删除其中的冠词。生成的输出流如图 1-5 所示。

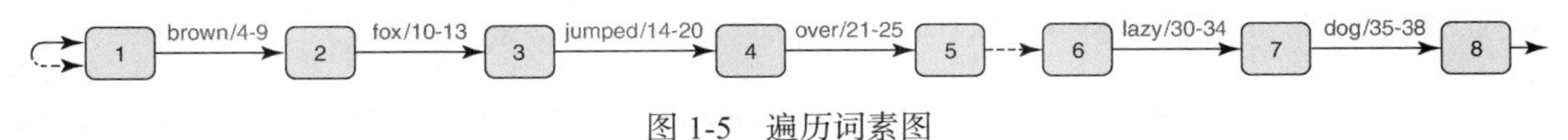

图 1-5 遍历词素图

生成的词素流已按预期删除了“the”词素，这一点可以从图开头的虚线箭头以及节点“over”和“lazy”之间看到。词素旁边的数字表示每个词素的开始和结束位置（以字符数为单位）。本例中最重要的一点是，对于“the”的查询将不会匹配，因为分析器已经删除了所有这样的词素，并且它们最终不会成为搜索引擎内容的一部分。在现实生活中，文本分析管道通常更为复杂，在后面的章节中，你将看到一些这样的情况。在了解了文本分析后，让我们看看搜索引擎如何存储用户要查询的文本（和词项）。

1. 索引

尽管为了快速检索，搜索引擎需要将文本切分成多个词项，但用户往往希望搜索结果以单个文档的形式呈现。想想谷歌搜索引擎的搜索结果：如果搜索“book”，人们将收到一个结果列表，每个结果由标题、链接、结果的文本片段等组成。虽然每个结果都包含该词项，但是显示的文档所包含的信息及内容比匹配词项的文本片段多得多。实际上，从文本分析得到的词素与它们所属的原始文本的引用存放在一起。

词项和文档之间的这种链接使下列两点成为可能：

- 匹配查询中的关键字或搜索项；
- 返回引用的原始文本作为搜索结果。

分析文本流并在搜索引擎中存储结果词项（及其引用的文档）的整个过程通常被称为**索引**（indexing）。

采用这个术语的原因是这些词项存储在**倒排索引**（inverted index）中。倒排索引是一种将词项映射到最初包含它的文本的数据结构[①]。也许最简单的方法是把它看作一本实体书的分析索引，其中每个单词条目都指向提到它的页面。在搜索引擎中，单词是词项，页面是原始文本。

从现在开始，我们将把要索引的文本片段（页面、图书）称为**文档**（document）。为了可视化文档被索引后的结果，假设有以下两个非常相似的文档。

- “the brown fox jumped over the lazy dog”（文档 1）
- “a quick brown fox jumps over the lazy dog”（文档 2）

假设我们使用前面定义的文本分析算法（带有停用词“a”“an”和“the”的词素切分），表 1-3 显示了包含此类文档的倒排索引的良好近似。

如表 1-3 所示，词项“the”没有条目，因为基于停用词的词素过滤器已经删除了这些词素。在该表中，你可以找到第一列中的词项字典和一个**记录列表**（posting list）[②]（一组文档标识符），它们与每一行的每个词项相关联。倒排索引检索包含给定词项的文档的速度非常快：搜索引擎选

① 基本上，大多数参考资料将 inverted index 译为“倒排索引”，本文也按此翻译。实际上倒排索引和排序没有任何关系。inverted index 指从文档中摘出词项，再将词项作为关键字，建立词项与文档的映射。也就是说，这个词项本来是从文档中来的，是文档的属性，现在却以这个属性为关键字建立映射关系，所以这是一个反向或者说逆向过程。与之相对的是“正向索引”（forward index），即以文档为关键字，文档中的词项为其值建立的映射关系。——译者注

② 也有不少参考资料将 posting list 译为“倒排列表”，该列表会记录每个索引词项出现过的文档集合，以及命中位置等信息。——译者注

择倒排索引，查找搜索词项的条目，并最终检索记录列表中包含的文档。对于上面这个例子，如果你搜索词项“quick”，倒排索引将通过查看与词项“quick”对应的记录列表返回文档 2。以上是一个将文本索引入搜索引擎的简单例子。

表 1-3　倒排索引表

词　项	文档 ID
brown	1，2
fox	1，2
jumped	1
over	1，2
lazy	1，2
dog	1，2
quick	2
jumps	1

让我们思考索引一本书的步骤。一本书由很多页组成，这是书的核心内容，但同时它也有标题、作者、编辑、出版年份等信息。你不能对所有内容使用相同的文本分析管道，因为你不能从书名中删除“the”或“an”。知道书名的用户应该能够通过精确匹配找到它。如果文本分析链从书名“Tika in Action”中删除“in”，那么针对“Tika in Action”的查询将找不到它。此外，对于书的正文内容，你又想避免保留这些词素，于是就需要一个在过滤无用词项方面更主动的文本分析管道。如果文本分析链从书名“Living in the Information Age”中删除“in”和“the”，应该不会有问题，因为用户不太可能会搜索“Living Information Age”，他们更可能会搜索“Information Age”。这种情况下，信息可能有少许丢失或没有丢失，但好处是存储的文本更少。更重要的是，这样可以提高相关性（我们将在下一节讨论这一点）。在现实生活中，一种常用的方法是在同一个搜索引擎中使用多个倒排索引，为文档的不同部分建立索引。

2. 搜索

在搜索引擎中索引了一些内容后，请考虑一下搜索本身。历史上，第一个搜索引擎允许用户使用特定的词项（也称**关键字**）进行搜索，后来又引入布尔运算符，它允许用户确定搜索结果中哪些词项**必须**匹配、哪些**禁止**匹配或哪些**可以**匹配。最常见的情况是，查询中的词项**应该**匹配，但这不是强制性的。如果希望搜索结果必须包含这样一个词项，你必须添加相关的运算符，例如在词项前面使用+。像“deep+learning for search”这样的查询需要结果同时包含“deep”和“learning”，还可以选择性地包含“for”和“search”。允许用户指定匹配整个短语而不是单个词项，也是很常见的。这使得用户可以搜索精确的单词序列，而不是单个单词。为了返回必须包含“deep learning”序列以及可选的词项“for”和“search”的搜索结果，可以将前面的查询改为“‘deep learning’ for search”。

虽然听起来可能令人惊讶，但是文本分析在搜索（**检索**）阶段也很重要。假设你想在刚才索引的数据上搜索 *Deep Learning for Search* 这本书，并且现在有一个 Web 界面，你可能会输入类似

“deep learning for search”这样的查询。这项检索任务的难点是检索到正确的那本书。介于用户和传统搜索引擎界面之间的第一样东西是**查询解析器**（query parser）。

查询解析器负责将用户输入的查询文本转换为一组子句，这些子句表明了搜索引擎应该查找哪些词项，以及在倒排索引中查找匹配项时如何使用它们。在前面的查询示例中，查询解析器负责理解符号+和”。另一种广泛使用的语法允许在查询词项之间放置布尔运算符：“deep AND learning”。在这种情况下，查询解析器将为“AND”操作符赋予一个特殊的含义：它左边和右边的词项是必需的。查询解析器可以被看作一个函数，它接受文本并输出一组约束条件用于底层的倒排索引，以便找到结果。让我们再看一个查询例子，如“人工智能的最新研究”（latest research in artificial intelligence）。一个智能的查询解析器创建的子句可以反映单词语义。例如，只为“人工智能”（artificial intelligence）创建一个子句，而不是为“artificial”和“intelligence”设置两个子句。此外，可能“latest”一词并不会参与匹配，我们不需要包含“latest”的结果，而希望检索最近“created”的结果。因此，一个好的查询解析器会将词项“latest”转换成一个可以表达的子句，例如用自然语言表示为“created between today and 2 months ago”。查询引擎将以一种更容易由计算机处理的方式编码这样一个子句，例如 `create < today() AND created > (today() - 60days)`，参见图 1-6。

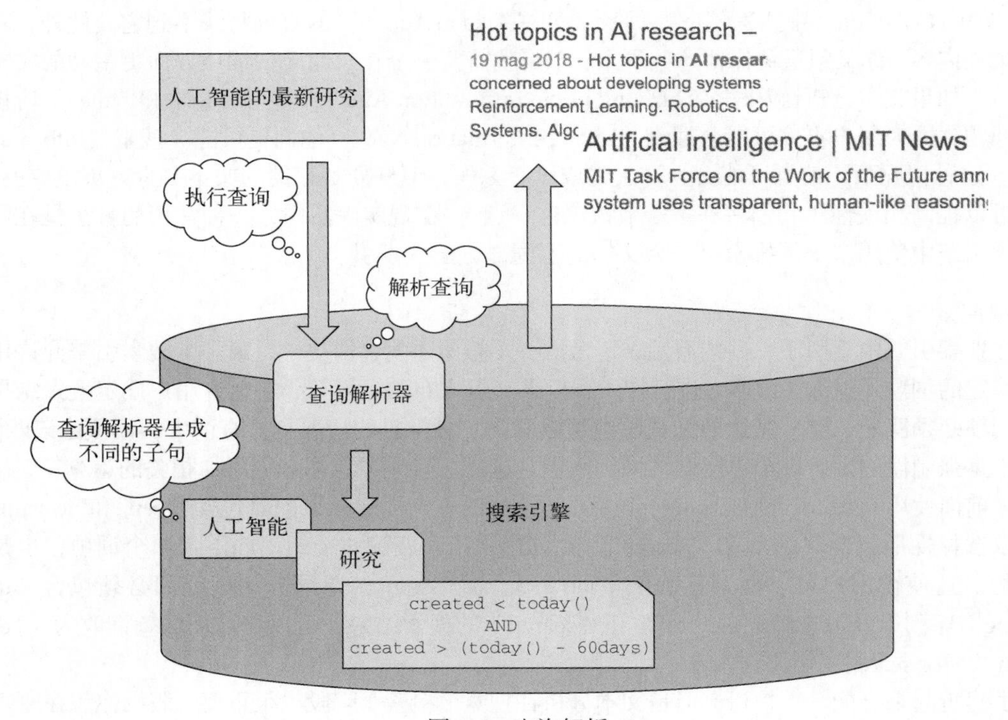

图 1-6 查询解析

在索引过程中，使用文本分析管道将输入文本切分成要存储在索引中的词项，这被称为**索引时文本分析**。同样，在搜索过程中也可以应用文本分析，将查询字符串分解为多个词项，而这被称为**搜索时文本分析**。当搜索时生成的词项与该文档引用的倒排索引中的词项匹配时，就称该文档被搜索引擎检索到。

图 1-7 左边展示了一个索引时文本分析，该分析用于将文档文本拆分为词项。这些词项最终都存放在索引中，都引用**文档 1**。索引时文本分析由一个空白分词器和两个词素过滤器组成，其中前者用于删除不需要的停用词（如“the”），后者用于将所有词项转换为小写（例如“Fox”转换为“fox”）。在该图右上角，查询“lazy foxes”被传递给搜索时文本分析，该分析使用空白分词器切分词素，但使用一个小写过滤器和一个词干（stemming）过滤器进行过滤。词干过滤器转换词项，将词根的变形或派生词还原为词根形式，这意味着删除复数后缀、动词的 ing 形式，等等。在本例中，“foxes”（复数）被转换为“fox”（单数）。

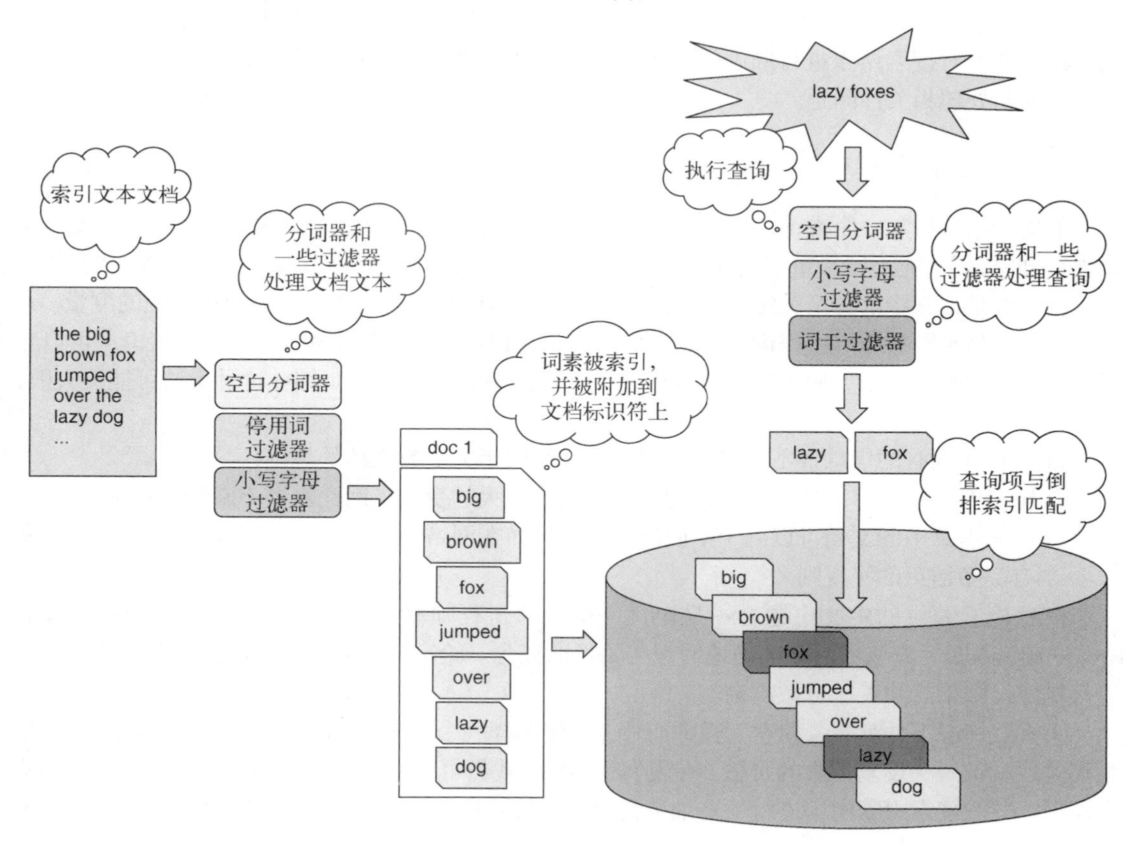

图 1-7　索引、搜索时分析和词项匹配

验证索引和搜索文本分析管道是否按预期工作的常见方法如下：

(1) 收集样本内容；

(2) 将内容传递给索引时文本分析链；

(3) 建立样本查询；

(4) 将查询传递给搜索时文本分析链；

(5) 检查生成的词项是否匹配。

例如，通常在索引时使用停用词过滤器，因为这时执行过滤不会对检索阶段产生任何性能影响。但是，在索引或搜索阶段也可能有其他过滤器。有了索引时和搜索时文本分析链和查询解析，就可以了解检索搜索结果的过程了。

你已经知道了搜索引擎的一项基本核心技术是文本分析（词素切分和过滤），它使系统能够将文本分解为你希望用户在查询时输入的词项，并将它们放入一个被称为倒排索引的数据结构中，实现高效的存储（空间上高效）和检索（时间上高效）。然而，作为用户，我们不想查看所有的搜索结果，所以我们需要搜索引擎告诉我们哪些结果应该是最好的。那么，什么是**最好的**结果？对于一个给定的查询，是否有一个度量来评判得到的结果有多好？答案是肯定的，这个度量就是**相关性**。对搜索结果进行准确的排序是搜索引擎必须完成的最重要任务之一。1.5.2 节将简要介绍如何处理相关性问题。

1.5.2　相关性优先

前文介绍了给定一个查询，搜索引擎如何检索一个文档。本节将介绍搜索引擎如何对搜索结果进行排序，以优先返回最重要的结果。这将使你对常见搜索引擎的工作原理有一个深入的了解。

相关性是搜索中的一个关键概念，它是对结果文档相对于某个搜索查询的重要性的度量。人类常常很容易判断对于一个查询而言，为什么某些文档比其他文档更相关。因此，理论上可以尝试提炼一组规则来表示人们关于对文档重要性进行排序的知识。但实际上，这种做法可能会失败，因为：

- 我们所拥有的信息量不足以从中提取一组适用于大多数文档的规则；
- 随着时间的推移，搜索引擎中的文档会发生很大的变化，因此需要不断调整规则；
- 搜索引擎中的文档可以属于不同的领域（例如在网络搜索中），不可能找到一组适用于所有类型信息的好规则。

信息检索领域的中心主题之一是定义一个无须工程师提炼规则的模型。这样的**检索模型**（retrieval model）应该尽可能准确地捕获相关性的概念。给定一组搜索结果，检索模型将对它们进行**排序**：结果越相关，分数越高。

大多数情况下，对一名搜索工程师而言，仅仅选择一个检索模型并不能得到完美的结果，毕竟相关性就像一头反复无常的野兽。在现实生活中，我们可能需要不断地调整文本分析管道和检索模型，并对搜索引擎内部进行一些细节优化。而检索模型可以提供一个固定的基线（baseline）来获得良好的相关性。

1.5.3 经典检索模型

向量空间模型（vector space model，VSM）[①]可能是最常用的信息检索模型之一。在这个模型中，每个文档和查询都表示成一个向量。我们可以把向量想象成坐标平面上的箭头，向量空间模型中的每个箭头都可以表示一个查询或文档。两个箭头越接近，它们就越相似（见图 1-8）；每个箭头的方向由组成查询或文档的词项定义。

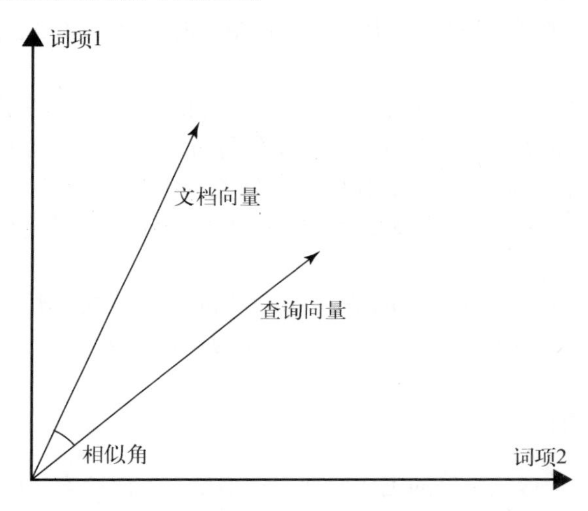

图 1-8　基于 VSM 的文档和查询向量之间的相似度

在这样的向量表示中，每个词项都与一个**权重**相关联。该权重是一个实数，它表示该词项在该文档或查询中相对于搜索引擎中其他文档有多重要。权重可以用不同的方法计算。本节不会深入讨论这些权重的计算方法，而会提到最常见的算法——**词项频率-逆文档频率**（term frequency-inverse document frequency，TF-IDF）。TF-IDF 背后的基本思想是，一个词项在一篇文档中出现的频率（即词项频率）越高，它就越重要；但同时，它又指出，一个词项在所有文档中越常见，它就越不重要（即**逆文档频率**）。因此，在向量空间模型中，搜索结果是根据查询向量进行排序的。文档越接近查询向量，其在结果列表中的排序或分数就越高。

向量空间模型是一种基于线性代数的信息检索模型。近年来，基于概率相关性模型的信息检索方法不断涌现。概率模型不计算文档和查询向量之间的距离，而是根据文档与某个查询相关的概率估计值对搜索结果进行排序。这类模型最常见的排序函数之一是 Okapi BM25。本章不会深入介绍它的细节，但它已经显示出良好的效果，在不太长的文档上尤其如此。

① 参见 G. Salton、A. Wong 和 C. S. Yang 的文章“A Vector Space Model for Automatic Indexing”，刊载于 *Communications of the ACM 18*，1975 年第 11 期，第 613~620 页。

1.5.4 精确率与召回率

后面的章节将探讨神经搜索如何帮助处理相关性的问题，但我们首先需要能够度量相关性。度量信息检索系统性能的一种标准方法是计算其**精确率**（precision）和**召回率**（recall）[①]。精确率是检索到的文档与查询相关的比例。如果一个系统具有很高的精确率，用户通常在搜索结果列表的顶部就能找到他们正在寻找的结果。召回率是检索到的相关文档的比例。如果一个系统有很高的召回率，用户会在搜索结果中找到所有相关的结果，但是它们可能并不都排在搜索结果的前列。

我们注意到，要度量精确率与召回率，就需要有人判断搜索结果的相关性。在小规模的任务中，人工评判是可行的；但是对于大量文档，则工作量过大，很难以人工方式进行。要度量搜索引擎的有效性，一种选择是使用公开的数据集［如美国国家标准与技术研究院文本检索会议（NIST TREC）的数据集］进行信息检索，其中拥有大量排好序的查询，可以用于测试精确率和召回率。

本节学习了一些经典信息检索模型的基础知识，如向量空间模型和概率模型。下面我们将研究影响搜索引擎的一些常见问题。本书的其余部分将讨论借助深度学习解决它们的方法。

1.6 未解决的问题

1.5 节已经深入介绍了搜索引擎的工作原理，特别是它如何检索与用户需求相关的信息。现在请退一步，试着从用户的角度来思考人们每天是如何使用搜索引擎的。本章将研究一些在许多搜索场景中未解决的问题，以更好地理解借助深度学习有望解决哪些问题。

与检索信息相比，填补知识空白是一个稍为复杂的主题。再回到图书馆的例子，你想知道更多有关人工智能领域最新研究的有趣信息。当遇到图书管理员时，你面临一个问题：如何让图书管理员准确地理解你需要什么，什么信息对你有用？

虽然这听起来很简单，但是一条信息的有用性几乎不是客观的，而是相当主观的，基于环境和个人观点。假设图书管理员有足够的知识和经验，那么你可能会有好的收获。在现实生活中，你可能会向图书管理员介绍自己，告诉他自己的情况以及你需要某些信息的原因，从而让图书管理员进行如下工作：

- 在尝试搜索之前就把一些书排除在外；
- 在找到一些书后将它们排除；
- 明确地搜索一个或几个与你期望的内容密切相关的领域（例如来自学术界或工业界）。

---

① 目前机器学习中度量检索结果的术语并没有统一译法，译者对本书中主要提及的术语统一如下。

准确率（accuracy）：被分对的文档数量/系统中的文档总量，其中被分对的文档数量=被检索出的文档中相关文档数量+未被检索出的文档中不相关文档数量。

精确率（precision）：又称为查准率，检索出的文档中的相关文档量/检索出的文档总量。

召回率（recall）：又称为查全率，检索出的文档中的相关文档量/系统中的相关文档总量。

——译者注

之后你就可以对图书管理员找到的书给出反馈，有时候你可以根据过去的经验表达自己的想法（例如因为自己不喜欢某个作者写的书，所以建议图书管理员不要考虑它们）。不同时间、不同人的语境和观点可能会有很大的差异，从而影响信息的相关性。图书管理员如何处理这种差异呢？

作为一个用户，你可能不了解或不够了解图书管理员。但是，图书管理员的背景和观点很重要，因为这些会影响你得到的结果。因此，你越了解图书管理员，就越能快速得到所需要的信息。只有了解了图书管理员，才能得到更好的结果。

如果图书管理员拿出一本关于“深度学习技术”的书来回应你第一次关于“人工智能”的询问呢？如果你不知道这个主题，就需要对“什么是深度学习”以及图书馆里是否有关于深度学习的好书进行第二次询问。这个过程可能重复很多次，相互理解的关键在于信息是渐进流动的——你不能像《黑客帝国》里的角色那样把资料全部上传到大脑里。相反，如果想了解一些关于人工智能的知识，就需要先了解一些关于深度学习的知识，而为了达到这个目的，就需要阅读微积分、线性代数等相关内容。换句话说，第一次询问时，你并不知道自己需要的所有内容。

综上所述，从图书馆员处获取想要信息的过程存在一些缺陷，原因如下：

- 图书管理员并不了解你；
- 你不了解图书管理员；
- 你与图书管理员需要反复交流来获得所需的所有内容。

认识到这些问题是很重要的，因为我们想要使用深度神经网络来帮助构建更好、更易用的搜索引擎——我们希望深度学习能帮助解决这些问题，而理解这些问题是解决它们的第一步。

1.7 打开搜索引擎的黑盒子

现在，请试着了解一下用户能理解多少搜索引擎所做的工作。要创建有效的搜索查询，一个关键问题是使用哪种查询语言。几年前，用户需要在搜索框中输入一个或多个词项来执行查询。今天，技术已经发展到允许用户用自然语言输入查询的程度。一些搜索引擎用多种语言索引文档，并允许进行后续查询。在用户使用谷歌搜索等搜索引擎搜索某物时，只要表达方式稍有不同，搜索结果就会大相径庭。

现在请运行一个小实验，看看在使用不同的查询表达相同的请求时，搜索结果是如何变化的。在和一个人谈话时，如果用不同的方式问同样的问题，我们总会得到同样的答案。例如，若你问某人“你认为‘人工智能的最新突破’是什么”或“你认为‘人工智能的最新进展’是什么”，你得到的答案很可能是完全相同的，或者至少在语义上是相同的。

但搜索引擎往往不是这样。表 1-4 显示了在谷歌搜索引擎上搜索“人工智能最新突破”和一些略有变化的查询得到的结果。

虽然第一个查询的第一个结果并不奇怪，但是将“breakthrough”（突破）改为它的同义词“advancement”（进步）会产生不同的结果。这似乎表明，搜索引擎对查询应得到的信息有不同的理解。你知道的也仅限于此，因为你并没有调查过谷歌公司是如何改进人工智能的！第三个查询给出了一个令人惊讶的结果：图片。对此，我们也无法解释。将“artificial intelligence”改为它的首字母缩写“AI”，会得到一个不同但仍然相关的结果。用意大利语查询会得到与英语查询完全不同的结果：一个关于人工智能的维基百科（Wikipedia）页面。这似乎很平常，因为谷歌学术会索引不同语言的研究论文。

表 1-4　相似查询的结果比较

查　询	第一个结果的标题
Latest breakthroughs in artificial intelligence	Academic papers for “latest breakthroughs in artificial intelligence”（谷歌学术）
Latest advancements in artificial intelligence	Google advancements artificial intelligence push with 2 top hires
Latest advancements on artificial intelligence	Images related to “latest advancements on artificial intelligence”（谷歌图片）
Latest breakthroughs in AI	Artificial Intelligence News—ScienceDaily
Più recenti sviluppi di ricerca sull’ intelligenza artificiale	Intelligenza Artificiale（维基百科）

搜索引擎的排序可以有很大的不同，这就像用户的意见一样。尽管搜索工程师可以优化排序来响应一组给定的查询，但要针对数十或数百个类似的查询进行调整是很困难的。因此在现实生活中，我们不会手动调整搜索结果的排序，这样做几乎是不可能的，也不太可能产生一个总体良好的排序。

通常，执行搜索是一个试错的过程：发出一个初始查询，得到太多结果；发出第二个查询，仍得到太多结果；第三个查询又可能返回你不感兴趣的不重要的结果。用搜索查询表达信息需求并不是一项简单的任务。为了对搜索引擎的运作方式理解更深，你经常会执行一堆查询。这就像试着往一个黑盒子里看，你几乎什么也看不到，只能试着对里面发生的事情做出假设。

在大多数情况下，用户没有机会了解搜索引擎正在做什么。更糟的是，根据用户表达请求的方式，情况会发生很大的变化。

现在你已经了解了搜索引擎的一般工作原理，以及搜索领域中尚未完全解决的一些重要问题。接下来我们就来了解深度学习，看看它如何帮助解决或改善这些问题。我们首先概述深度神经网络的功能。

1.8　利用深度学习解决问题

至此，我们已经探索了信息检索，为学习神经搜索做好了准备。现在开始，我们将学习深度学习，这有助于创建更智能的搜索引擎。本节将介绍深度学习的基本概念。

过去，**计算机视觉**（计算机科学的一个领域，处理和理解图片或视频等视觉数据）的一个关键难点是，在处理图像时几乎不可能获得包含其中的对象和视觉结构信息的图像表示。如何让计算机分辨一幅图像是代表一只奔跑的狮子、一台冰箱还是一群猴子呢？深度学习帮助解决了这个问题，它创建了一种特殊类型的深度神经网络，可以增量地学习图像表示，每次进行一次抽象，如图 1-9 所示。

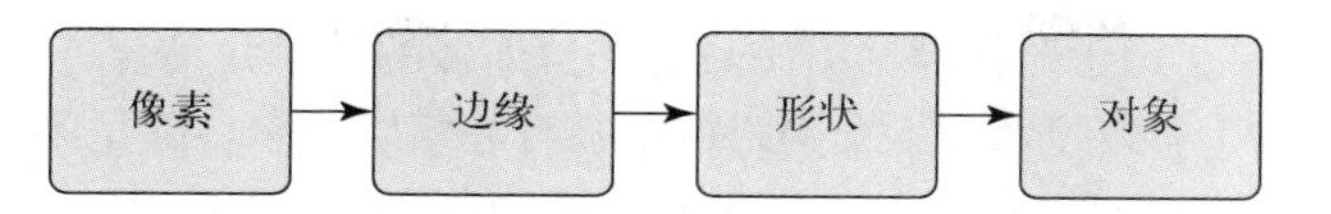

图 1-9　增量地学习图像抽象

正如本章前面提到的，深度学习是机器学习的一个子领域，它通过学习越来越有意义的表示的连续抽象，来学习文本、图像或数据的深度表示。它借助深度神经网络来实现这一点（图 1-10 显示了一个具有 3 个隐藏层的深度神经网络）。记住，当一个神经网络至少有两个隐藏层时，就认为它是深度神经网络。

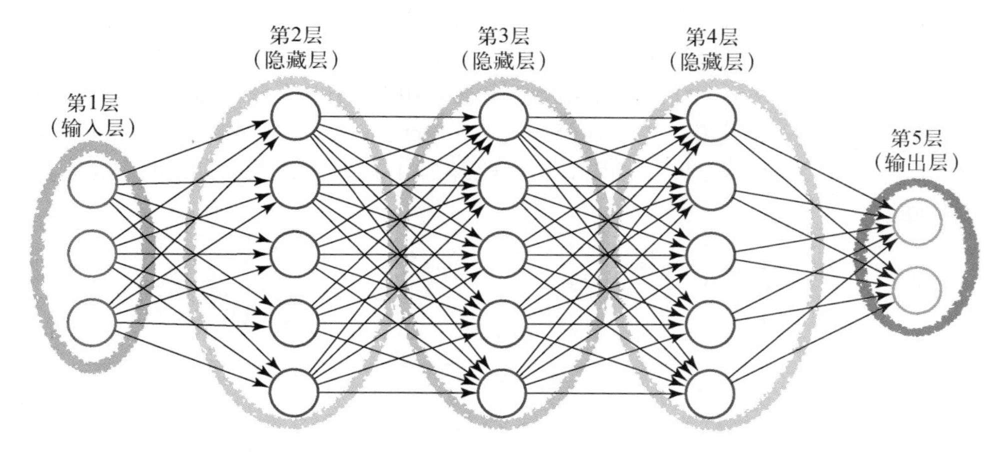

图 1-10　一种具有 3 个隐藏层的深度前馈神经网络

在每一步（或网络的每一层），这种深度神经网络都能够捕捉到数据中越来越复杂的结构。计算机视觉是促进图像表示学习算法发展和推动其研究的领域之一，这并非偶然。

研究人员发现，使用这样的深度网络意义非凡，对那些高度组合的数据[①]而言尤其如此。这意味着，当事物是由成分相似的更小部分组成时，深度网络可以提供极大的帮助。图像和文本是组合数据的好例子，因为它们可以增量地分成更小的单元（例如文本→段落→句子→单词）。但是，（深度）神经网络不仅对学习表示有用，还可以用来执行许多不同的机器学习任务。前文提到过，文档分类任务也可以通过机器学习方法来解决。

虽然神经网络的架构有多种，但通常由以下几部分组成：

- 一组神经元
- 所有或部分神经元之间的一组连接
- 两个神经元之间每个有向连接的权重（一个实数）
- 一个或多个函数，用于映射每个神经元如何接收和向外部连接传递信号

① 参见 H. Mhaskar、Q. Liao 和 T. Poggio 的文章“When and Why Are Deep Networks Better Than Shallow Ones?”，刊载于 *Proceedings of the AAAI-17: Thirty-First AAAI Conference on Artificial Intelligence* (*Center for Brain, Minds & Machines*)。

- 一组可选择的层，用于对神经网络中具有类似连接的神经元集合进行分组

如图 1-10 所示，20 个神经元在 5 个网络层中被有序组织起来。除了第一层和最后一层，每一层内的每个神经元都与邻近各层（上一层和下一层）的所有神经元相连。按照惯例，信息在网络中从左向右流动。接收输入的第一层被称为**输入层**；最后一层被称为**输出层**，输出神经网络的结果；中间的层被称为**隐藏层**。

想象一下，你可以采用与文本相同的方法来学习文档的表示，这种表示可以捕捉文档中更高级的抽象。基于深度学习的技术就是为此而存在的，随着时间的推移，这些算法也变得更加智能：你可以用它们来提取单词、句子、段落和文档的表示，这些表示能捕捉到非常有趣的语义。

在使用神经网络算法学习一组文本文档中的单词表示时，紧密相关的单词在向量空间中彼此相邻。想象一下，为一段文本中包含的每个单词在二维图上创建一个点，查看它们如何相似或紧密相关，如图 1-11 所示。用一个名为 word2vec 的神经网络算法学习单词的向量表示（也称为词向量）可以实现这一点。请注意，“Information”和“Retrieval”两个词彼此靠得很近。类似地，“word2vec”和“Skip-gram”这两个词项都与用来提取词向量的（浅层）神经网络算法有关，它们彼此很接近。

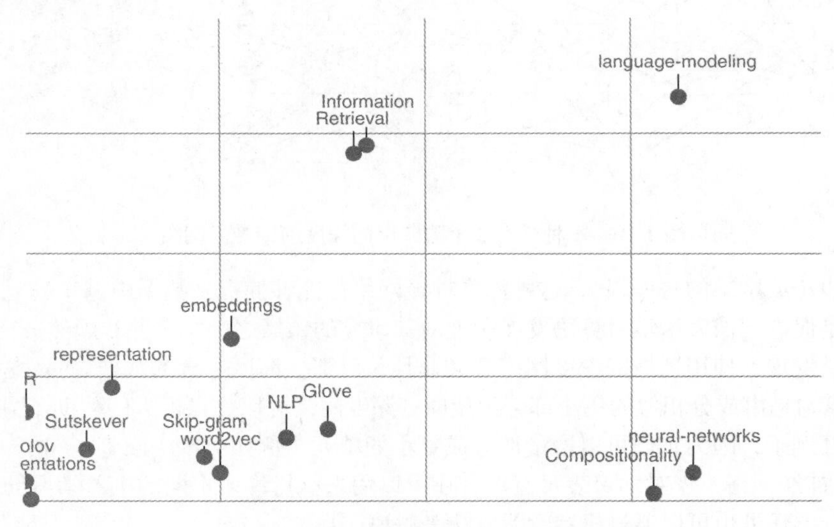

图 1-11　来自 word2vec 相关研究文章文本的词向量

神经搜索的关键思想之一就是利用这种表示来提高搜索引擎的效率。如果有一个具有这些能力的检索模型，它依赖于单词和文档向量（也称为**嵌入**，embedding），我们就可以通过查看**最近邻**（nearest neighbor）来高效计算和使用文档和单词的相似度。图 1-12 显示了一个深度神经网络，它用于创建索引文档中包含的单词的表示，然后将这些单词的表示放入搜索引擎；它们可以用来调整搜索结果的顺序。

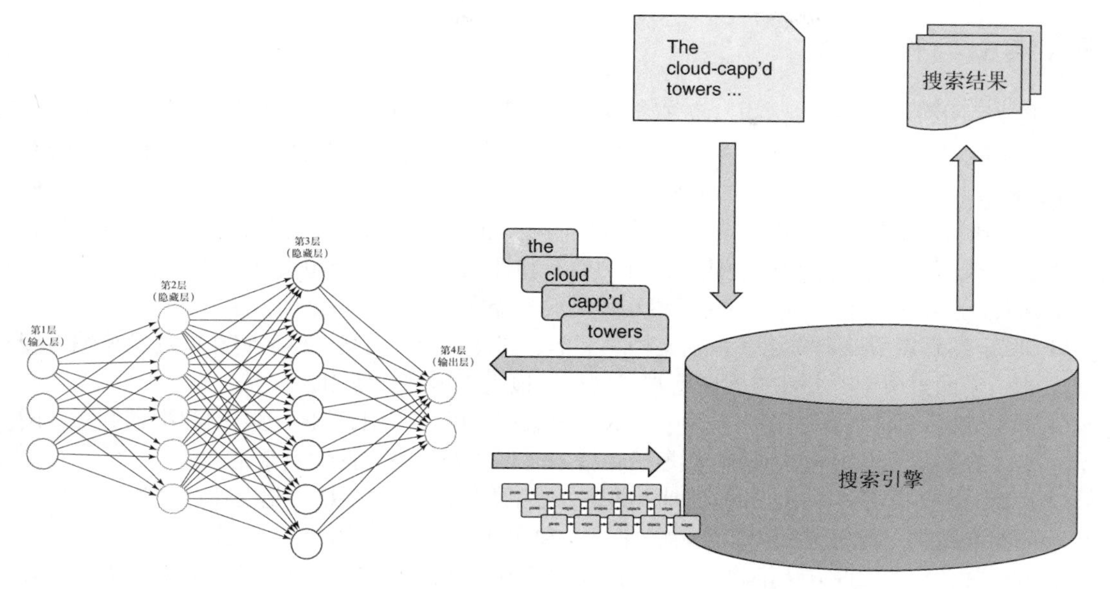

图 1-12　神经搜索应用：使用由深度神经网络生成的单词表示来提供更相关的结果

1.7 节比较了通过文本查询表达和理解信息需求的复杂性，分析了语境的重要性。文本的良好语义表示通常通过结合单词、句子或文档的语境构建，以便推断出最合适的表示。请看前面的示例，简要了解深度学习算法如何帮助获得更相关的结果。考虑表 1-4 中的两个查询“latest breakthroughs in artificial intelligence”和“latest breakthroughs in AI”。假设我们正在使用向量空间模型。在这样的模型中，基于文本分析链，查询和文档之间的相似度可能会有很大差异。但是，由最近出现的基于神经网络的算法生成的文本的向量表示则没有这个问题。虽然“artificial intelligence”和“AI”在向量空间模型中可能相隔很远，但是，当它们使用由神经网络生成的单词表示进行绘制时，很可能放在一起。这样一个简单的变化，让我们可以通过基于语义的单词表示来提高搜索引擎的相关性。

在深入研究神经搜索应用之前，让我们先看看搜索引擎和神经网络是如何合作的。

深度学习与深度神经网络

我们需要做一个重要的区分。深度学习主要通过深度神经网络学习单词、文本、文档和图像的表示。然而，深度神经网络有更广泛的应用：它们可以用于语言建模、机器翻译和许多其他任务。本书会明确区分深度神经网络的用途，比如用来学习表示，以及用于其他目的。除了学习表示，深度神经网络还可以辅助完成许多信息检索任务。

1.9　索引与神经元

人工神经网络可以基于训练集（带有标签的数据）学习预测输出（监督学习，其中每个输入带有关于期望输出的信息），或者为了提取模式或学习表示，进行无监督学习（每个输入不带有关于正确输出的信息）。搜索引擎的典型工作流程包括索引和搜索内容；值得注意的是，这些任务可以并行执行。虽然这听起来像是一个技术性问题，但原则上，集成搜索引擎与神经网络的方式是很重要的，因为它会影响神经搜索设计的效率和性能。如果一个超精确的系统运行得很慢，那么没有人会想要使用它。本书中会介绍几种集成神经网络和搜索引擎的方法。

- **训练-然后索引**——先用一系列文档（文本、图像）训练网络，然后将相同的数据编入搜索引擎的索引中，并在搜索时将神经网络与搜索引擎结合使用。
- **索引-然后训练**——先将一系列文档编入搜索引擎的索引中，然后用索引数据训练神经网络（在数据变化时再次训练），最后在搜索时将神经网络与搜索引擎结合使用。
- **训练-提取-索引**——先用文档训练网络，然后用训练过的网络创建有用的资源，这些资源将与数据一起编入索引。实际搜索过程和通常一样，只会用到搜索引擎。

在本书中，上述几种方法都将在合适的语境中得到应用。例如，训练-然后索引的方法将在第 3 章中用于文本生成；索引-然后训练的方法将在第 2 章中用于从索引数据生成同义词；而在使用神经网络学习时（如学习索引数据的语义表示），训练-提取-索引的方法就派上用场了——在搜索时使用这种方法学习到的数据语义表示，不再需要与神经网络进行任何交互，这就是第 8 章中描述的图像搜索；本书的最后一章还简要介绍了如何处理这样一种情况：数据并非一开始就全部可用，而是以流媒体的方式到达。

1.10　神经网络训练

要使用神经网络强大的学习能力，就需要训练它。通过监督学习训练一个类似于 1.9 节所示的网络，意味着向网络输入层提供输入，将网络预测输出与已知目标输出进行比较，并让网络从预测输出与目标输出之间的差异中学习。神经网络可以很容易地表示许多有趣的数学函数，这就是它们准确度很高的原因之一。这些数学函数由连接的**权重**（weight）和神经元的**激活函数**（activation function）控制。神经网络学习算法利用期望输出与实际输出之间的差异，调整每一层的权重，以缩小未来的输出误差。如果向网络提供足够的数据，那么它的错误率将非常低，性能会很好。激活函数对神经网络的预测能力和学习速度有影响，激活函数控制传入神经元的信号在什么时候、有多少传输到输出连接。

神经网络最常用的学习算法是**反向传播**（back propagation）算法。给定期望输出和实际输出，算法将每个神经元的**误差**反向传播，从而调整每个神经元连接上的内部状态，每次一层，从输出到输入（反向），参见图 1-13。每个训练样本都使反向传播“调整”每个神经元的状态和连接，以缩小网络对特定输入和期望输出产生的误差。这是对反向传播算法工作原理的粗略描述，当你对神经网络更加熟悉的时候，本书后面的章节会仔细研究。

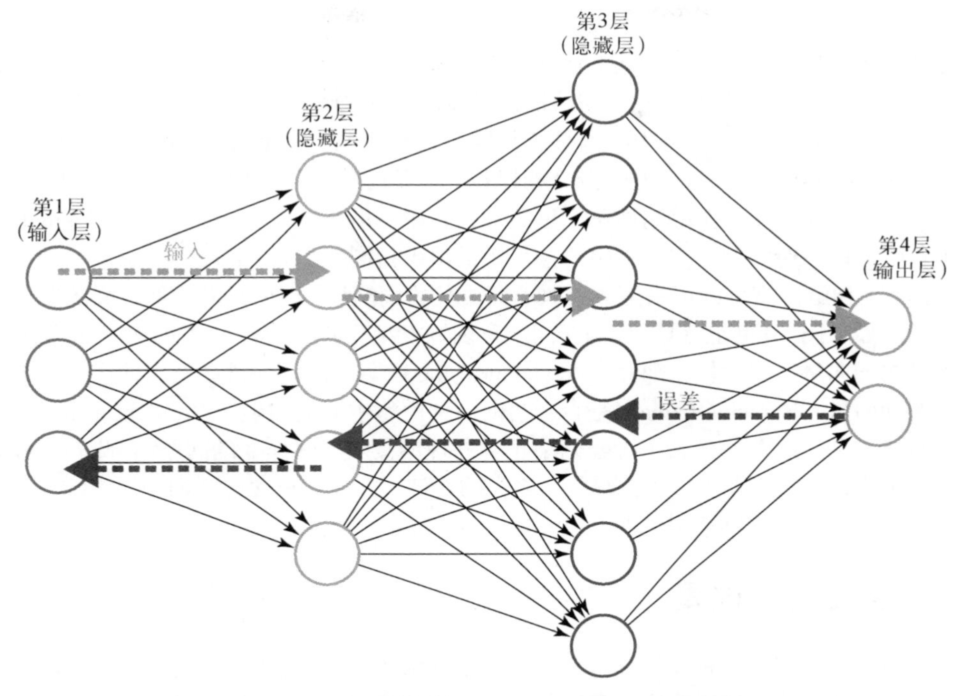

图 1-13　前馈步骤（提供输入）和反向步骤（反向传播误差）

你已经了解了神经网络是如何学习的，现在需要决定如何将它与搜索引擎结合。搜索引擎应该能持续接收要索引的数据；因为新内容会不断增加，所以现有内容会不断更新甚至遭到删除。虽然在搜索引擎中支持这个过程相对容易和快速，但是许多机器学习算法创建的**静态**模型不能随着数据的变化而快速调整。机器学习任务的典型开发工作流包括以下步骤：

(1) 选择和收集用作训练集的数据；

(2) 将训练集的某些部分留作评价和优化（测试和交叉验证集）；

(3) 根据算法（前馈神经网络、支持向量机等）和超参数（例如神经网络的层数和每层神经元数）训练几个机器学习模型；

(4) 通过测试和交叉验证集评价和优化模型；

(5) 选择性能最好的模型并使用它来完成任务。

如上文所示，这个过程的目的是使用静态训练数据生成一个计算模型，以解决某个任务或问题。更新这些模型的训练集（添加或修改输入和输出）通常需要重复整个步骤。这与搜索引擎之类的系统相冲突，因为搜索引擎要处理源源不断的新数据流。例如，在线报纸的搜索引擎每天都会更新许多不同的新闻条目，设计神经搜索系统时，需要考虑到这一点。神经网络是机器学习模型：你可能需要对模型进行重复训练，或者提出解决方案，以允许神经网络执行**在线学习**（不需要重复训练）[1]。

想想某些英语单词的意义随时间的演变。例如，今天的“cell”一词通常指细胞或手机，但是，在手机发明之前，“cell”一词主要指细胞或监狱。有些概念只在特定的时间段内才会与某些词汇紧密联系在一起。例如，由于美国总统每四年选举一次，因而在2009年至2017年期间“President of the United States”（美国总统）指巴拉克·奥巴马，而在1961年至1963年间指约翰·菲茨杰拉德·肯尼迪。想想图书馆档案室里的书，有多少里面有“President of the United States”这个短语？由于成书时间的不同，书中的这个短语很少指同一个人。

前文提到，神经网络可以用来生成获取单词语义的**词向量**，以使具有相似含义的单词的词向量彼此相近。如果用20世纪60年代的新闻文章训练模型，并将其与用2009年的新闻文章训练的模型生成的词向量进行比较，那么“President of the USA”的词向量会发生什么变化呢？后一种模型中的词向量“Barack Obama”是否会与前一种模型中的词向量“President of the USA”放在一起？可能不会，除非你教会了神经网络正确处理词义随时间演变的问题[2]。此外，普通的搜索引擎可以很容易地处理诸如“美国总统”之类的查询，并返回包含这类词的搜索结果，不管这些词是什么时候输入到倒排索引中的。

1.11　神经搜索的前景

神经搜索是在不同阶段将深度学习和深度神经网络集成到搜索中。深度学习获取深层语义的能力使我们能够获得能较好适应底层数据的相关模型和排序函数。深度神经网络可以学习图像表示，在图像搜索中带来意想不到的好结果。简单的相似度度量，如余弦距离，可以应用于用深度学习生成的数据表示，以捕获语义相似的单词、句子、段落等。这种相似度度量有很多应用，如用在文本分析阶段或推荐相似文档。与此同时，深度神经网络可以做的不仅仅是学习表示，它还可以学习生成或翻译文本，以及如何优化搜索引擎的性能。

如全书所示，搜索系统是由不同的组件构成的。最明显的部分是将数据导入搜索引擎并进行搜索。神经网络可在索引过程中使用，以在数据进入倒排索引之前增强数据，或用于扩大或指定搜索查询的范围，以提供更多或更精确的结果。但是，神经网络也可以用来给用户提供智能的建议，帮助他们输入查询或在后台翻译他们的查询，使搜索引擎可以使用多种语言。

虽然这些听起来都很棒，但是你不能直接把神经网络扔给一个搜索引擎，然后期望它自动变得完美。每一个决定都必须根据具体情况做出。神经网络也有其局限性，包括训练、升级模型的成本等很多方面。但是，将神经搜索应用到搜索引擎中是一种让它更好地为用户服务的好方法。对于搜索工程师来说，他们可以探索神经网络的美妙之处。

---

① 参见Andrey Besedin等人的文章“Evolutive Deep Models for Online Learning on Data Streams With No Storage”；Doyen Sahoo等人的文章“Online Deep Learning—Learning Deep Neural Networks on the Fly”。

② 参见Zijun Yao等人的文章“Dynamic Word Embeddings for Evolving Semantic Discovery”。

1.12 总结

- 搜索是一个难题：常见的信息检索方法都有局限性和缺点，用户和搜索工程师都很难让事物的效果符合预期。
- 文本分析是搜索中的一项重要任务，在索引和搜索阶段都是如此，因为它准备数据并将其存储在倒排索引中，并且对搜索引擎的效率有重大影响。
- 度量搜索引擎对用户信息需求响应程度的基本标准是相关性。一些信息检索模型可以给出查询结果重要性的标准化度量，但并没有万能之法。不同用户的情况和观点可能有很大差异，因此搜索工程师需要持续关注相关性度量。
- 深度学习是机器学习的一个领域，它使用深度神经网络来学习内容（文本，如单词、句子和段落，也包括图像）的（深层）表示，这些内容表示可以捕获语义上相关的相似度度量。
- 神经搜索是连接搜索和深度神经网络的桥梁，其目的是利用深度学习来帮助改进与搜索相关的不同任务。

第 2 章

生成同义词

本章内容

- ❑ 在搜索中使用同义词的原因及方法
- ❑ 简要介绍 Apache Lucene
- ❑ 前馈神经网络基础
- ❑ word2vec 算法的使用
- ❑ 利用 word2vec 算法生成同义词

第 1 章高度概括了把深度神经网络用于搜索领域的各种可能性，包括利用深度神经网络通过文本查询基于内容搜索图像，以及用自然语言生成文本查询等。同时，你也学习了搜索引擎的基础知识，以及它们如何通过查询找到相关结果。现在，你可以开始利用深度神经网络来解决各种搜索问题了。

我们将以一个浅层（而非深度）神经网络来开启本章内容，并且利用这个神经网络来辨识什么时候两个单词在语义上相似。这个任务看似简单，却是让搜索引擎能够理解自然语言的关键。

在信息检索中，为了增加与搜索内容相关的结果数量，一项常用技术是使用**同义词**。同义词增加了表示查询或索引文档片段的潜在方法的数量。比如，“I like living in Rome”这句话也可以表达成“I enjoy living in the Eternal City”（Eternal City，永恒之城，即罗马）。由于“like”和“enjoy”以及“Rome”和“the Eternal City”两对词在语义上相似，因此这两句话所表达的意思几乎相同。同义词有助于解决第 1 章中提出的问题，即图书管理员和学生在寻找一本书时相互理解的问题。这是因为同义词的使用让人们能够通过不同的方式表达相同的概念，并且检索到相同的结果。

本章将开始研究同义词，并使用 word2vec，一种应用广泛、基于神经网络、学习单词表示的算法。学习 word2vec 有助于深入了解神经网络是如何在实际应用中发挥作用的。为此，你需要首先了解**前馈神经网络**（feed-forward neural networks）的工作方式。前馈神经网络是一种最基本的神经网络类型，也是深度学习的基础。在此之后，我们将学习前馈神经网络的两种结构：skip-gram 和 CBOW（continuous-bag-of-words）。由于这两种结构使得学习两个单词什么时候在意义上相同成为可能，因此它们能用来较为准确地判断两个单词是否是同义词。你将看到如何利用它们提升搜索引擎的召回率，以避免遗漏相关的搜索结果。

最后，你将度量通过这种方式搜索引擎性能可以提高多少，并了解用于生产系统时你需要权衡哪些利弊。在决定何时何地将这些技术应用于实际场景时，了解这些利弊非常重要。

2.1 同义词扩展介绍

前一章已经介绍了好的算法对文本分析有多重要：算法指定了将文本划分为更小的片段或词项的方式。在执行查询时，索引时生成的词项需要与从查询中提取的词项匹配。这项匹配工作使得所需要的文档能被搜索引擎找到，并显示在搜索结果中。

词项匹配中最可能遇到的一个障碍是，人们表述同一个概念的方式多种多样。例如，"going for a walk in the mountains"（到山里去散步）这句话也可以用"hiking"（远足，徒步，下文的 hike 是该词的动词原形）或"trekking"（远足，徒步，下文的 trek 是该词的动词原形）来表达。如果文本的作者使用了"hike"这个单词，而用户在搜索时使用的是"trek"，那么用户很可能搜不到这篇文档。这就是搜索引擎需要能够识别同义词的原因。

后文将解释如何利用一种被称为**同义词扩展**的技术，让使用几种方式表达同样的信息成为可能。同义词扩展技术尽管很受欢迎，但也有其局限性。其中尤为突出的是，由于同义词会随着时间的推移而变化，因此同义词库需要经常维护；另外，同义词库经常不能很好地适应要索引的数据（因为这些同义词库往往来源于公开可获取的数据）。你将了解如何利用如 word2vec 这样的算法来学习单词表达，并且利用其生成那些需要索引的数据的精确同义词。

在本章的最后，你将拥有一个能够利用神经网络来生成同义词的搜索引擎，这些同义词可用于装饰（decorate）被索引的文本。下面用一个例子来说明这个过程。在这个例子中，用户在搜索引擎用户界面输入了"music is my aircraft"这条查询（稍后我们会解释为什么要使用这条查询）。整个查询过程及结果如图 2-1 所示。

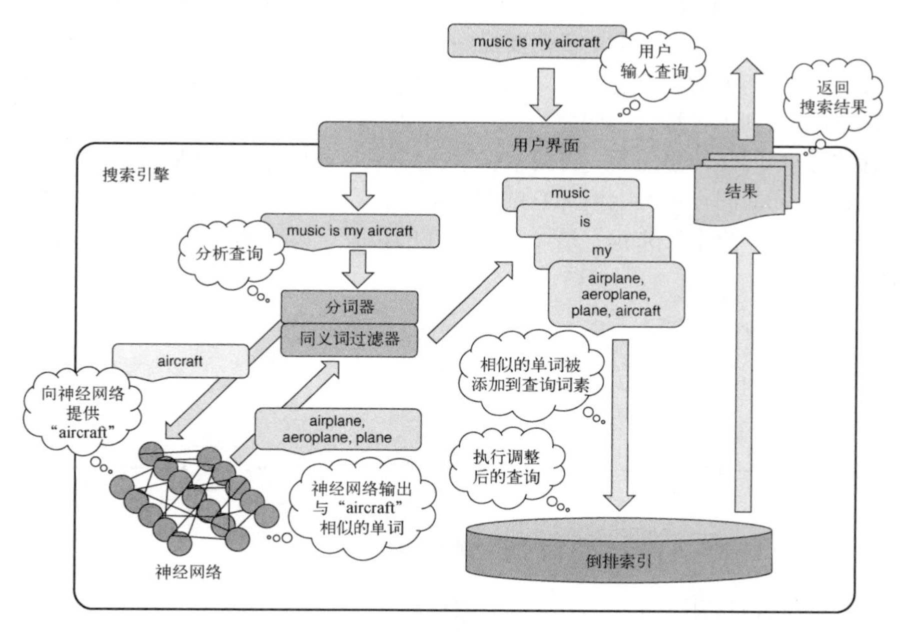

图 2-1　搜索时基于神经网络的同义词扩展

主要步骤如图 2-1 所示。在搜索引擎中，查询首先由文本分析管道进行处理。在该管道中，**同义词过滤器**（synonym filter）将利用神经网络生成同义词。比如，神经网络将返回“airplane”“aeroplane”和“plane”三个单词作为“aircraft”的同义词。这些生成的同义词将全部作为用户查询的词素，用来与倒排索引中的词素进行匹配。最后，对搜索结果进行汇总。这就是大体步骤。不用担心，本节稍后会仔细探究每一个步骤。

2.1.1 为什么要使用同义词

同义词是指拼写与发音不同，但语义相同或相近的单词。例如，“aircraft”和“airplane”都是单词“plane”的同义词。在信息检索过程中，常常利用同义词来装饰文本，以增加查询结果正确匹配查询的可能性。是的，我们在讨论可能性，因为我们无法预料到所有可能的信息表达方法。同义词扩展不是让你理解所有用户查询的银弹，它只能减少搜索结果极少或为 0 的情况。

接下来再看一个实例，在这个例子中，同义词会非常有用。也许你也遇到过这样的情况：有一首歌，具体歌词你不记得了，只记得它的片段或是歌词大意。假设这首歌的副歌中有一句是“Music is my...”后面是什么呢？是汽车、船，还是飞机？想象一下，如果有这样一个系统，它搜集了所有歌词，用户可以在这个系统中进行搜索。如果搜索引擎中启用了同义词扩展技术，那么当搜索“music is my plane”时，系统将返回要查询的那句歌词“music is my aeroplane”。在这种情况下，同义词的应用让用户得以通过搜索一个片段或不完全正确的单词查询到相关的结果（Red Hot Chili Peppers 乐队的歌曲 *Aeroplane*）。如果没有应用同义词扩展，那么用户将不可能通过“music is my boat”“music is my plane”或“music is my car”这样的查询搜索到这条相关结果。

这被视为对召回率的改进。第 1 章简要提到，召回率是一个介于 0 和 1 的数值，等于检索到的相关文档数目除以相关的文档总数。如果检索到的文档都与查询无关，则召回率为 0；如果所有相关文档都被检索到了，那么召回率为 1。

同义词扩展技术的整体思路是，当搜索引擎收到一个词项流时，如果某个位置上的单词存在同义词，就在该单词的同一位置上增加它的同义词。在“aeroplane”这个例子中，查询词项的同义词得到了扩展：文本流中“plane”这个单词所在的位置，悄然无声地被单词“aeroplane”装饰了，详见图 2-2。

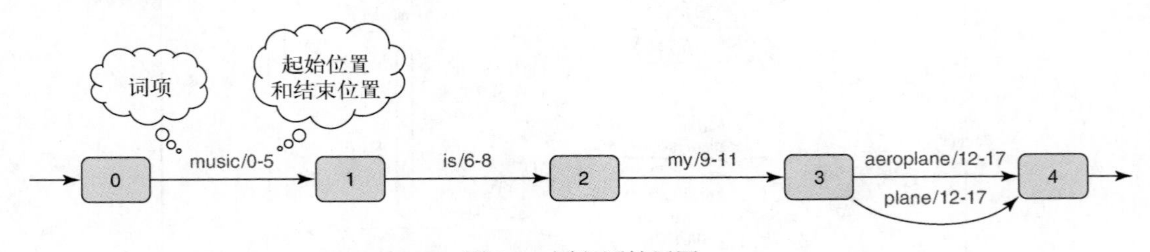

图 2-2 同义词扩展图

这项技术同样可以应用于索引 *Aeroplane* 的歌词。索引时使用同义词扩展会使整个过程稍稍变慢（因为要调用 word2vec 算法），整个检索目录也肯定会变大（因为需要储存更多的词项）。

但从好的方面来讲，搜索过程会变快，因为在搜索时不必再调用 word2vec。随着系统规模和负载的增长，选择索引时还是搜索时做同义词扩展将对系统性能有显著影响。

在了解了同义词在搜索过程中非常重要的原因后，我们将先后探究如何利用普通技术和 word2vec 来改进同义词扩展。这将有助于更好地理解利用 word2vec 的优势。

2.1.2 基于词汇表的同义词匹配

现在我们来看看如何实现一个在索引时启用同义词扩展的搜索引擎。实现同义词最简单也是最常用的方法是向搜索引擎输入词汇表，其中包含所有单词及其相关同义词之间的映射。这样的词汇表看起来像一个表，每一个主键是一个单词，对应的值是它的同义词。

```
aeroplane -> plane, airplane, aircraft
boat -> ship, vessel
car -> automobile
...
```

设想，将 *Aeroplane* 的歌词纳入搜索引擎进行索引，并且利用上述词汇表进行同义词扩展。我们挑选这首歌副歌部分的歌词“music is my airplane”，看同义词扩展如何处理它。现在有一个简单的文本分析管道，它由一个分词器组成，每遇到一个空白，它就创建一个词素，进而为句子中的每个单词都创建了一个词素。因此，索引时文本分析管道会创建这些词素。之后，利用**词素过滤器**进行同义词扩展：每收到一个词素，就查找同义词词汇表，并且判断是否存在与这些词素文本相同的关键词（例如“aeroplane”“boat”“car”）。“music is my airplane”这个片段的记录列表如表 2-1 所示（以字母升序排列）。

表 2-1 “music is my aeroplane”的记录列表片段

词项	文档（位置）
aeroplane	1(12, 17)
aircraft	1(12, 17)
airplane	1(12, 17)
is	1(6, 8)
music	1(0, 5)
my	1(9, 11)
plane	1(12, 17)

这个记录列表同时也记录了一个文档中每个词项出现的位置信息。这个位置信息让你看到“plane”“airplane”“aircraft”这几个原始文本片段里没有的词，作为原始词项“aeroplane”的附属信息加入了索引，并与后者放在同一个位置。

我们可以将词项的**位置**记录在倒排索引中，以便重构词项在文档文本中出现的顺序。如果你查看倒排索引表并选择在升序排列中位置较靠下的词项，则会得到“music is my aeroplane/aircraft/airplane/plane”这个结果。由于同义词可以彼此无缝替换，因此，在索引中可以设想有 4 段不同的文本："music is my aeroplane""music is my aircraft""music is my airplane"和"music is my plane"。需要强调的是，尽管你找到了对句子进行索引和搜索的四种不同的形式，但是如果其中任何一种形式与用户的查询匹配，则搜索引擎将只返回一个文档，因为它们都引用了记录列表中的文档1。

在了解了将同义词索引到搜索引擎中的方法后，现在我们可以尝试构建第一个基于 Apache Lucene 的索引歌词的搜索引擎，并且在索引时使用同义词扩展来建立正确的文本分析。

说明　接下来，我将交替使用 Lucene 和 Apache Lucene 这两个名字；但是，正确的商标名称是 Apache Lucene。

---

1. 快速了解 Apache Lucene

在深入研究同义词扩展之前，本节将简要介绍 Lucene。这将让你更多地关注概念，而不是 Lucene API 和实现细节。

> **获取 Apache Lucene**
>
> 在 Apache Lucene 官网里可以下载最新版的 Apache Lucene。你可以下载二进制包（.tgz 或.zip）或源代码发行版。如果你只是想在自己的项目中使用 Lucene，那么推荐使用二进制发行版。.tgz 或.zip 包包含 Lucene 组件的 JAR 文件。Lucene 由各种组件构成：唯一的必备组件是 `lucene-core`，其他组件是可选的，可按需使用。Lucene 的官方文档中介绍了相关的基础知识。源代码包适合希望查看代码或增强代码的开发人员。如果使用 Maven、Ant 或 Gradle 之类的构建工具，你也可以在项目中包含 Lucene，因为其所有组件都在 Maven Central 这样的公共存储库中发布了。

Apache Lucene 是一个用 Java 编写的开源搜索库，采用 Apache License 2 授权。在 Lucene 中，索引和搜索的主要实体用 `Document` 表示。根据具体的使用情况，`Document` 可以表示任何东西，如一页文字、一本书、一幅图像等。但不管表示什么内容，所得到的搜索结果都是 `Document`。一个 `Document` 由许多字段构成，这些字段可用于提取 `Document` 中的不同部分。例如，如果文档是一个网页，那么可以把页面标题、页面内容、页面大小、创建时间等看成不同的字段。需要字段的主要原因是，它有助于完成以下任务：

- 配置每一个字段的分析管道；
- 配置索引选项，例如在记录列表中存储词项位置还是每个词项指向的原始文本的值。

Lucene 搜索引擎可以通过一个 `Directory` 访问，这是一个文件列表，其中保存了倒排索引（以及其他满足记录位置等用途的数据结构）。通过打开 `IndexReader`，可以读取 `Directory` 上倒排索引的视图。

```
Path path = Paths.get("/home/lucene/luceneidx");  <-- 文件系统中存储倒排索引的目标路径

Directory directory = FSDirectory.open(path);  <-- 打开目标路径上的目录

IndexReader reader = DirectoryReader.open(directory);  <-- 通过 IndexReader 获取搜索引擎的只读视图
```


使用 IndexReader 可以获取索引的有用统计信息，例如当前索引的文档数量，或是否有文档已经遭到删除；它也可以用于获取某一个字段或是特定词项的统计数据。此外，如果知道要检索的文档的标识（identifier），那么可以直接从 IndexReader 获取 Document。

```
int identifier = 123;
Document document = reader.document(identifier);
```

要进行搜索，就需要使用 IndexReader，因为它让你能读取索引。因此，你需要一个 IndexReader 来创建一个 IndexSearcher。IndexSearcher 是执行搜索和收集结果的入口点，通过 IndexSearcher 执行的查询在索引数据上运行，查询结果由 IndexReader 公开。

无须通过编程对查询进行过多编码，就可以使用 QueryParser（查询解析器）运行用户输入的查询。搜索时需要指定(搜索时)文本分析。在 Lucene 中，文本分析任务是通过实现 Analyzer API 来执行的。Analyzer 可由一个 Tokenizer（分词器）和一个 TokenFilter（词素过滤器，可选）组件构成，或者也可以使用开箱即用的实现，如下例所示。

```
QueryParser parser = new QueryParser("title",
    new WhitespaceAnalyzer());  <-- 使用 WhitespaceAnalyzer（空白分析器）为标题字段创建查询解析器
Query query = parser.parse("+Deep +search");  <-- 解析用户输入的查询并获得一个 Lucene Query
```

在本例中，当查询解析器在名为 title 的字段上运行查询时，它遇上空白就拆分词素。假设用户在查询中输入“+Deep+search”，你需要将其传递给 QueryParser 并获取 Lucene 查询对象。之后你就可以运行查询了。

```
IndexSearcher searcher = new IndexSearcher(reader);
TopDocs hits = searcher.search(query, 10);  <-- 在 IndexSearcher 上执行查询，并返回前 10 个文档

for (int i = 0; i < hits.scoreDocs.length; i++) {  <-- 遍历结果

  ScoreDoc scoreDoc = hits.scoreDocs[i];  <-- 检索 ScoreDoc，并返回文档标识及其分数（来自底层检索模型）

  Document doc = reader.document(scoreDoc.doc);  <-- 获取文档，你可以用该文档的 ID 查看文档字段

  System.out.println(doc.get("title") + " : "
      + scoreDoc.score);  <-- 输出返回文档的标题字段的值
}
```

运行上述代码将无法得到任何结果，因为还没有索引任何内容。接下来，我们将处理这个问

题，并试一试如何利用 Lucene 索引 Document。首先，我们需要决定将哪些字段放进文档，以及它们的（检索时）文本分析管道应该是怎样的。在此以图书为例。假设我们希望将一本书内容中的无用单词删除，同时将一个不删除任何内容的更简单的文本分析管道用于标题。

基于 Lucene 的搜索引擎，其倒排索引是由 IndexWriter 在磁盘上的一个 Directory 中写入的，该 IndexWriter 将根据 IndexWriterConfig 持久化文档。这个 IndexWriterConfig 的配置包含很多选项，但对我们来说，最重要的一点是要配置索引时分析器，如代码清单 2-1 所示。这样一旦 IndexWriter 就绪，就可以创建 Document 并添加字段，如代码清单 2-2 所示。

代码清单 2-1　创建单字段分析器

```
Map<String, Analyzer> perFieldAnalyzers = new HashMap<>();    // 建立一个映射，其键是字段的名称，值是用于字段分析的分析器

CharArraySet stopWords = new CharArraySet(Arrays
    .asList("a", "an", "the"), true);    // 创建一个停用词词素列表，用于在索引时从图书内容中进行删除

perFieldAnalyzers.put("pages", new StopAnalyzer(
    stopWords));    // 为页面字段使用指定停用词的 StopAnalyzer（停止分析器）

perFieldAnalyzers.put("title", new WhitespaceAnalyzer());    // 对标题字段使用 WhitespaceAnalyzer

Analyzer analyzer = new PerFieldAnalyzerWrapper(
    new EnglishAnalyzer(), perFieldAnalyzers);    // 创建一个单字段分析器，它也需要一个默认分析器（本例中为英语分析器），以备其他需要添加到 Document 中的字段使用
```

代码清单 2-2　将文档加入 Lucene 索引

```
IndexWriterConfig config = new IndexWriterConfig(analyzer);    // 为索引创建一个配置
IndexWriter writer = new IndexWriter(directory,
    config);    // 创建一个 IndexWriter，并根据 IndexWriterConfig 将 Document 写入一个 Directory

Document dl4s = new Document();    // 创建文档实例
dl4s.add(new TextField("title", "DL for search",
    Field.Store.YES));    // 添加 Field，每个 Field 都有名称、值以及一个选项以存储词项的值
dl4s.add(new TextField("page", "Living in the information age ...",
    Field.Store.YES));

Document rs = new Document();
rs.add(new TextField("title", "Relevant search", Field.Store.YES));
rs.add(new TextField("page", "Getting a search engine to behave ...",
    Field.Store.YES));

writer.addDocument(dl4s);    // 将文档加入搜索引擎
writer.addDocument(rs);
```

将少量文档加入 IndexWriter 后，可以通过 commit 将它们保存在文档系统中。否则，在新的 IndexReader 中无法看到新增的文档。

```
writer.commit();  <— 提交更改
writer.close();  <— 关闭 IndexWriter（释放资源）
```

再次运行搜索代码，结果如下。

```
Deep learning for search : 0.040937614
```

针对查询“+Deep+search”，代码找到匹配项，并打印其标题和分数。

介绍完 Lucene，现在回到同义词扩展这个主题。

2. 用同义词扩展设置 Lucene 索引

首先，定义用于索引时和搜索时的文本分析算法。然后，将一些歌词添加到倒排索引中。在许多情况下，在索引时和搜索时最好使用相同的分词器，因为这样一来，文本是根据相同的算法切分的，查询更容易匹配到文档片段。我们将从简单的开始，先设置以下内容：

- 一个搜索时分析器（Analyzer），当遇到空白字符［也称为**空白分词器**（whitespace tokenizer）］时，它使用分词器切分词素；
- 一个索引时分析器，它使用空白分词器以及同义词过滤器。

这样设置的原因是，我们并不需要同时在查询时和索引时对同义词进行扩展。要对两个同义词进行匹配，只需扩展一次即可。

假设有两个同义词需要进行匹配，它们是“aeroplane”和“plane”。下面的代码清单将构建一个文本分析链，它可以从原始词素中提取一个词项（例如“plane”），并为其同义词生成另一个词项（例如“aeroplane”），也就是会生成一个原词项和一个新词项，如代码清单 2-3 所示。

代码清单 2-3 配置同义词扩展

```
SynonymMap.Builder builder = new SynonymMap.Builder();
builder.add(new CharsRef("aeroplane"), new CharsRef("plane"), true);  <— 以编程方式定义同义词
final SynonymMap map = builder.build();

Analyzer indexTimeAnalyzer = new Analyzer() {  <— 为索引创建一个定制的 Analyzer
  @Override
  protected TokenStreamComponents createComponents(
        String fieldName) {
    Tokenizer tokenizer = new WhitespaceTokenizer();
    SynonymGraphFilter synFilter = new
        SynonymGraphFilter(tokenizer, map, true);  <— 创建同义词过滤器，该过滤器从空白分词器接收词项，并根据该词项的映射词扩展同义词，忽略大小写
    return new TokenStreamComponents(tokenizer, synFilter);
  }
};

Analyzer searchTimeAnalyzer = new WhitespaceAnalyzer();  <— 搜索时的空白分析器
```

这个简化了的例子创建了一个只有一个条目的同义词词汇表。通常，词汇表中有更多条目，

或者你也可以从外部文件中读取条目，这样就不必为每个同义词编写代码。

现在，我们已经准备好了，可以使用 indexTimeAnalyzer（索引时分析器）将一些歌词放入索引中。在此之前，先来看看歌词的组织结构。每首歌都有作者、标题、发行年份、歌词文本等。正如前文所示，对将要索引的数据进行检查非常重要，这样可以了解拥有什么类型的数据，并且还可能基于此想出一个非常适合这些数据的文本分析链。下面给出一个例子。

```
author: Red Hot Chili Peppers
title: Aeroplane
year: 1995
album: One Hot Minute
text: I like pleasure spiked with pain and music is my aeroplane ...
```

你能在搜索引擎中跟踪这样的结构吗？这样做有用吗？

在大多数情况下，保持轻量级文档结构会非常方便，因为它的每个部分都传递不同的语义，在搜索时能够满足不同的需求。例如，年份是一个数值，对它使用空白分词器没有任何意义，因为该字段中不太可能出现空白。对于所有其他字段，你可以使用前面定义的 Analyzer 进行索引。组装后，你将得到多个倒排索引（每个属性一个），可以用来对文档的不同部分进行索引，它们都在同一个搜索引擎中，如图 2-3 所示。

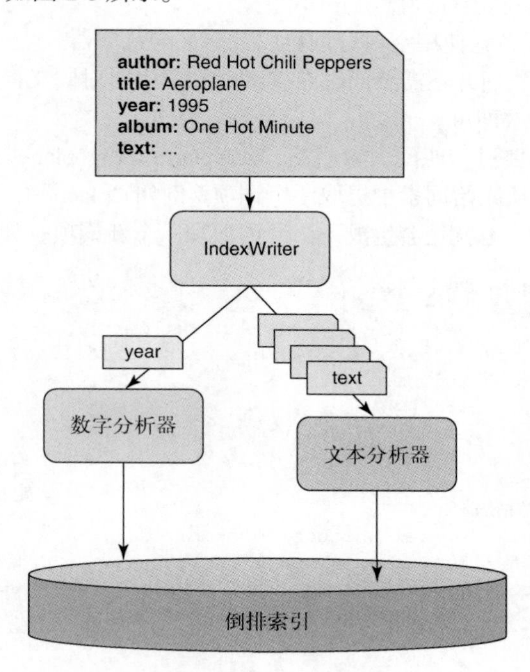

图 2-3　根据数据类型切分文档

使用 Lucene，可以为示例中的每个属性（author、title、year、album、text）定义一个字段。我们为 year（年份）这个字段设置一个单独的 Analyzer，这个分析器不处理该字段的值；而对其他所有值使用前面定义的 indexTimeAnalyzer，并启用同义词扩展，如代码清单 2-4 所示。

代码清单 2-4 为索引和搜索分离分析链

```
Directory directory = FSDirectory.open(Paths.get(      为索引打开一个目录
    "/path/to/index"));

Map<String, Analyzer> perFieldAnalyzers =              创建一个映射，其键是
    new HashMap<>();                                   字段的名称及所使用
                                                       的分析链中对应的值
perFieldAnalyzers.put("year",
    new KeywordAnalyzer());                            为年份这个字段设置不
                                                       同的分析器（关键词；
Analyzer analyzer = new PerFieldAnalyzerWrapper(       不处理值）
    indexTimeAnalyzer, perFieldAnalyzers);
                                                       创建一个包装分析器，
IndexWriterConfig config = new IndexWriterConfig(      它可以与单字段分析
    analyzer);                                         器一起工作

IndexWriter writer = new IndexWriter(                  在配置对象中构建
    directory, config);                                上述所有内容

创建用于索引的 IndexWriter
```

这种机制使得索引在将内容写入倒排索引之前，可以灵活地分析内容。要为数据语料库找到最佳组合，通常要对 Document 的不同部分使用不同的 Analyzer，并进行几次更换。即便如此，在现实世界中，随着时间的推移，这种配置也可能需要调整。例如，一开始你只索引英文歌曲，但是稍后你开始添加中文歌曲。这种情况下，你必须调整分析器，使之能同时处理两种语言（例如你不能期望空白分词器在中文、日文和韩文上很好地工作，因为在这些语言中，单词之间往往没有空格）。

将你的第一个文档放入 Lucene 索引中，如代码清单 2-5 所示。

代码清单 2-5 索引文档

```
为歌曲 Aeroplane 创建一个文档                                   从歌词中添加
Document aeroplaneDoc = new Document();                        所有字段
aeroplaneDoc.add(new Field("title", "Aeroplane", type));
aeroplaneDoc.add(new Field("author", "Red Hot Chili Peppers", type));
aeroplaneDoc.add(new Field("year", "1995", type));
aeroplaneDoc.add(new Field("album", "One Hot Minute", type));
aeroplaneDoc.add(new Field("text",
    "I like pleasure spiked with pain and music is my aeroplane ...", type));

writer.addDocument(aeroplaneDoc);     添加文档
writer.commit();     将更新后的倒排索引保存到文件系统，使更改持久化（且可搜索）
```

创建一个由多个字段组成的文档，此歌曲的每个属性都是一个字段，然后将其添加到 Writer。

为了进行搜索，（再次）打开 Directory 并获得索引上的视图，即 IndexReader，你可以在该视图上通过 IndexSearcher 进行搜索。要确保同义词扩展工作正常，请输入一个带有单词“plane”的查询，如果工作正常，那么歌曲 *Aeroplane* 将被检索到。请看代码清单 2-6。

代码清单 2-6　搜索单词“plane”

```
IndexReader reader = DirectoryReader.open(directory);   <-- 在索引上打开一个视图

IndexSearcher searcher = new IndexSearcher(reader);   <-- 实例化一个搜索器

QueryParser parser = new QueryParser("text",
    searchTimeAnalyzer);   <-- 创建一个查询解析器，它使用搜索时分析器和用户输入的查询生成搜索项

Query query = parser.parse("plane");   <-- 使用 QueryParser 将用户输入的查询（作为字符串）转换为合适的 Lucene 查询对象

TopDocs hits = searcher.search(query, 10);   <-- 搜索，并获得前 10 个结果

for (int i = 0; i < hits.scoreDocs.length; i++) {   <-- 遍历结果
    ScoreDoc scoreDoc = hits.scoreDocs[i];
    Document doc = searcher.doc(scoreDoc.doc);   <-- 得到搜索结果
    System.out.println(doc.get("title") + " by "
        + doc.get("author"));   <-- 输出返回歌曲的标题和作者
}
```

不出所料，结果如下。

```
Aeroplane by Red Hot Chili Peppers
```

我们已经快速浏览了为索引和搜索配置文本分析的方法，以及索引和检索文档的方法，还学习了如何添加同义词扩展功能。但是，需要明确的是，这段代码在现实生活中无法得到维护，原因如下：

- 你不能为要添加的每个同义词都编写代码；
- 你需要一个可以单独插入和管理的同义词词汇表，以避免在每次更新它时都修改搜索程序；
- 你需要处理语言的演变问题——不断添加新单词（和新同义词）。

解决这些问题的第一步是将同义词写入文件，并让同义词过滤器从这个文件中读取同义词，如代码清单 2-7 所示。要实现这一点，我们可以将同义词放在同一行，并用逗号分隔。通过使用建造者（builder）模式，你可以用更紧凑的方式构建 Analyzer。

代码清单 2-7　从文件中提供同义词

```
Map<String, String> sffargs = new HashMap<>();
sffargs.put("synonyms", "synonyms.txt");   <-- 定义包含同义词的文件
sffargs.put("ignoreCase", "true");
```

```
CustomAnalyzer.Builder builder = CustomAnalyzer.builder()
    .withTokenizer(WhitespaceTokenizerFactory.class)
    .addTokenFilter(SynonymGraphFilterFactory.class, sffargs)
return builder.build();
```

定义一个分析器

让分析器使用空白分词器

让分析器使用同义词过滤器

在同义词文件中配置同义词。

```
plane,aeroplane,aircraft,airplane
boat,vessel,ship
...
```

这样，无论同义词文件中有什么变化，代码都将保持不变，而且我们可以根据需要随时更新文件。尽管这比为同义词编写代码要好得多，但是除非知道只有少量的固定同义词，否则我们还是希望避免手动编写同义词文件。所幸现在有很多免费的或非常便宜的数据可供使用。对自然语言处理而言，WordNet 项目是一个很好的大型资源。它是来自普林斯顿大学的一个英语词汇数据库，我们可以利用它不断更新的大型同义词词汇表，将其作为文件（例如命名为 synonyms-wn.txt）下载并在程序中指明使用 WordNet 格式，从而将其导入索引分析管道，如代码清单 2-8 所示。

代码清单 2-8　使用来自 WordNet 的同义词

```
Map<String, String> sffargs = new HashMap<>();
sffargs.put("synonyms", "synonyms-wn.txt");
sffargs.put("format", "wordnet");
CustomAnalyzer.Builder builder = CustomAnalyzer.builder()
    .withTokenizer(WhitespaceTokenizerFactory.class)
    .addTokenFilter(SynonymGraphFilterFactory.class, sffargs)
return builder.build();
```

用 WordNet 词汇表创建同义词文件

指定同义词文件为 WordNet 格式

WordNet 字典的加入让你拥有了一个非常强大的高质量同义词扩展资源，这对英语的同义词扩展很有帮助。但是它也存在一些问题。首先，并非每种语言都有 WordNet 类型的资源。其次，即使你只使用英语，其同义词的扩展也只是基于英语语法和词典规则所定义的字面意义，而没有考虑到这些词在不同语境下的隐含意义。

此处描述的是语言学家根据严格的词典定义（字面意义）定义的同义词与现实生活中由常用的语言和词汇（隐含意义）所定义的同义词之间的区别。在社交网络、聊天室和现实中的朋友聚会等非正式场合中，人们可能会把某两个词当作同义词来使用，而根据语法规则，它们又不是同义词。为了处理这个问题，本章将引入 word2vec，比起仅仅基于严格的语法扩展同义词，它能提供更高级的功能。我们将看到，使用 word2vec 可以构建与语言无关的同义词扩展：它可以从数据中学习哪些单词是相似的，而不太注重语言本身以及其用于正式场合还是非正式场合。word2vec 的一个有用的特性是，在相似语境下意思相同的单词之所以被认为是相似的，完全是因为它们的语境相似，而与语法或句法无关。word2vec 假设出现在相似语境中的单词语义相近，在这个前提下，针对每个单词，word2vec 都会查看其邻近的单词。

2.2　语境的重要性

概括地说，到目前为止，当前方法的主要问题在于，同义词映射是静态的，并且不与索引数据绑定。例如，在 WordNet 的例子中，同义词严格遵守英语语法的语义，不考虑俚语或非正式场合下的语境，但是在这些非正式场合下，某些单词在严格的语法规则中不是同义词，也经常作为同义词使用。另一个例子是聊天消息和电子邮件中使用的缩略词。例如，在电子邮件中 ICYMI（“in case you missed it”，为了防止你没注意到）和 AKA（“also known as”也称为）这样的缩写并不罕见。ICYMI 和“in case you missed it”不能称为同义词，因为你在字典里找不到它们，但是它们的意思是一样的。

克服这些限制的一种方法是找到一种途径，从摄入的数据生成同义词。其基本概念是，通过查看上下文来提取单词的**最近邻**（nearest neighbor）应该是可行的。这意味着要将该单词周围的词语与这个单词本身一同进行分析。在这种情况下，与这个单词的最近邻就是它的同义词，即使从语法的角度来看它并不是严格意义上的同义词。

在相同的上下文中使用和出现的单词往往具有相似的含义，这种想法被称为**分布假设**（distributional hypothesis），它是许多文本表示的深度学习算法的基础。这个想法有趣的地方在于它忽略了语言、俚语、文体和语法，关于单词的所有信息都是从文本中单词出现的语境里推断出来的。例如，想想代表城市（Rome、Cape Town、Oakland 等）的单词是如何经常使用的。请看几个句子。

- I like to live in Rome because…
- People who love surfing should go to Cape Town because…
- I would like to visit Oakland to see…
- Traffic is crazy in Rome…

通常，城市名称在“in”附近使用，或者与“live”（居住）、“visit”（参观，访问）等动词相距较近。这是一种基本判断，它基于一项事实，即语境提供了关于每个单词的大量信息。

记住这一点，如果你希望从要索引的数据中学习单词的表示，那么你就可以从数据中生成同义词，而不是手动构建或下载同义词词汇表。在第 1 章关于图书馆的例子中，我提到最好了解一下图书馆里有什么，因为有了这些额外的了解，图书管理员就可以更有效地帮助你。比如，来到图书馆的学生可以请图书管理员帮忙查找“关于人工智能的书”。我们假设图书馆只有一本关于这个主题的书，叫 *AI Principals*。如果图书管理员（或者学生）搜索书名，他们就会错过这本书，除非他们知道 AI 是人工智能（artificial intelligence）的首字母缩略词（根据之前的假设，它们是同义词）。在这种情况下，一位熟悉这些同义词的助手会很有帮助。

让我们假设有两类这样的助手：约翰，一位研究英语语法和句法多年的英语语言专家；还有罗比，另一个学生，他每周都和图书管理员合作，并且有机会读大部分的书。约翰不能告诉你 AI 代表人工智能，因为他的背景知识没有提供；虽然罗比的英语知识远没有那么正式，但他是图书馆藏书方面的专家，可以很容易地告诉你 AI 代表**人工智能**，因为他读过 *AI Principals* 这本书，知道它是关于人工智能原理的。在这个场景中，约翰的行为类似于 WordNet 词汇表，而罗比类似于 word2vec 算法。虽然约翰已经证明了他的语言知识，但罗比在这种特殊情况下可能更有帮助。

第 1 章提到过神经网络擅长学习对语境敏感的表示（在本例中是单词的表示）。这就是我们将在 word2vec 中使用的功能。简而言之，我们将使用 word2vec 神经网络来学习表示“plane”的单词，它将告诉我们与“plane”最相似的单词是“aeroplane”。在我们深入研究这个问题之前，先仔细看一看最简单的神经网络形式之一：前馈神经网络。前馈神经网络是大多数更复杂的神经网络结构的基础。

2.3 前馈神经网络

神经网络是神经搜索的关键工具，许多神经网络结构是从前馈网络扩展而来的。**前馈神经网络**（feed-forward neural network）是神经网络中的一种，信息从输入层流向隐藏层（如果有），最后流向输出层，这里没有循环，因为神经元之间的连接不会形成一个循环。请把它想象成一个具有输入和输出的盒。由于神经元相互连接的方式以及它们对输入的反应的原因，因此魔法大多发生在神经网络内部。例如，如果想在某个国家买一套房子，你可以用这个“魔法盒”来预测某套房子的合理价格。如图 2-4 所示，魔法盒将学习用输入的特性，如房屋大小、位置和卖方给出的评级，来进行预测。

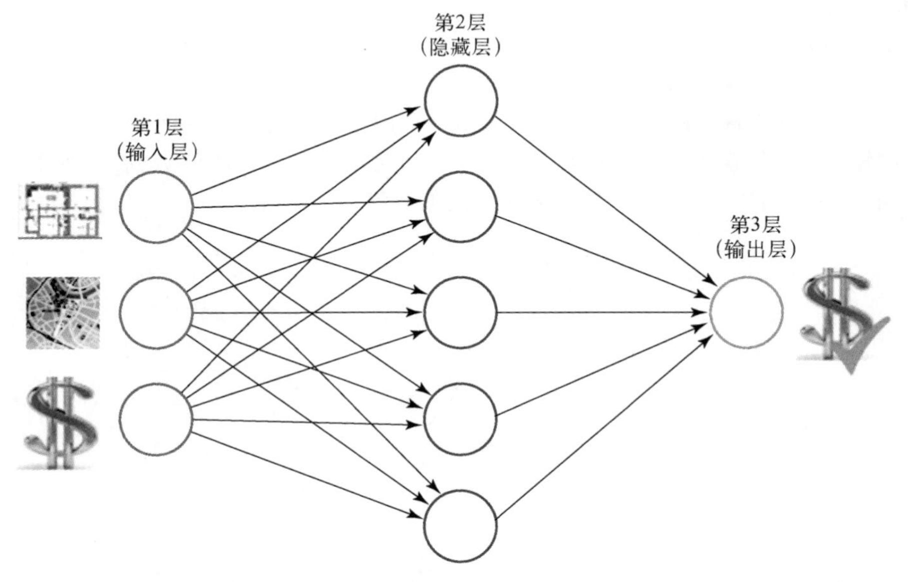

图 2-4　利用前馈神经网络进行房价预测，该神经网络具有 3 个输入、5 个隐藏单元以及 1 个输出单元

前馈神经网络由以下部分组成。

- 一个输入层——它负责收集用户的输入。这些输入通常以实数的形式出现。在预测房价的例子中，你有 3 个输入：房子的大小、房子的位置和卖方需要的金额。你将这些输入编码为 3 个实数，因此传递给网络的输入将是一个三维向量：`[size, location, price]`。

- 一个或多个隐藏层（可选）——它表示网络中更神秘的部分。它可以被看作让这个网络如此善于学习和预测的部分。在本例中，隐藏层中有 5 个单元，它们都连接到输入层单元和输出层单元。网络中的连通性是网络动态活动的基础。在大多数情况下，一层（第 x 层）中的所有单元都与下一层（第 x+1 层）中的单元完全连接（向前连接）。
- 一个输出层——负责提供网络的最终输出。在房价的例子中，它将提供一个真实的数字，表示网络估计的正确价格应该是多少。

说明　通常，最好对输入层进行缩放处理，以使它们或多或少在相同的值范围内——例如，在-1 和 1 之间。在这个例子中，一座房子的面积（平方米）在 10 和 200 之间，而它的价格却在数万美元左右。对输入数据进行预处理，使其都在相似的值范围内，可以使网络能够更快地学习。

2.3.1　前馈神经网络如何工作：权重和激活函数

正如你所看到的，前馈神经网络接收输入并产生输出。这些网络的基本组成部分称为**神经元**（neuron，尽管大脑的神经元要复杂得多）。前馈神经网络中的每个神经元都具备如下特点：

- 属于一个图层；
- 根据输入的权重平滑每个输入；
- 根据激活函数传播其输出。

在图 2-5 中的前馈神经网络中，第 2 层仅由一个神经元组成。该神经元接收来自第 1 层的 3 个神经元的输入，并将输出只传播到第 3 层的一个神经元。它有一个关联的激活函数，它前一层的传入链路具有关联的权重（通常是-1 和 1 之间的实数）。

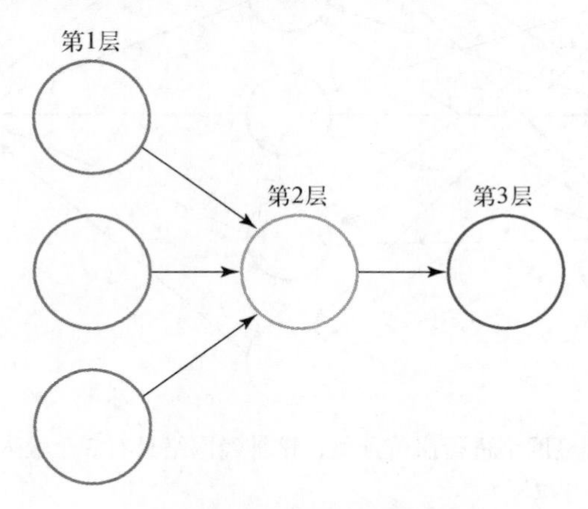

图 2-5　通过网络传播信号

假设第 2 层神经元的所有传入权重都设置为 0.3，它从第一层接收输入 0.4、0.5 和 0.6。每个权重乘以它的输入，结果相加：0.3 × 0.4+0.3 × 0.5+0.3 × 0.6=0.45。激活函数应用于这个中间结果，然后传播到神经元的输出链路。常用的激活函数有双曲正切（`tanh`）、`sigmoid` 和修正线性单元（ReLU）。

在当前示例中，我们使用双曲正切函数。由于 tanh(0.45)=0.4218990053，因此第 3 层神经元将接收这个数字作为唯一传入其链路的输入。输出神经元将使用它自己的权重执行与第 2 层神经元相同的步骤。因此，这些网络被称为**前馈神经网络**：每个神经元转换和传播它的输入，并传向下一层神经元。

2.3.2　简述反向传播

第 1 章曾经提到，神经网络和深度学习属于机器学习领域，并介绍了用于训练神经网络的主要算法：反向传播。本节将对其进行更深入的研究。

在讨论深度学习的兴起时，有一个基本点——它与神经网络学习的好坏和速度有关。虽然人工神经网络是一种古老的计算范式（大约出现在 1950 年），但随着现代计算机的性能提高到允许神经网络在合理的时间内进行有效学习的水平，它们最近（大约在 2011 年）再次流行起来。

2.3.1 节介绍了网络如何以前馈方式将信息从输入层传播到输出层。此外，经过前馈传递后，反向传播允许信号从输出层向后流到输入层。

输出层神经元的激活值（由前馈传递到输出层的输入经激活函数计算得出）与输出期望值进行比较。这种比较由**代价函数**（cost function）执行，该函数计算损失或成本，代表了在特定情况下神经网络计算误差的程度。这样的误差沿着输出神经元传入连接的方向，反向发送到隐藏层中相应的单元。从图 2-6 中可以看出，输出层中的神经元将其部分误差发送回隐藏层中连接的单元。

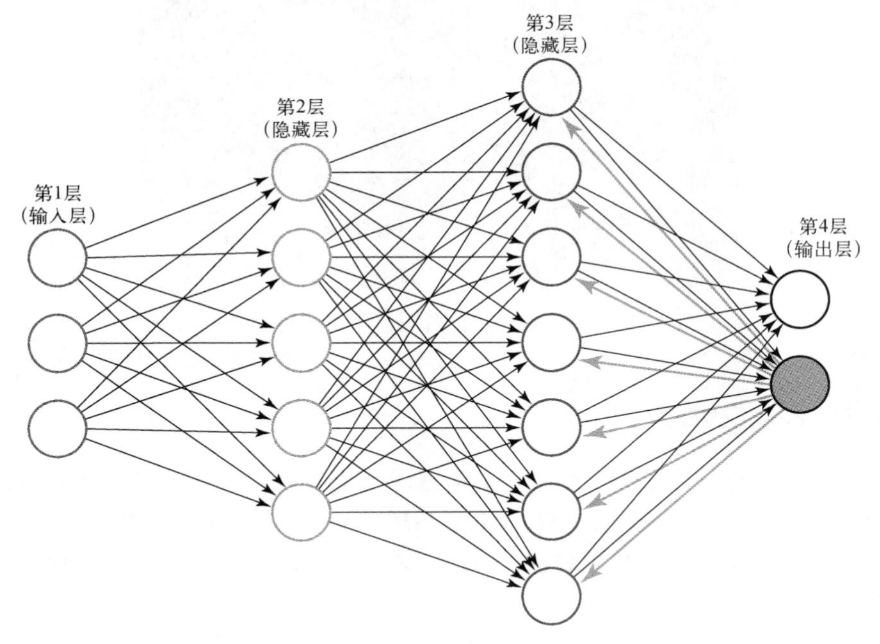

图 2-6　将信号从输出层反向传播到隐藏层

某个单元一旦接收到误差，就根据**更新算法**（update algorithm）更新权重，通常使用的算法是**随机梯度下降算法**（stochastic gradient descent）。这个权重的反向更新将持续传播，直到输入层连接上的权重得到调整（注意，更新只针对输出和隐藏层单元，因为输入单元没有权重）。因此，进行反向传播将更新与现有连接关联的所有权重。该算法背后的原理是，每个权重都要对部分误差负责，因此，反向传播尝试调整这些权重，以减少特定输入-输出对的误差。

梯度下降算法（或用于调整权重的任何其他更新算法）根据每一项权重造成的误差所占的比例来决定如何改变权重。这个概念涉及很多数学知识，但是你可以将它看作代价函数定义了一个形状，如图 2-7 所示[①]。在这个形状中，突起的高度定义了误差大小。一个非常低的点对应误差非常小的神经网络权重的组合：

- **低误差点**——误差最低的点，具有神经网络的最优权重；
- **高误差点**——误差很高的点，以梯度下降的方式尝试下降至低误差点。

一个点的坐标是由神经网络中的权重给出的，因此梯度下降法试图在图中找到一个误差很小的权重（或高度很低的点）。

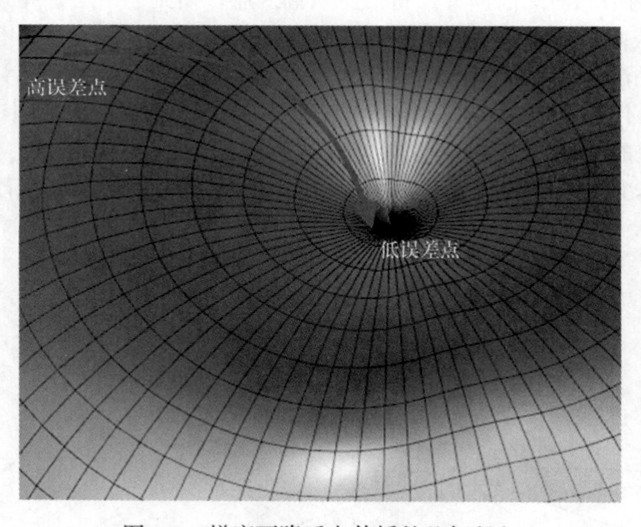

图 2-7　梯度下降反向传播的几何释义

2.4　使用 word2vec

在了解了一般的前馈网络是什么之后，我们就可以专注于一个更具体的基于前馈神经网络的神经网络算法：word2vec。尽管它的基础相对容易理解，但当看到使用它能取得一些成绩时（就捕获文本中单词的语义而言），你就会被吸引住。那么，它做了什么，它对同义词扩展这种应用有什么作用?

① 本书部分插图的彩色电子图片，请扫描封底二维码获取。——编者注

word2vec 会获取一段文本并输出一系列向量，而每个向量对应文本中的一个单词。将 word2vec 输出的向量绘制在二维图像上时，语义非常相似的向量之间距离非常近。用距离度量，比如余弦距离，就可以找到与给定单词最相似的单词。因此，我们可以使用此技术查找单词的同义词。简而言之，在本节中，我们将建立一个 word2vec 模型，向它提供想要索引的歌词文本，从而得到每个单词的输出向量，并使用它们查找同义词。

第 1 章讨论了向量空间模型和 TF-IDF 模型中向量在搜索时的应用。从某种意义上说，word2vec 也生成了一个向量空间模型，其向量（每个单词一个向量）在学习过程中由神经网络加权。由 word2vec 之类的算法生成的词向量通常被称为**词嵌入**（word embedding），因为它们将静态、离散、高维的单词表示（如 TF-IDF 或一位有效编码）映射到另一个（连续的）维数更少的向量空间中。

回到 *Aeroplane* 这首歌的例子。如果把它的文本输入 word2vec，就会得到每个单词的向量，如下所示。

```
0.7976110753441061, -1.300175666666296, i
-1.1589942649711316, 0.2550385962680938, like
-1.9136814615251492, 0.0, pleasure
-0.178102361461314, -5.778459658617458, spiked
0.11344064895365787, 0.0, with
0.3778008406249243, -0.11222894354254397, pain
-2.0494382050792344, 0.5871714329463343, and
-1.3652666102221962, -0.4866885862322685, music
-12.878251690899361, 0.7094618209959707, is
0.8220355668636578, -1.2088098678855501, my
-0.37314503461270637, 0.4801501371764839, aeroplane
...
```

你可以在图 2-8 所示的坐标平面中看到这些。

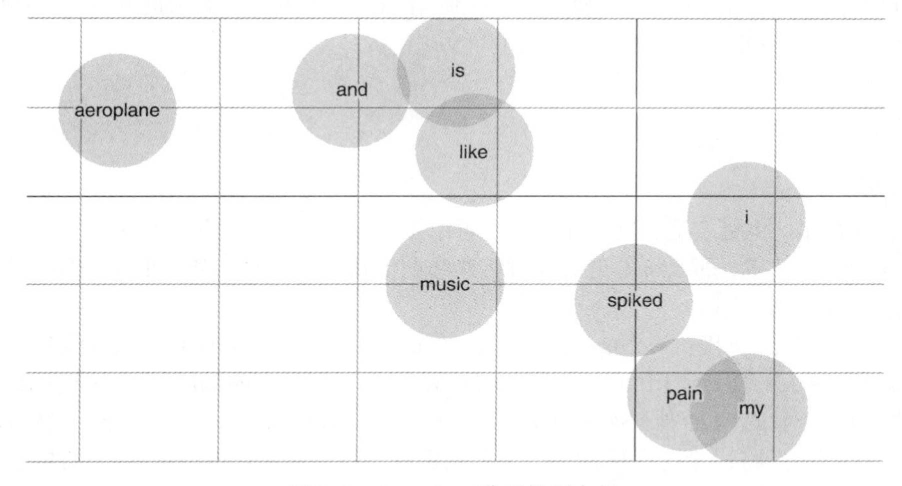

图 2-8 *Aeroplane* 歌词的词向量

由于在示例输出中使用了两个维度，因此这些向量更容易在图上绘出。但在实践中，通常会有100个或更多的维数，因此需要使用降维算法，如主成分分析（Principal Component Analysis）或 *t*-SNE（*t*-分布式随机邻域嵌入），来获得更容易绘制的二维向量或三维向量（随着数据量的增长，使用多个维度可以捕获更多信息）。现在本章不会详细讨论这种调优，但是，在介绍了更多关于神经网络的知识后，本书的后面部分会回过头来讨论它。

利用余弦相似度来测量每个生成向量之间的距离，得到了一些有趣的结果，如下所示。

```
music -> song, view
looking -> view, better
in -> the, like
sitting -> turning, could
```

如上所示，随机选取几个向量，再提取两个离它们最近的向量。这样得到的结果有些很好，有些则不太好。

- "music"与"song"在语义上非常接近，你甚至可以说它们是同义词。但是对"view"来说不是这样。
- "looking"和"view"是相关的，但是"better"和"looking"没有关系。
- "In""the""like"这三个词并不相近。
- "sitting"和"turning"都是ing形式的动词，但它们的语义是低耦合的。"could"也是一个动词，但是它和"sitting"没有什么关系。

怎么回事？是word2vec不能胜任这个任务吗？这里有两个因素在起作用。

- 生成的词向量的维数（二维）可能太低了。
- 为word2vec模型输入一首歌的歌词文本，可能无法为每一个单词提供足够的上下文来生成准确的表示。模型需要更多包含"better"和"view"的上下文示例。

假设再次构建了一个word2vec模型，这次使用100个维度并扩大歌词的量，这些歌词来自Billboard Hot 100数据集。结果如下。

```
music -> song, sing
view -> visions, gaze
sitting -> hanging, lying
in -> with, into
looking -> lookin, lustin
```

结果要好得多，也更合适：它们在搜索中可以全部作为同义词使用。想象一下，如果在查询或索引时使用这种技术，那么将不再需要对字典和词汇表进行更新，因为搜索引擎可以从它处理的数据中学习生成同义词。

你现在可能有几个问题。word2vec是如何工作的？在实践中，如何将其集成到搜索引擎中？Tomas Mikolov等人的文章"Efficient Estimation of Word Representations in Vector Space"描述了学习这种单词表示的两种神经网络模型：CBOW（continuous-bag-of-words）和continuous skip-gram。本书稍后将讨论这两种方法，以及它们的实现方法。word2vec以无监督学习的方式学习单词表示。上述的CBOW模型和skip-gram模型只需要输入足够大、格式正确的文本即可运行。word2vec背后的主要概念是向神经网络提供一段文本，该文本被切分成一定大小（也称为窗口）的片段。每个片段都以**目标词**、**上下文**这样成对的形式提供给网络。在图 2-9 中，目标词是“aeroplane”，上下文由单词“music”“is”和“my”组成。

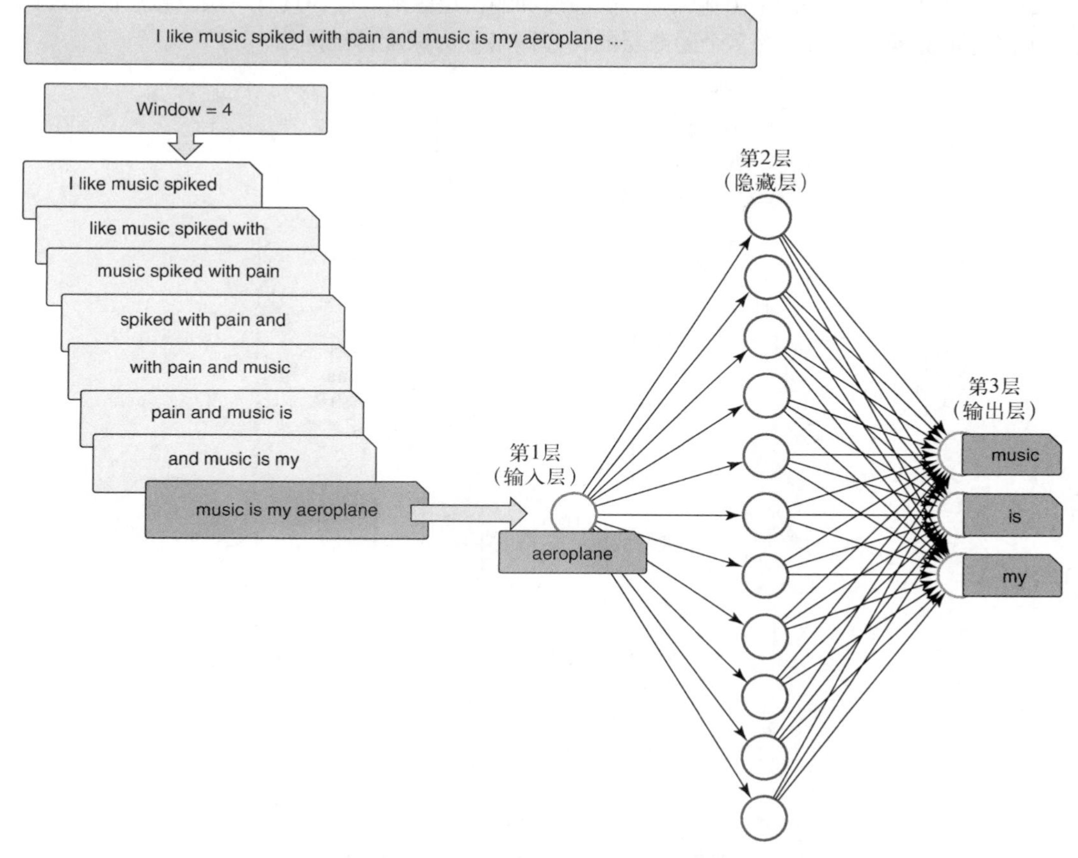

图 2-9 向 word2vec（skip-gram 模型）输入文本片段

网络的隐藏层为每个单词包含一组权重（在本例中为 11 个权重，即隐含层中的神经元数量）。当学习结束时，这些向量将用于单词表示。

关于 word2vec 的一个重要注意事项是，你不必太关心神经网络的输出；相反，在训练阶段结束时，你需要提取隐藏层的内部状态，这将为每个单词精确生成一个向量表示。

在训练过程中，每个片段会有一部分用作目标词，而其余部分则用作上下文。在使用 CBOW 模型时，目标词用作网络的输出，而文本片段（上下文）的剩余单词用作输入。continuous skip-gram 模型的情况正好相反：目标词用作输入，上下文单词用作输出（见示例）。在实践中，尽管这两种方法都很有效，但通常首选使用 continuous skip-gram，因为它在低频单词上效果稍好一些。

例如，给定文本“she keeps moet et chandon in her pretty cabinet let them eat cake she says”（来自 Queen 乐队的歌曲 *Killer Queen*）以及一个 5 个单词的窗口，基于 CBOW 的 word2vec 模型将收到

一个样本，而每 5 个单词组成一个这样的样本。例如，对于片段`|she|keep|moet|et|chandon|`，输入将由单词`|she|keep|et|chandon|`组成，输出将由单词`moet`组成。

如图 2-10 所示，神经网络由输入层、隐藏层和输出层组成。这种具有一层隐藏层的神经网络被称为**浅层神经网络**，而具有多个隐藏层的神经网络称为**深度神经网络**。

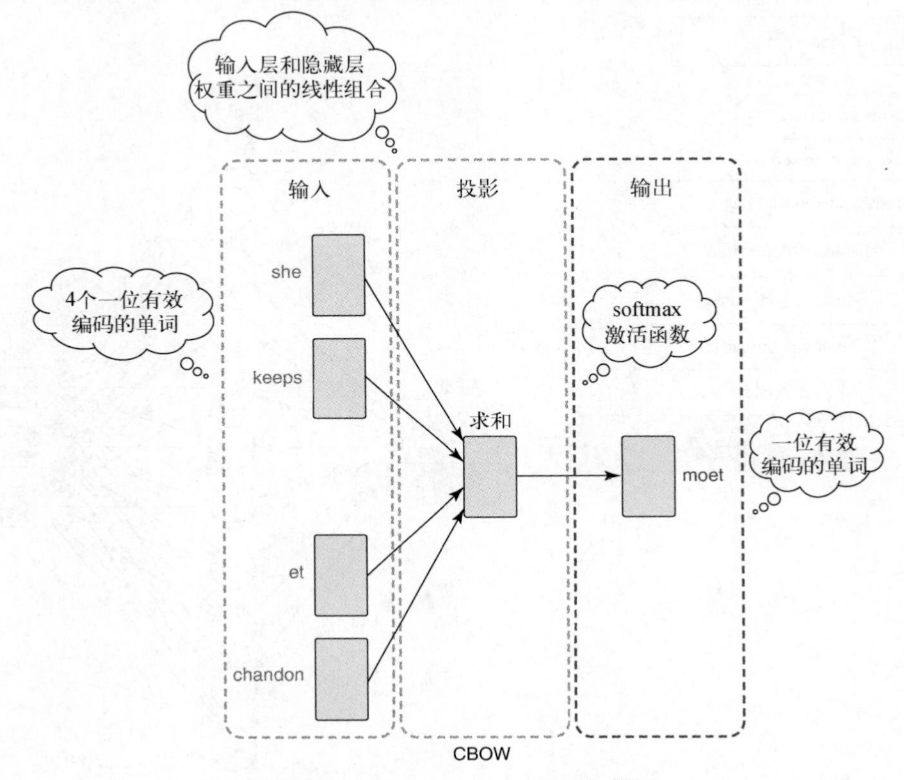

图 2-10　continuous-bag-of-words 模型

隐藏层中的神经元没有激活函数，它们只是将权重和输入线性组合（将每个输入乘以其权重并将所有结果相加）。输入层的神经元个数等于文本中每个单词的单词个数，word2vec 要求每个单词都表示为一个**一位有效编码**（one-hot-encoded）[①]向量。

先简要介绍一下一位有效编码向量。假设有一个包含三个单词的数据集`[cat,dog,mouse]`，又有三个向量，其中一个值设为`1`（它标识一个特定的单词），另外两个值都设为`0`。

```
dog   : [0,0,1]
cat   : [0,1,0]
mouse : [1,0,0]
```

如果将单词“lion”添加到数据集中，该数据集的一位有效编码向量的维数为 4。

① one-hot-encoded 也常被译为独热编码。——译者注

```
lion  : [0,0,0,1]
dog   : [0,0,1,0]
cat   : [0,1,0,0]
mouse : [1,0,0,0]
```

如果输入文本中有 100 个单词，每个单词都将表示为一个 100 维向量，那么在 CBOW 模型中，你将得到 100 个输入神经元乘以窗口参数减 1 的值。如果窗口为 4，就会有 300 个输入神经元。

隐藏层神经元数量等于期望的结果词向量维数。这个参数必须由设置网络的人设置。

输出层的大小等于输入文本中的单词数目，在本例中为 100。一个 word2vec CBOW 模型，如果包含 100 个单词，嵌入维度为 50，窗口设置为 4，它将有 300 个输入神经元、50 个隐藏神经元和 100 个输出神经元。注意，虽然输入和输出维度取决于词汇表的大小（在本例中为 100）和窗口参数，但是 CBOW 模型生成的词嵌入的维度是一个参数，由用户选择。例如，在图 2-11 中可以看到如下内容。

- 输入层维数为 C×V，其中 C 为上下文长度（等于窗口参数减 1），V 为词汇量大小。
- 隐藏层的维数为 N，由用户定义。
- 输出层的维数等于 V。

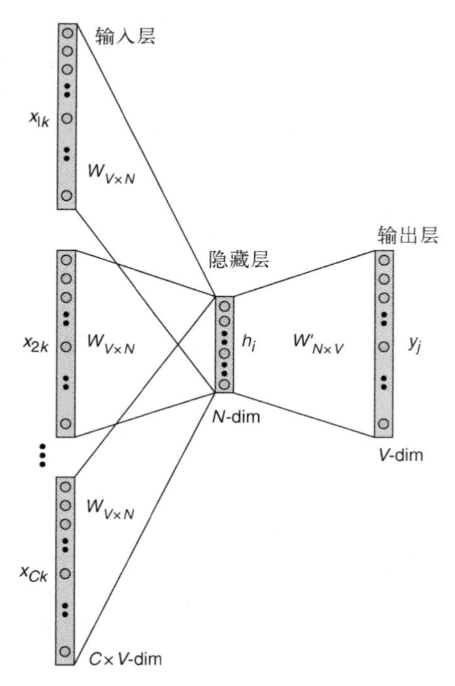

图 2-11 continuous-bag-of-words 模型权重

对于 word2vec，在 CBOW 模型中，输入的一位有效编码向量首先乘以其隐藏层与输出层间的权重，然后通过网络进行传播，可以把它想象成一个矩阵，其中包含每个输入和隐藏神经元之间连接的权重。它们与隐藏层到输出层的权重组合（相乘），产生输出，然后这些输出通过一个

softmax 函数传递。softmax 函数将任意实数值的 K 维向量（输出向量）“压缩”为(0, 1)范围内的 K 维实数值向量，并使它们的和为 1，这样它们就可以表示概率分布。这样网络就可以给出，在给定上下文（网络输入）的情况下，每个输出单词将被选中的概率。

现在，你有了一个神经网络，在给定几个（数量就是窗口参数的大小）单词的情况下，它可以预测文本中最可能出现的单词。这个神经网络可以告诉你，在“I like eating”这样的语境下，下一个单词应该是“pizza”这一类的单词。注意，因为单词顺序没有被考虑在内，所以也可以说，对于给定文本“I eating pizza”，下一个最有可能出现在文本中的单词是“like”。

但是，对于生成同义词的目标来说，这个神经网络最重要的部分不是在给定上下文时学习预测单词。这种方法的令人惊艳之处在于，在网络内部，隐藏层的权重进行了调整，从而使该方法能够确定两个单词在语义上何时相似（因为它们出现在相同或相似的上下文中）。

前向传播后，反向传播学习算法对不同层次神经元的权重进行调整，使神经网络对每个新的片段产生更准确的结果。学习过程结束时，隐藏层到输出层的权重表示文本中每个单词的向量表示（嵌入）。

相比于 CBOW 模型，skip-gram 模型看起来是相反的。两者背后的概念是一样的：输入向量是一位有效编码（每个单词有一个编码），因此输入层神经元的数量等于输入文本中的单词数量。隐藏层维数是期望的结果词向量数量，而输出层的神经元数目等于单词的数量乘以窗口减 1。继续使用相同的例子。给定文本“she keeps moet et chandon in her pretty cabinet let them eat cake she says”和一个窗口值 5，基于 skip-gram 模型的 word2vec 模型将收到第一个样本，这个样本是 |she|keeps|moet|et|，输入是 moet，输出是 |she|keeps|et|chandon|，如图 2-12 所示。

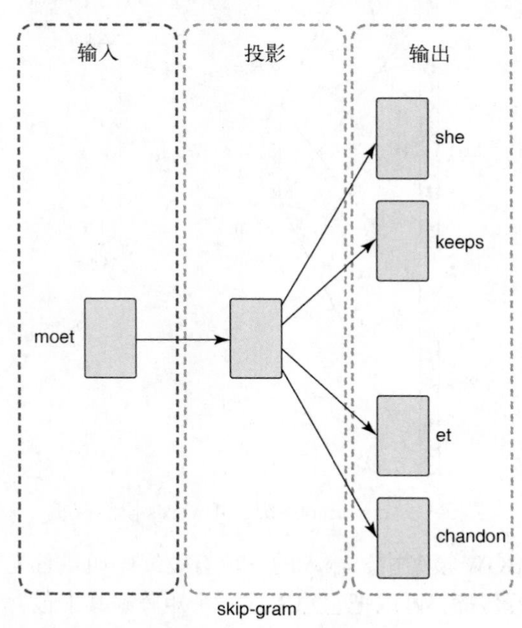

图 2-12　skip-gram 模型

图 2-13 是 word2vec 为 Hot 100 Billboard 数据集中的文本计算出的词向量的示例摘录。因为只是为了理解单词语义的几何表示，所以它只展示了所绘制单词的一小部分。

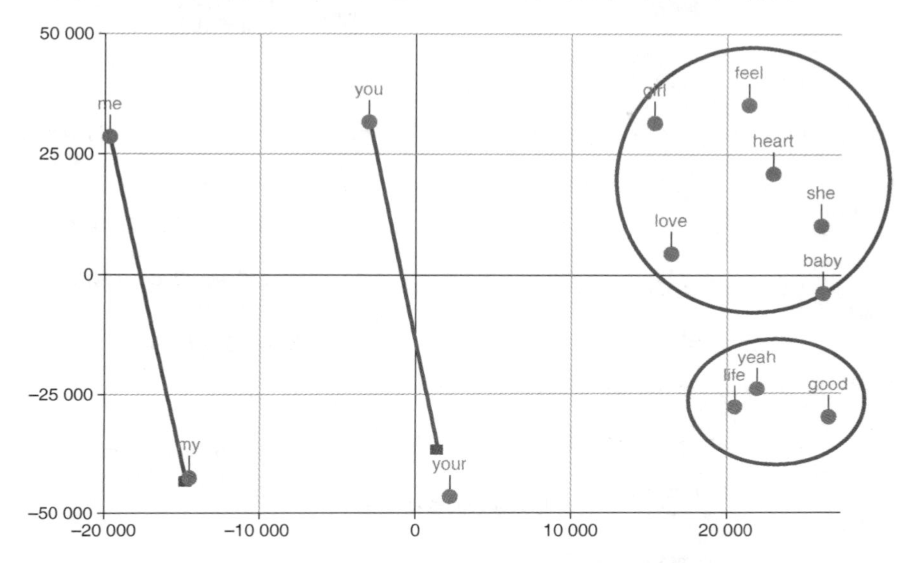

图 2-13 Hot 100 Billboard 数据集的 word2vec 向量

注意“me”和“my”相对于“you”和“your”之间的预期规律。还要注意相似的单词组，或在相似语境中使用的单词，这些都是很好的同义词候选词。

既然你已经了解了 word2vec 算法的工作原理，那么让我们编写一些代码进行实战。然后，你将能使其与搜索引擎结合，完成同义词扩展。

> **Deeplearning4j**
>
> Deeplearning4j（DL4J）是一个基于 Java 虚拟机（JVM）的深度学习库。它在 Java 用户中使用率较高，且对于早期使用者来说，它的学习曲线并不太陡。它采用 Apache 2 许可，这方便了你在公司内部使用它，并将其包含在可能的非开源产品中。此外，DL4J 有工具可以导入其他框架（如 Keras、Caffe、TensorFlow、Theano 等）创建的模型。

2.4.1 在 Deeplearning4j 中设置 word2vec

本书将使用 DL4J 实现基于神经网络的算法。请看如何使用 DL4J 来建立一个 word2vec 模型。

DL4J 基于 skip-gram 模型，提供了 word2vec 的开箱即用（out-of-the-box）实现。我们需要设置它的配置参数，并向搜索引擎提供输入文本。

记住歌词的例子，让我们向 word2vec 输入 Hot 100 Billboard 的文本文件，如代码清单 2-9 所示。因为想要输出一个合适维度的词向量，所以将该配置参数设置为 100，并将窗口大小设置为 5。

代码清单 2-9　DL4J word2vec 实例

```
String filePath = new ClassPathResource(
    "billboard_lyrics_1964-2015.txt").getFile()
    .getAbsolutePath();                                    ← 读取包含歌词的文本语料库
SentenceIterator iter = new BasicLineIterator(filePath);  ← 在语料库上设置迭代器

Word2Vec vec = new Word2Vec.Builder()                      ← 为 word2vec 创建一个配置
      .layerSize(100)                                      ← 设置向量表示应有的维数
      .windowSize(5)                                       ← 设置窗口参数
      .iterate(iter)                                       ← 设置 word2vec 以遍历所选语料库
      .elementsLearningAlgorithm(new CBOW<>())             ← 使用 CBOW 模型
      .build();
vec.fit();                                                 ← 执行训练

String[] words = new String[]{"guitar", "love", "rock"};
for (String w : words) {
    Collection<String> lst = vec.wordsNearest(w, 2);      ← 获取与输入单词最接近的单词
    System.out.println("2 Words closest to '"
        + w + "': " + lst);                                ← 打印最近的单词
}
```

你将得到以下输出，这似乎足够好了。

```
2 Words closest to 'guitar': [giggle, piano]
2 Words closest to 'love': [girl, baby]
2 Words closest to 'rock': [party, hips]
```

注意，可以通过更改 elementsLearningAlgorithm（元素学习算法）来选择使用 skip-gram 模型，如代码清单 2-10 所示。

代码清单 2-10　使用 skip-gram 模型

```
Word2Vec vec = new Word2Vec.Builder()
    .layerSize(...)
    .windowSize(...)
    .iterate(...)
    .elementsLearningAlgorithm(new SkipGram<>())   ← 使用 skip-gram 模型
    .build();
vec.fit();
```

可以看到，建立这样一个模型并在合理的时间内得到结果非常简单（在普通的笔记本计算机上训练 word2vec 模型大约需要 30 秒）。请记住，你现在的目标是将其与搜索引擎结合使用，以产生一个更好的同义词扩展算法。

2.4.2　基于 word2vec 的同义词扩展

虽然你已经掌握了这个强大的工具，但你需要小心！当你使用 WordNet 时，同义词数量是有限的，因此索引不会变大。用 word2vec 生成词向量时，你可以要求模型为每个要索引的单词返回最接

近的单词。从性能的角度（运行时间和存储）来看，这或许是不可接受的[1]，因此你必须提出合理使用 word2vec 的策略。你可以限制要用 word2vec 获取的最接近的单词类型。在自然语言处理中，人们通常会给每个单词做词性（part of speech，POS）标记，以标出单词在句子中的角色。常见的词性有 NOUN（名词）、VERB（动词）和 ADJ（形容词），也有更加细化的，如 NP 和 NC（专有名词和普通名词）。例如，你可能决定仅对词性为 NC 或 VERB 的单词使用 word2vec，以避免形容词的同义词使索引膨胀。另一种技术是查看文档的信息量。短文本被查询命中的概率相对较低，因为它只由几个词项组成。因此，你可能决定关注这些文档并扩展它们的同义词，而不是关注更长的文档。

此外，文档的“信息量”并不仅仅取决于它的大小。因此，你可以使用其他技术，例如查看词项**权重**（weight）（一个词项在一段文本中出现的次数）并跳过那些权重较低的项。

你也可以选择只使用那些具有良好相似度分数的 word2vec 结果。如果使用余弦距离度量词向量的最近“邻居”，那么有些“邻居”可能相距太远（相似度分数较低），但仍然是（所有邻居里）最接近的。在这种情况下，你可以决定不使用这些单词。

现在你已经使用 Deeplearning4j 在 Hot 100 Billboard 数据集中训练了一个 word2vec 模型，请将它与搜索引擎结合使用来生成同义词。正如在第 1 章中所解释的，词素过滤器在分词器提供的词项上执行操作，例如过滤它们，或者添加要索引的其他词项。Lucene `TokenFilter`（词素过滤器）是基于 `incrementToken` API 的，它在词素流的末尾返回一个值为 `false` 的布尔（boolean）值。这个 API 每次处理一个词素（例如通过过滤或扩展词素）。图 2-14 展示了基于 word2vec 的同义词扩展的工作原理。

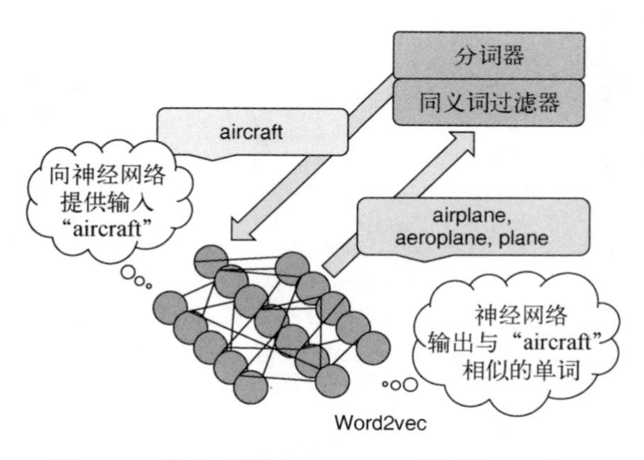

图 2-14 搜索时使用 word2vec 进行同义词扩展

你已经完成了 word2vec 训练，因此你可以创建一个同义词过滤器，它将在过滤期间使用所学习的模型来预测词项的同义词。你将构建一个 Lucene `TokenFilter`，它可以在输入词素上使用 DL4J word2vec。这意味着实现图 2-14 左侧的步骤。

用于词素过滤的 Lucene API 要求你实现 `incrementToken` 方法。这种方法中，如果词素流

[1] 参见 Tomas Mikolov 等人的文章“Efficient Estimation of Word Representations in Vector Space”。

中仍然有词素要处理，则返回 `true`；如果没有剩余的词素要过滤，则返回 `false`。其基本思想是词素过滤器将为所有原始词素返回 `true`，为从 word2vec 获得的所有相关同义词返回 `false`。详见代码清单 2-11。

代码清单 2-11 基于 word2vec 的同义词扩展过滤器

```
protected W2VSynonymFilter(TokenStream input,
    Word2Vec word2Vec) {          <-- 创建一个词素过滤器，它使用一个已经训练好的 word2vec 模型
  super(input);
  this.word2Vec = word2Vec;
}
                                  实现用于词素过滤的 Lucene API
@Override
public boolean incrementToken()
    throws IOException {          <--
  if (!outputs.isEmpty()) {       将缓存的同义词添加到词素流（参见下一个代码清单）
    ...                           <--
  }

  if (!SynonymFilter.TYPE_SYNONYM.equals(
      typeAtt.type())) {          <-- 仅当词素不是同义词时才扩展它（为了避免在扩展中出现循环）
    String word = new String(termAtt.buffer())
        .trim();
    List<String> list = word2Vec.
        similarWordsInVocabTo(word, minAcc);   <-- 对于每个词项，使用 word2vec 查找精度高于 minAcc（例如，0.35）的最接近的单词
    int i = 0;
    for (String syn : list) {
      if (I == 2) {               <-- 为每个词素记录不超过 2 个同义词
        break;
      }
      if (!syn.equals(word)) {
        CharsRefBuilder charsRefBuilder = new CharsRefBuilder();
        CharsRef cr = charsRefBuilder.append(syn).get();   <-- 记录同义词的值

        State state = captureState();   <-- 记录词素流中原始词项（而不是同义词）的当前状态（例如，起始和结束位置）
        outputs.add(new PendingOutput(state, cr));   <-- 创建一个对象来包含所有原始词项经过处理之后添加到词素流中的同义词
        i++;
      }
    }
  }
  return !outputs.isEmpty() || input.incrementToken();
}
```

此代码遍历所有词项，当找到同义词时，就将同义词放入挂起的输出列表（`output` 列表）中以待扩展。在每个原始词项都经过处理后，这些挂起的词项被添加为实际的同义词，如代码清单 2-12 所示。

代码清单 2-12 扩展挂起的同义词

```
...
  if (!outputs.isEmpty()) {
    PendingOutput output = outputs.remove(0);   <-- 获取要扩展的第一个挂起输出
```

```
    restoreState(output.state);
    termAtt.copyBuffer(output.charsRef.chars, output
        .charsRef.offset, output.charsRef.length);
    typeAtt.setType(SynonymFilter.TYPE_SYNONYM);
    returntrue;
  }
```

检索原始词项的状态，包括其文本、在文本流中的位置等

将 word2vec 给出的、之前保存在挂起的输出中的词项列为同义词文本

将词项的类型设置为同义词

如 2.4.1 节所讲，只有当 word2vec 输出结果的准确率大于某个阈值时，才可以把它用作同义词。对于经过分词器的每个词项，过滤器只选择与给定词项最接近（根据 word2vec 的计算结果）的 2 个单词，其准确率应至少为 0.35（该准确率并不是很高）。如果你将语句“I like pleasure spiked with pain and music is my airplane”传递给过滤器，它会用另外 2 个单词“airplanes”和“aeroplane”扩展单词“airplane”（参见如图 2-15 所示的扩展词素流的最后一部分）。

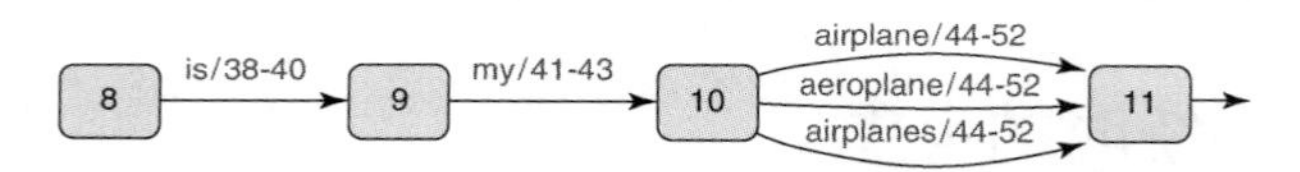

图 2-15 经过 word2vec 同义词扩展后的词素流

2.5 评价和比较

正如在第 1 章中所提到的，在查询扩展引入之前或之后均可以获取指标，其中包括精确率、召回率、查询结果是否为 0 等。为神经网络的所有参数确定最佳配置集通常也是个好主意。一般的神经网络有很多参数可以调整，列举如下：

- 大体的网络架构，如使用一个或多个隐藏层；
- 在每个层中执行的转换；
- 每一层神经元的数量；
- 不同层间神经元的连接；
- 网络达到最终状态（可能具有低错误率和高准确率）所读取所有训练集的次数（也称为轮，epoch[①]）。

---

① epoch，在《机器学习》（周志华，见该书 5.3 节）和《深度学习》（见该书 7.8 节）中译为“轮”或“轮数”。在此对 iteration、batch、epoch 解释如下：神经网络在训练数据集上跑一遍，称为一次迭代（iteration）。由于数据集可能比较大，全部跑一遍（迭代）会比较慢，因此有时每次只使用数据集中的部分样本，这个部分样本数目就称为 batch size。这种情况下，一次迭代不一定跑完所有样本。由于需要对不同的神经网络的训练效率进行比较，而不同神经网络可能有不同的 batch size，因此直接比较迭代次数是不合适的，比如样本总共 2048 个，神经网络 A 经过 24 次迭代，损失已很低，神经网络 B 经过 12 次迭代损失也同样很低；但 A 的 batch size 是 128，而 B 的 batch size 是 1024。可以看出，A 的效率远高于 B。于是又提出了 epoch 的概念，一个 epoch 指数据集中的所有样本都跑过一遍。上面的例子中，A 经过 24 次迭代，每次 128 个样本，A 完成训练的 epoch 是 24 × 128/2048=1.5；同样，B 的 epoch 是 12 × 1024/2048=6。也就是说，A 经过 1.5 个 epoch 就训练好了，B 需要经过 6 个 epoch 才训练好。
——译者注

这些参数也适用于其他机器学习技术。对于 word2vec，你可以决定：

- 生成的词嵌入的大小；
- 用于为无监督训练模型创建片段的窗口大小；
- 使用哪种架构（CBOW 还是 skip-gram）。

如你所见，有许多可能的参数设置可以尝试。

交叉验证（cross validation）是一种优化参数的方法，它还可以确保机器学习模型在不同于训练用的数据上有足够好的表现。交叉验证将原始数据集分为三个子集：训练集、验证集和测试集。训练集作为训练模型的数据源。在实践中，它通常用于训练一批具有不同参数设置的独立模型。交叉验证集用于选择具有最佳性能参数的模型。例如，可以通过在交叉验证集中获取每一对输入和期望输出，并查看当给定特定输入时，模型给出的结果是否与期望输出相等或接近。测试集的使用方法与交叉验证集相同，不同的是，它只在交叉验证集上的测试模型所使用。测试集上结果的准确率可以被认为是度量模型整体有效性的良好指标。

2.6　用于生产系统时的考虑

本章已经介绍了如何用 word2vec 从要索引和搜索的数据中生成同义词。大多数现有的生产系统已经包含许多索引好的文档。在这种情况下，原始数据往往不能访问，因为原始数据只在索引之前存在。要为年度排名前 100 的歌曲建立歌词搜索引擎，就必须考虑到，最流行歌曲的排序每天、每周、每月和每年都在变化。这意味着数据集将随着时间变化，因此，如果不将旧的副本保存在单独的存储中，以后就无法为所有索引文档（歌词）构建 word2vec 模型。

解决这个问题的方法是将搜索引擎作为主要数据源。当你使用 DL4J 配置 word2vec 时，你是从单个文件中获取语句。

```
String filePath = new ClassPathResource("billboard_lyrics.txt").getFile()
    .getAbsolutePath();
SentenceIterator iter = new BasicLineIterator(filePath);
```

假设有一个不断演进的系统，每天、每周或每月从不同的文件中输入歌词，你需要直接从搜索引擎中提取句子。因此，你将构建一个 `SentenceIterator`（语句迭代器），它从 Lucene 索引中读取存储值，如代码清单 2-13 所示。

代码清单 2-13　word2vec 从 Lucene 索引中获取语句

```
public class FieldValuesSentenceIterator implements
    SentenceIterator {

  private final IndexReader reader;     <-- 用于获取文档值的索引视图
  private final String field;           <-- 获取特定字段的值
  private int currentId;                <-- 因为这是一个迭代器，所以需要获取当前文档的标识符

  public FieldValuesSentenceIterator(
      IndexReader reader, String field) {
    this.reader = reader;
```

```
    this.field = field;
    this.currentId = 0;
  }

  ...

  @Override
  public void reset() {
    currentId = 0;        <-- 第一个文档 ID 总是 0
  }

}
```

在歌词搜索引擎的例子中，歌词的文本被索引到 `text` 字段中。因此，你将从该字段获取用于训练 word2vec 模型的句子和单词，如代码清单 2-14 所示。

代码清单 2-14 读取 Lucene 索引中的句子

```
Path path = Paths.get("/path/to/index");
Directory directory = FSDirectory.open(path);
IndexReader reader = DirectoryReader.open(directory);
SentenceIterator iter = new FieldValuesSentenceIterator(reader, "text");
```

设置好之后，将这个新的 `SentenceIterator` 传递给 word2vec 实现。

```
SentenceIterator iter = new FieldValuesSentenceIterator(reader, "text");
Word2Vec vec = new Word2Vec.Builder()
  .layerSize(100)
  .windowSize(5)
  .iterate(iter)
  .build();
vec.fit();
```

在训练阶段，`SentenceIterator` 将遍历 `String`（字符串），如代码清单 2-15 所示。

代码清单 2-15 对于每个文档，将字段值传递给 word2vec 进行训练

```
@Override
public String nextSentence() {
  if (!hasNext()) {        <-- 如果当前文档标识符不大于索引中包含的文档总数，则迭代器还有语句要处理
    return null;
  }
  try{
    Document document = reader.document(currentId,
        Collections.singleton(field));        <-- 获取具有当前标识符的文档（只获取你需要的字段）
    String sentence = document.getField(field)
        .stringValue();        <-- 以字符串形式从当前 Lucene 文档中获取文本字段的值
    return preprocessor != null ? preProcessor
        .preProcess(sentence) :
   sentence;        <-- 返回语句，如果设置了预处理程序（例如，删除不需要的字符或词素），则对该语句进行预处理
  } catch (IOException e) {
    throw new RuntimeException(e);
  } finally {
    currentId++;        <-- 为下一次迭代递增文档 ID
  }
```

```
}

@Override
public boolean hasNext() {
  return currentId < reader.numDocs();
}
```

这样，word2vec 就可以在现有的搜索引擎上频繁地重新训练，而不必维护原始数据。同义词扩展过滤器可以在搜索引擎中的数据更新时保持最新。

同义词与反义词

假设你有以下句子："I like pizza""I hate pizza""I like pasta""I hate pasta""I love pasta"和"I eat pasta"。这是 word2vec 在现实生活中用来学习准确嵌入的小部分句子。但你可以清楚地看到，左边的"I"与右边的"pizza""pasta"两个词之间都有动词。因为 word2vec 使用相似的文本片段学习词嵌入，所以你可能会得到"like""hate""love"和"eat"等动词的相似词向量。因此 word2vec 可能会报告说，"love"与"like"和"eat"很接近（考虑到这些句子都与食物有关，这还行），但它与"hate"也很接近，但"hate"绝对不是"love"的同义词。

在某些情况下，这个问题可能并不重要。假设某人想出去吃饭，并希望在网上搜索到一家不错的餐馆，因此他在搜索引擎中编写"reviews of restaurants people love"查询。如果他收到关于"restaurants people hate"的评论，那么他就知道不应该去哪里。但这只是一个特殊例子，通常，人们不希望反义词像同义词一样得到扩展。

不必担心，通常，文本中有足够的信息告诉人们，尽管"hate"和"love"出现在相似的上下文中，但它们不是同义词。事实上，产生这个问题是因为这个语料库只由"I hate pizza"或"I like pasta"这样的句子组成。通常，"hate"和"like"也会出现在其他上下文中，这有助于 word2vec 发现它们并不相似。为了了解这一点，我们来评价一下与"nice"最接近的单词及其相似度，如下所示。

```
String tw = "nice";
Collection<String> wordsNearest = vec.wordsNearest(tw, 3);
System.out.println(tw + " -> " + wordsNearest);
for (String wn : wordsNearest) {
  double similarity = vec.similarity(tw, wn);
  System.out.println("sim(" + tw + ", " + wn + ") : " + similarity);
  ...
}
```

词向量之间的相似度有助于排除那些不够相似的相邻单词。word2vec 在 Hot 100 Billboard 数据集中运行的一个示例表明，与单词"nice"（好）最接近的单词是"cute"（可爱）、"unfair"（不公平）和"real"（真的，确实），如下所示。

```
nice -> [cute, unfair, real]
sim(nice,cute) : 0.6139052510261536
sim(nice,unfair) : 0.5972062945365906
sim(nice,real) : 0.5814308524131775
```

“cute”是同义词。“unfair”不是反义词，而是表达负面情绪的形容词。这不是一个好结果，因为它与“nice”和“cute”的正面性形成了对比。“real”通常也不能表达与“nice”相同的语义。要解决这个问题，可以过滤掉最相近的单词中相似度小于绝对值 0.6 的词，或者小于最大相似度减 0.01 的词。只要其相似度大于 0.6，就可以认为最接近的单词足够好。此方法能够排除距离这个单词太远的单词。在本例中，过滤掉相似度小于最高近邻相似度（0.61）减 0.01 的单词，就把“unfair”和“real”过滤掉了（每个单词的相似度都小于 0.6）。

2.7　总结

- 同义词扩展是一种很方便的技术，可以提高召回率，让搜索引擎的用户更满意。
- 常见的同义词扩展技术基于静态词典和词汇表，这些词典和词汇表可能需要人工维护，或者常常不太适合于它们所应用的数据。
- 前馈神经网络是许多神经网络结构的基础。在前馈神经网络中，信息从输入层流向输出层，在这两层之间，可能有一个或多个隐藏层。
- word2vec 是一种基于前馈神经网络的、学习单词的向量表示的算法，用于查找具有相似含义的单词或出现在相似上下文中的单词，因此将其用于同义词扩展也是合理的。
- 对于 word2vec，你既可以使用 CBOW 架构，也可以使用 skip-gram 架构。在 CBOW 中，目标词作为网络的输出，文本片段的其余单词用作输入。在 skip-gram 模型中，目标词用作输入，上下文单词用作输出。这两种方法都很好，但通常首选 skip-gram，因为它在出现频率低的单词上效果更好。
- word2vec 模型可以提供很好的结果，但在用于生成同义词时，需要管理单词的词义或词性。
- 在 word2vec 中，要避免将反义词用作同义词。

Part 2 第二部分

将神经网络用于搜索引擎

在了解了搜索及深度学习的基础知识后，我们是否能在合适的地方将神经网络用于搜索引擎呢？理论上讲是可以的，但实际上并非如此。深度神经网络不是万能的，要让这种非常强大的技术发挥效用，需要非常谨慎地考虑使用的时机和方法。第 3 ~ 6 章将研究现代搜索引擎通常执行的任务，并强调了其局限性，在一一指出问题的同时，也将探究如何利用深度学习来解决它们。通过研究示例的输出，或者使用更严格的信息检索度量方法，你还将了解如何更好地完成搜索引擎的任务。

第 3 章

从纯检索到文本生成

3

本章内容

- ❑ 扩展查询
- ❑ 利用搜索日志来创建训练数据
- ❑ 理解循环神经网络
- ❑ 利用循环神经网络生成可选查询

在早期（20 世纪 90 年代末）的互联网及搜索引擎中，人们只搜索关键词。用户可能需要输入“movie Zemeckis future”来搜索由 Robert Zemeckis 导演的电影 *Back to the Future* 的信息。尽管现在搜索引擎有所进步，允许人们使用自然语言搜索，但仍有许多用户在搜索时依赖关键词。对于这些用户而言，如果搜索引擎能够根据他们输入的关键词生成正确的查询，那将非常有帮助。例如，对于“movie Zemeckis future”，生成查询“Back to the Future by Robert Zemeckis”。我们将生成的查询称为**可选查询**（alternative query），因为它是用户表达的信息需求的可选（文本）表示。

本章将介绍如何向搜索引擎添加文本生成功能，以便在给定用户查询的情况下，生成一些可选查询，并使它们在后台与原始查询一起运行。这样做的目的是用额外的方式表达查询，以扩大搜索范围，而无须用户去考虑或输入替代方案。要将文本生成功能添加到搜索引擎，需要使用一个称为**循环神经网络**（recurrent neural network，RNN）的强大架构。

循环神经网络与第 2 章中介绍的前馈网络具有相同的灵活性，但前者还能够处理长序列输入和输出。

在学习如何使用循环神经网络之前，请回忆你用前馈网络所做的工作。你将它们与模型 word2vec 一起使用，改进同义词扩展，以便可以使用一个（或多个）同义词来扩展查询。更好的同义词扩展能返回更多的相关文档，这提高了搜索引擎的有效性。word2vec 使用专门设计的神经网络来生成单词的稠密向量表示。正如在同义词扩展中那样，可用这些向量来计算两个单词的相似度，但它们也可以用作如循环神经网络等更复杂的神经网络架构的输入。这正是本章中你将使用它们的方式。

说明　在实践中，常常根据遇到的问题，通过配置神经元激活函数、图层及其连接来训练神经网络完成特定任务。本书的其余部分将介绍各种神经网络架构，每种架构都能解决不同类型的问题。例如，在计算机视觉领域，网络输入通常是图像或视频，一般使用**卷积神经网络**（convolutional neural network，CNN）。在卷积神经网络中，每个层都有一个独特的特定功能，比如卷积层、池化层等。同时，这些层的聚合使你能够构建一个深度神经网络，其中像素逐渐被转换为更抽象的东西，例如，像素→边缘→对象……。第 1 章简要介绍了这些内容，第 8 章将进一步介绍。

第 1 章介绍了用户如何用各种略有不同的版本表达同一个信息需求，以及即使查询编写方式的微小变化也会影响首先返回哪些文档。因此，当训练神经网络根据输入查询生成输出查询时，除了查询中的单词，还应考虑其上下文。这样做的目的是让生成的查询在语义上与输入查询相似，以使搜索引擎对相同基本需求的不同表达方式返回搜索结果。你可以使用循环神经网络以自然语言生成文本，然后将生成的文本集成到搜索引擎中。本章的其余部分将介绍循环神经网络的工作原理、调整它们以生成可选查询的方法，以及循环神经网络支撑的搜索引擎如何提升为用户返回相关结果的效率。

3.1　信息需求与查询：弥补差距

第 1 章讨论了一个基本问题：用户如何以最佳方式表达信息需求。但作为用户来说，真的想花很多时间思考如何对查询进行措辞吗？想象在清晨乘坐公共交通工具上班的路上用手机搜索信息，此时人们没有足够的时间或脑力（太早了！）提出与搜索引擎互动的最佳方式。

如果要求用户用三到四个句子解释他们需要的信息，你可能会得到对具体需求的详细解释及背景。但是如果要求同一个人在五六个字的简短查询中表达他们想要的内容，则他们很可能无法做到这一点，因为将详细需求压缩成简短的单词并不总是那么容易。作为搜索工程师，我们需要采取措施来弥补用户意图和结果查询之间的这种差距。

3.1.1　生成可选查询

一种广为人知的帮助用户编写查询的技术是在用户输入查询时提供建议文本的提示。这让搜索引擎用户界面（UI）可以在用户编写查询时引导用户，帮助用户输入“好”的查询（第 4 章将详细介绍它是如何做到这一点的）。另一种填补信息需求和用户输入查询之间差距的方法是，在查询进入搜索引擎系统之后、得到执行之前对查询进行后处理。这种后处理任务的职责是用输入的查询来创建一个某种程度上“更好”的新查询。当然，在这种情况下，“更好”可能意味着不同的事物。本章重点介绍如何以各种方式生成表达相同信息需求的查询，以增加下述情况的可能性：

- 相关文档包含在结果集中；
- 更相关的文档在搜索结果中排序靠前。

目前，这通常是手动渐进完成的：你可能会发出第一个查询，如“latest research in artificial

intelligence”；然后是第二个，如“what is deep learning”；之后是第三个，如“recurrent neural networks for search”。在这个例子中，“手动”指的是你运行查询，查看结果，推理，编写并运行另一个查询，查看结果，再推理……，直到你得到正在寻找的信息或放弃。

我们的目标是在不与用户进行任何交互的情况下生成一组可选查询。这样的查询应与原始查询具有相同或相似的含义，但使用了不同的措辞（拼写仍然是正确的）。要了解它如何工作，就让我们回到查询“movie Zemeckis future”的示例。如果输入该短语，搜索引擎应该执行以下操作：

(1) 接受用户输入的查询“movie Zemeckis future”；

(2) 通过查询时分析链传递查询并生成用户查询的转换版本——在这个例子中，假设你配置了一个过滤器，将大写字母转换为小写字母；

(3) 将过滤后的查询“movie zemeckis future”传递给循环神经网络并获取一个或更多个可选查询作为输出，例如“Back to the Future by Robert Zemeckis”；

(4) 将最初过滤过的查询和生成的可选查询转换为搜索引擎具体的实现形式（已解析的查询）；

(5) 在倒排索引上运行查询。

如图 3-1 所示，配置搜索引擎在搜索时使用神经网络生成适当的可选查询，以添加到用户输入的查询中。你需要保留原始查询（因为它是由用户编写的），并将生成的查询添加为**可选查询**（optional query）。本章的末尾将讨论如何最好地使用生成的查询。

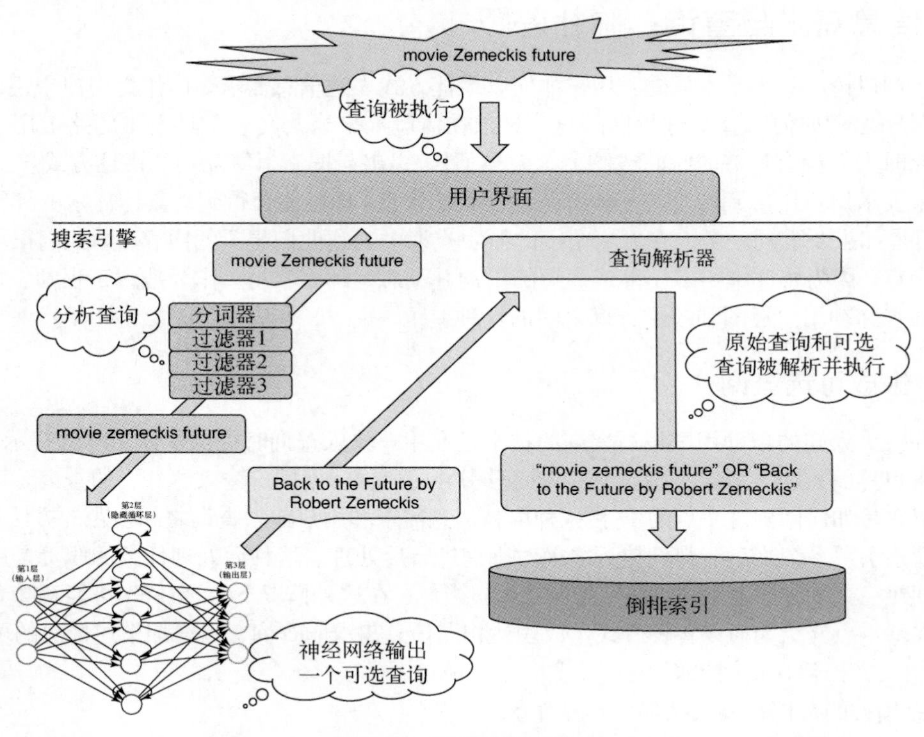

图 3-1 可选查询生成

自动查询扩展（automatic query expansion）是一种生成（部分）查询的技术的名称，这种技术旨在后台最大化返回给最终用户相关结果的数量。某种意义上，同义词扩展（见第 2 章）是自动查询扩展的一种特殊情况，在这种情况下，你仅在查询时使用它（不是为索引同义词，而是为了扩展查询中词素的同义词）。

你的目标是使用此查询扩展功能来改进查询引擎，包括以下方面。

- 将查询结果为 0 的可能性最小化。为查询提供可选的文本表示，让搜索结果更有可能命中。
- 通过其他方式，将你未检索到的结果包含进来，以提高召回率（即在给定查询时，被检索到的相关文档占全部相关文档的比例）。
- 通过增加同时与原始查询和可选查询匹配的结果，来提高精确率（这意味着可选查询接近原始查询）。

3

说明 查询扩展不仅可以用神经网络实现，而且还可以用其他的不同算法实现。理论上，你可以使用黑盒替换查询扩展模型中的神经网络。在（深度）循环神经网络出现之前就有用于生成自然语言的其他方法[被称为自然语言生成（natural language generation），是自然语言处理的一个子领域]。本章最后将把这种方法与其他方法做一个简单对比，以说明“循环神经网络不可思议的有效性”①。

在进行循环神经网络实战前（就像许多机器学习场景一样），要仔细研究如何训练模型、应该使用什么类型的数据以及使用这种数据的原因。之前曾经提到，在监督学习中，人们可以告诉算法他们希望模型如何根据特定输入生成输出。因此，你构建输入和输出的方式很大程度上取决于你想要实现的目标。3.1.2 节将快速浏览三种数据输入循环神经网络可能的方法。

3.1.2 数据准备

之所以选择循环神经网络来实现查询扩展，是因为它们非常擅长学习生成文本序列（包括那些没有出现在训练数据中但仍然“有意义”的序列），并且很灵活。此外，与其他使用语法学、马尔可夫链等的自然语言生成算法相比，循环神经网络需要的调优通常更少。尽管这些听起来都很棒，但是在实践中生成可选查询时，你预计会发生什么？生成的查询应该是什么样的？正如计算机科学中经常出现的那样，答案是**视情况而定**！

定义想要实现的目标非常重要。假如用户输入查询“books about artificial intelligence”，你可以提供带有相同语义信息的其他查询（或句子），例如“publications from the field of artificial intelligence”或“books dealing with the topic of intelligent machines”。同时，你需要考虑这种可选表示在搜索引擎中有多少用处——如果没有涉及人工智能主题的文档，可选查询得到的结果可能会为 0！你不希望生成完美但无用的可选查询表示。相反，你可以仔细查看用户查询并提供基于

① 参见 Andrej Karpathy 的文章“The Unreasonable Effectiveness of Recurrent Neural Networks”。

其包含的信息创建的替代表示，或者使查询生成算法从索引数据而非用户数据中获取信息，以便生成的可选查询更好地反映搜索引擎中已有的内容（并减少可选查询无返回结果的问题）。

在现实生活中，你通常可以访问查询日志，这些日志记录了用户通过搜索引擎查询的内容，并包含了搜索结果的最简化信息。通过查看查询日志可以得到许多信息。例如，你可以清楚地看到人们何时找不到他们正在寻找的内容，因为他们提交了几个具有相似意义的查询。你还可以观察用户如何从搜索一个主题切换到另一个主题。举个例子，假设你正在为一家向用户提供政治、文化和时尚新闻的媒体公司构建搜索引擎。下面是一个示例查询日志。

```
time: 2017/01/06 09:06:41, query:{"artificial intelligence"}, results:
    {size=10, ids:["doc1","doc5", ...]}
time: 2017/01/06 09:08:12, query:{"books about AI"}, results:
    {size=1, ids:["doc5"]}
time: 2017/01/06 19:21:45, query:{"artificial intelligence hype"}, results:
    {size=3, ids:["doc1","doc8", ...]}
time: 2017/05/04 14:12:31, query:{"coffee"}, results:
    {size=100, ids:["doc113","doc588", ...]}
time: 2017/10/08 13:26:01, query:{"latest trends"}, results:
    {size=15, ids:["doc113","doc23", ...]}
...
```

查询“coffee”返回了 100 个结果，得到的前两个文档标识符是 doc113 和 doc588

假设这是搜索引擎上记录用户活动的巨大查询日志的一部分。现在，想象你需要从此查询日志构建一个训练集（training set），一个输入与期望输出关联的样本集合。使相似查询关联，以便构建训练样本，其中输入是查询，目标输出是一个或多个关联查询。在本例中，每个样本将包含一个输入查询和一个或多个输出查询。实际上，将查询日志用于此类学习任务是很常见的，原因如下：

- 查询日志反映了特定系统上用户的行为，因此生成的模型表现出的行为与实际用户和数据相对接近；
- 使用或生成其他数据集可能会产生额外成本，同时可能会训练出一个基于不同数据、用户、领域等信息的模型。

在当前的例子中，假设你有两个相关的查询：“男装最新趋势”（men clothing latest trends）和“巴黎时装周”（Paris fashion week）。你可以交替使用它们作为输入和输出来训练神经网络。你需要谨慎决定如何度量两个查询的相关度（相似度）。常识告诉你，这两个查询在语义上是相同的，因为巴黎时装周对服装（时尚）潮流（包括男性和女性）都有显著影响。因此，你可能决定将“Paris fashion week”设置为“men clothing latest trends”查询的替代表示，如图 3-2 所示。但是在这种情况下，搜索引擎和神经网络都不了解时尚主题，它们只能看到输入文本、输出文本和向量。

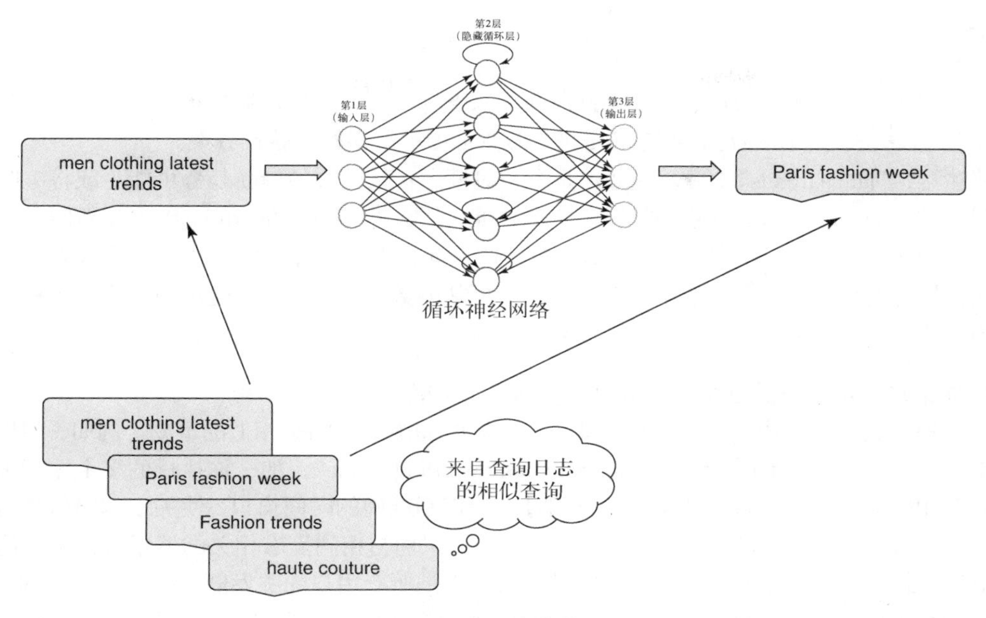

图 3-2　从查询中学习

查询日志中的每一行都包含用户输入的查询和其搜索结果，更精确地说，是匹配结果的文档 ID。但这不是你需要的。你的训练样本必须由输入查询与一个或多个输出查询组成，这些输出查询与输入查询相似或以某种方式相关。因此，在训练网络之前，你需要处理搜索日志的行并创建训练集。这种涉及操纵和调整数据的工作通常称为**数据准备**（data preparation）或**预处理**（preprocessing）。虽然听起来有点单调乏味，但这对任何相关机器学习任务的有效性来说都至关重要。

以下部分介绍了为神经网络选择输入和输出序列的三种方法，用于学习生成可选查询：使生成相似搜索结果集的查询相互关联，使来自特定时间窗口中同一用户的查询相互关联，或使包含相似搜索词项的查询相互关联。这些方法中的每一个都对神经网络学习生成新查询的方式有特定的效果。

1. 使生成相似搜索结果集的查询相互关联

第一种方法对共享了部分相关搜索结果的查询进行分组。例如，你可以从示例查询日志中提取以下内容，如代码清单 3-1 所示。

代码清单 3-1　利用共享结果去关联查询

```
query:{"artificial intelligence"} -> {"books about AI"
    , "artificial intelligence hype"}  <-- 共享文档 1 和文档 5
query:{"books about AI"} -> {
    "artificial intelligence"}  <-- 共享文档 5
query:{"artificial intelligence hype"} -> {
    "artificial intelligence"}          <-- 共享文档 1
```

```
query:{"coffee"} -> {"latest trends"}
query:{"latest trends"} -> {"coffee"}       共享文档 113
```

通过将搜索日志中具有共享文档的查询关联起来，你可以看到“latest trends”可以生成“coffee”，反之亦然，而与人工智能相关的查询似乎提示了很好的替代方案。

请注意，“latest trends”（最新趋势）是个相对概念：某一天的最新趋势可能（或将）明显不同于明天或下周。假设 coffee 趋势持续了一个星期，那么神经网络在 coffee 出现在新闻中一个月之后依然把“coffee”作为“latest trends”的可选查询就不是一种好的做法。随着搜索引擎外部的真实世界的变化，你需要小心使用那些会不断更新的数据，或者至少通过删除可能导致错误结果的训练样本来避免潜在问题，就像这个例子一样。

2. 使来自特定时间窗口中同一用户的查询相互关联

第二种可能的方法依赖一个假设，即用户在短时间内搜索的是相似的事物。例如，如果你正在搜索“that specific restaurant I went to, but I can’t recall its name”，那么你执行的多个搜索都是与这个需求相关的。此方法的关键在于在查询日志中识别准确的时间窗口，使关于相同信息需求的查询得以组合在一起（无论其结果如何）。实际上，识别与相同需求相关的搜索会话未必简单，这要取决于搜索日志的信息量。例如，如果搜索日志是所有用户的并发匿名搜索的简单列表，就很难分辨某个用户执行了哪些查询；而如果有每个用户的信息（例如其 IP 地址），则可以尝试识别每个主题的搜索会话。

现在假设样本搜索日志来自单个用户。每行的时间信息表明，前两个查询是在 2 分钟的窗口中运行的，而其他查询是相隔很长时间运行的。因此，你可以关联前两个查询，“artificial intelligence”和“books about AI”，并跳过其他查询。但在现实生活中，人们可能会同时处理多件事情，比如在上班途中想要获取有关技术主题的信息，同时也需要有关公共交通时间表或高速公路交通的信息。在这种情况下，如果不参考查询词项（本节介绍的第三种方法），就很难区分哪些查询在语义上是相关的。

3. 使包含相似搜索词项的查询相互关联

使用相似词项来关联查询是很难实现的，虽然这听起来很简单。你可以在搜索日志中查找查询中的常用词项，如代码清单 3-2 所示。

代码清单 3-2　使用搜索词关联查询

```
query:{"artificial intelligence"} ->
    {"artificial intelligence hype"}  <—— 共享“artificial”和“intelligence”这两个词项
query:{"books about AI"} -> {}        <—— 不共享
query:{"artificial intelligence hype"} ->
    {"artificial intelligence"}   <—— 共享“artificial”和“intelligence”这两个词项
query:{"coffee"} -> {}        <—— 不共享
query:{"latest trends"} -> {}     <—— 不共享
```

与前面的列表对比，可以看出此处你丢失了查询结果所含的一些信息。此外，训练集也更小、更少。让我们看看“books about AI”。可以确定，这条查询与“artificial intelligence”相关，也可能与“artificial intelligence hype”有关。但简单的词项匹配并没有抓住“AI”是“artificial intelligence”的缩写这一事实。你可以通过同义词扩展技术来处理这个问题，正如第 2 章所介绍的那样，这样做需要额外的预处理步骤，并产生一条新的搜索日志，在这一行日志内容中，同义词得到了扩展。本例中，如果同义词扩展算法能够将词项“AI”映射到其全拼单词“artificial intelligence”，你将得到如代码清单 3-3 所示的输入-输出对。

代码清单 3-3 利用搜索词项与同义词扩展关联查询

```
query:{"artificial intelligence"} -> {"artificial intelligence hype"}
query:{"books about AI"} -> {}
query:{"books about artificial intelligence"} ->
    {"artificial intelligence",
    "artificial intelligence hype"}
query:{"artificial intelligence hype"} -> {"artificial intelligence"}
query:{"coffee"} -> {}
query:{"latest trends"} -> {}
```

附加的映射，共享“artificial”和“intelligence”词项

与前一个结果相比，你现在有了一个附加的映射。它使用由新输入查询“books about artificial intelligence”生成的同义词，而这在原始搜索日志中不存在。虽然这看起来很好，但要小心，因为每个查询中的每个词项都可能有多个同义词。在使用 WordNet 这样的大型词典，以及使用基于相似度的词嵌入（例如 word2vec）来扩展同义词时，常常会出现这种情况。在训练神经网络时通常需要更多的数据，但同时这些数据也必须具有良好的质量才能获得良好的结果。不要忘记，这是一个训练用于生成序列的神经网络的预处理阶段。如果你给神经网络提供的文本序列没有多大意义（并非某个词的所有同义词都适合于每个可能的上下文），它将生成没有意义的序列。

如果你打算使用同义词扩展，那么你可能不应扩展每个可能的同义词，相反，你只能对没有相应可选查询的输入查询执行此操作，例如前一个示例中的“books about AI”。

4. 从索引数据中选择输出序列

如果到目前为止所介绍的技术在数据上不能良好运行。例如，对用户输入的查询给出过少的结果或不能给出结果，那么你可以从索引数据中获得一些帮助。在许多现实场景中，索引文档都有一个相对较短的标题。如果这个标题与原始输入查询相关，则可以将其用作查询。请再次选择查询“movie Zemeckis future”。在电影搜索引擎（如 IMDB）上运行它很可能返回如下内容。

```
title: Back to the Future
director: Robert Zemeckis
year: 1985
writers: Robert Zemeckis, Bob Gale
stars: Michael J. Fox, Christopher Lloyd, Lea Thompson, ...
```

想象一下，该文档是如何被检索到的：

- “movie”这个词项在有关电影的搜索引擎中是停用词，所以它不参与匹配；
- “Zemeckis”一词在 `writers` 和 `director` 字段都进行匹配；
- “future”一词在标题字段中得到匹配。

设想自己是一个同时查看查询和结果的人：当用户输入查询时，如果你看到用户输入“movie Zemeck is future”，你可以立即告诉他们应该输入一个类似于“back to the future”的查询，而非“movie zemeck is future”。这正是你可以传递给神经网络的训练样本类型，由输入（“movie Zemeck is future”）和目标输出（“back to the future”）组成。你可以预处理搜索日志，以便神经网络生成的可选查询能够返回最佳结果。这样做可能有助于减少0结果的查询数量，因为可选查询中的提示不是来自用户生成的查询，而是来自相关文档的文本。要构建训练样本，就需要将查询与搜索日志中前两个或三个相关文档的标题相关联，如图3-3所示。

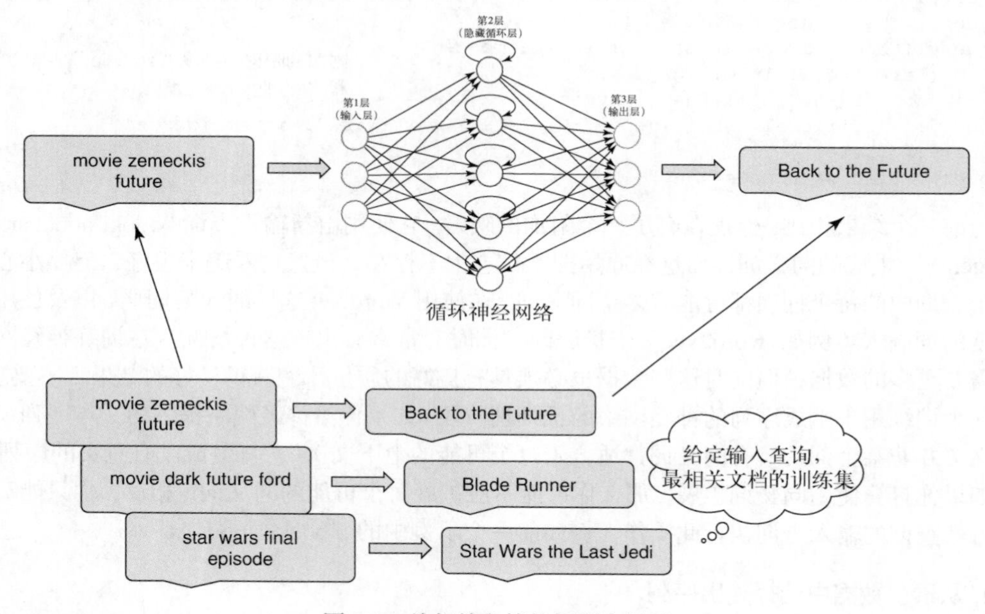

图3-3　从相关文档的标题中学习

你可能会想，为什么不使用搜索引擎来生成可选查询，而要使用神经网络呢？这种方法可以限制特定输入文本的可选查询集，使其与搜索引擎能做的相匹配。例如，如果你使用搜索引擎，“movie Zemeckis future”将始终提供相同的可选查询集。在上面这个例子中，这很有用。但是，如果用户输入“movie Spielberg future”（把电影制片人与导演混淆了）怎么办？在搜索引擎中没有与“Spielberg”这一词项相匹配的项。因此搜索引擎可能会返回很多Steven Spielberg所导演的涉及“future”一词的电影，但它不会返回“back to the future”。关键在于，只要在表示可选查询上目标输出与输入相关，你就不应局限于使用查询来训练神经网络。

5. 无监督文本序列流

向循环神经网络输入数据以生成文本，有一种（与上述几种方法）完全不同的方法，那就是对文本流执行无监督学习。第1章提到过，无监督学习是机器学习的一种形式，学习算法中并没有告知任何关于什么是好的（或坏的）输出的信息，该算法只是尽可能准确地建立数据模型。你会发现这可能是循环神经网络学习生成文本最令人惊讶的方式：没有人告诉它们什么是好的输出，所以它们只能基于输入来学习重现高质量的文本序列。

请在搜索日志示例中逐个接收查询，并删除其他所有内容。

```
artificial intelligence
books about AI
artificial intelligence hype
coffee
latest trends
```

如你所见，这是纯文本。你需要做的就是决定如何确定查询的终止。本例中，你可以使用回车符（\n）作为两个连续查询的分隔符，并且文本生成算法将在生成回车时无条件停止。这种方法很诱人，它几乎不需要预处理，要使用的数据可以来自任何地方，因为它只是纯文本。你将在本章后续内容中看到它的优点和缺点。

3.1.3　生成数据的小结

以下是本节内容的小结。

- 对相似查询执行监督学习，优点是能够明确哪种是你认为好的、相似的查询；缺点是神经网络的有效性将取决于你在数据准备阶段对两个查询相似度的定义。
- 你可能不希望明确指定两个查询何时相似，而希望让查询的相关文档提供可选查询文本。这将使神经网络生成可选查询（其文本来自索引文档，如文档标题），从而减少查询结果很少或为 0 的情况。
- 无监督方法将来自搜索日志的查询流视为一系列合理的连续单词，因此基本不需要什么数据准备。这种方法的优点是易于实现，并且可以紧紧抓住用户可能感兴趣的连续查询（以及主题）。

在这方面不仅存在许多替代方案，还存在很大的空间来创造性地构建新的方法，以生成适合用户需求的数据。关键在于，要注意如何为系统准备数据。假设你选择了这里讨论的方法之一，接下来本章将研究循环神经网络如何学习生成文本序列。

3.2　学习序列

第 1 章介绍了神经网络的一般架构：其网络两边是输入层和输出层，中间是隐藏层。在第 2 章中，我们开始研究用于实现 word2vec 算法的两个不太通用的神经网络模型（continuous-bag-of-words 和 skip-gram）。到目前为止，所讨论的架构可用于为输入映射到对应输出建模，在 skip-gram 模型的情况下，则是将表示某个单词的输入向量映射到表示固定数量单词的输出向量。

请考虑一个简单的前馈神经网络，你可以使用它来检测文本句子中使用的语言：例如，英语、德语、葡萄牙语和意大利语 4 种语言。这称为多类别分类任务（multi class classification task），其中输入是一段文本，输出是对此输入指定的 3 个或更多可能的分类之一（第 1 章中的文档分类示例也是一个多类别分类任务）。在本例中，执行任务的神经网络将有 4 个输出神经元，每个神经元对应一个分类（语言）。输出层中只有一个输出神经元会被设置为 1，以表示输入属于某个类。例如，如果输出神经元 1 的值为 1，则输入文本被分类为英语；如果输出神经元 2 的值为 1，则输入文本被分类为德语；等等。

定义输入层的维度比较棘手。假设你正在使用固定大小的文本序列，则可以相应地设计输入层。要进行语言检测，就需要数个单词，因此假设你将输入层设置为 9 个神经元，每个神经元输入一个单词，如图 3-4 所示。

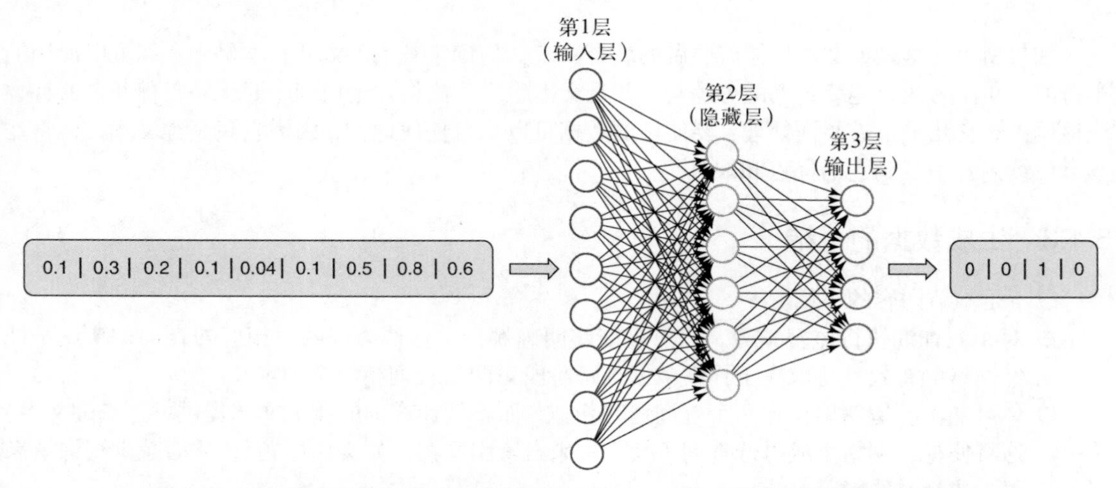

图 3-4　用于语言检测的具有 9 个输入神经元、4 个输出神经元的前馈神经网络

说明　在实践中，在单词和神经元之间使用这种一对一的映射是很难的，正如在 word2vec 中介绍的一位有效编码技术，每个单词都表示为除了一位不为 0、其余全是 0 的向量，其大小等于整个词汇的大小。在这种情况下，如果你使用一位有效编码，输入层包含的神经元个数将为词汇表大小的 9 倍。但是因为我们专注于固定大小的输入，所以它在这里并不重要。

显然，如果文本序列少于 9 个单词，就会出现问题。因此，你需要使用一些假填充词填充它。对于较长的序列，你将一次进行 9 个单词的语言检测。考虑一下电影评论的文本。评论内容可能是另一种语言，如意大利语；但电影标题为其原始语言，如英语。如果将评论文本切分为 9 个单词序列，则输出可以是“意大利语”或“英语”，这取决于输入神经网络的是文本的哪一部分。

在考虑到这种限制的情况下，如何让神经网络从未知大小的输入序列中学习呢？如果知道网络要学习的每个序列的大小，你可以使输入层足够长以包含整个序列。但是在长序列的情况下，这样做会降低性能。这是因为，为了给出准确结果，网络从较大的输入中学习需要更多隐藏层中的神经元参与。因此，该解决方案不能很好地扩展应用。循环神经网络可以使其输入和输出层大小保持固定，从而处理无限的文本序列，因此它们非常适合在自动扩展查询中学习生成文本序列。

3.3 循环神经网络

人们可以将循环神经网络视为这样一个神经网络：它在处理信息时可以记住它处理过的输入信息，因此由后续输入产生的输出也取决于先前看到的输入。同时，输入层（如果循环神经网络生成序列，还包括输出层）的大小是固定的。

虽然现在看来这有点抽象，但你会明白它在实践中的运作方式以及它之所以重要的原因。在不使用循环神经网络的情况下，让我们尝试使用具有 5 个输入、4 个输出的前馈神经网络生成文本序列。语言检测样本为每个单词使用了一个输入，但实际上使用字符通常比使用字符串更方便。这样做的原因如下：首先，可能的单词数量远远大于可用字符的数量；并且，对于网络来说，学习处理 255 个字符的所有可能组合，比学习超过 300 000 个单词的所有可能组合会更容易[①]。在使用一位有效编码技术时，字符将用大小为 255 个神经元的向量表示，而从《牛津英语词典》中取出的一个单词将表示为大小为 301 000 个神经元的向量。在神经网络的输入层，一个单词就需要 301 000 个神经元，而一个字符只需要 255 个神经元。此外，单词表示具有含义的字符的组合，而在字符层面，这样的信息是不可用的。因此，具有字符输入的神经网络必须首先学会从字符生成有意义的单词。如果使用单词作为输入，则情况并非如此。总体来说，这需要取舍。

例如，当使用字符时，句子“the big brown fox jumped over the lazy dog”可以被切分成 5 个字符的板块。然后，每个输入被反馈给具有 5 个输入神经元的神经网络，如图 3-5 所示。无论输入层有多大，都可以将整个序列传递到网络。看起来这里似乎可以使用一个“简单”的神经网络，而不需要用到循环神经网络。

但是，想象一下这样一种情景。你在听别人说话，但是只能听到由 5 个字符组成的单词，并且在听到下一个字符时就忘记前一序列，在这种情况下请理解那个人在说什么。例如，如果有人说“my name is Yoda”，你将依次听到以下序列，但每次听到序列时，都没有记住其他序列的任何信息。

```
my na
y nam
 name
name 
ame i
me is
e is 
 is Y
is Yo
s Yod
 Yoda
```

现在你被要求复述所听到的内容。很奇怪，使用如此短的固定输入，几乎不可能听到整个单词，并且每个输入始终与句子的其余部分相分离。

① 这个数字在不断增加，请参阅《牛津英语词典》。

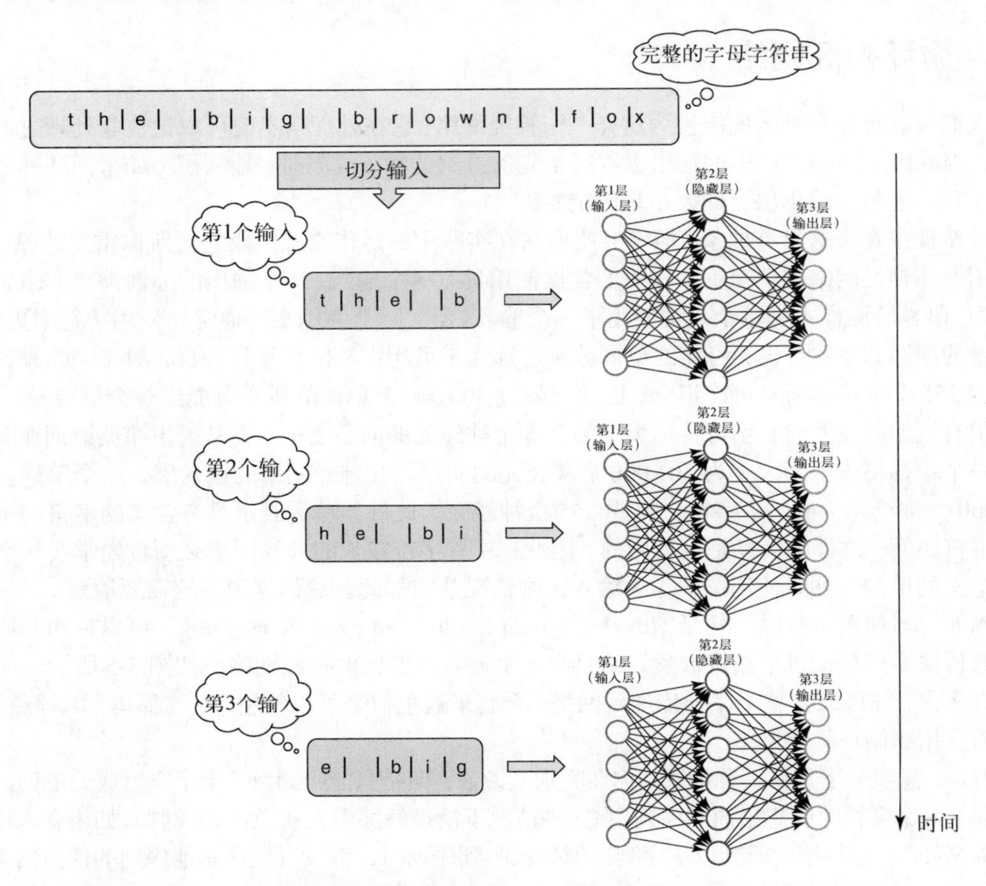

图 3-5　神经网络接收具有固定的 5 个神经元的输入层输入的序列

你能够理解句子的原因在于，每次听到 5 字符序列时，你都会记录之前收到的内容。假设你有一个大小为 10 的记忆。

```
my na ()
y nam (m)
 name (my)
name  (my )
ame i (my n)
me is (my na)
e is  (my nam)
 is Y (my name)
is Yo (my name )
s Yod (my name i)
 Yoda (my name is)
```

这虽然对人类和神经网络如何处理输入和记忆进行了很大简化，但足以使你明白，在处理序列时，为什么使用循环神经网络比使用普通的前馈神经网络有效（图 3-6 展示了一个简单的原理）。

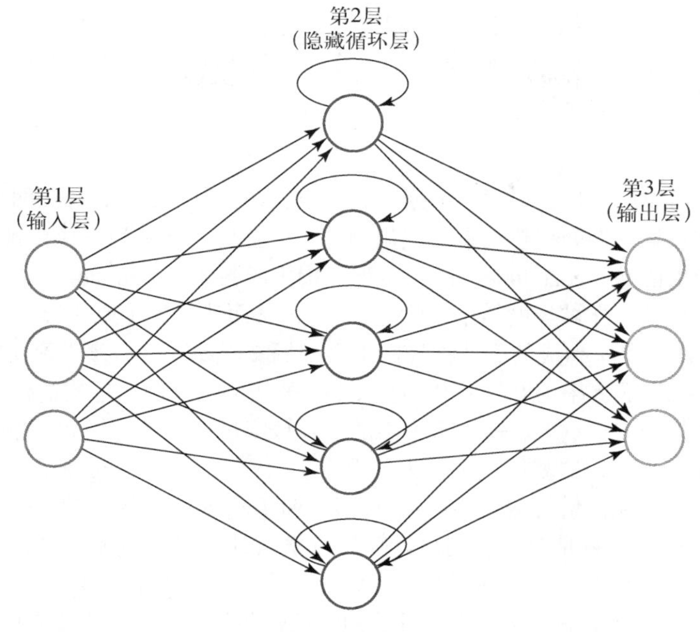

图 3-6 一个循环神经网络

3.3.1 循环神经网络内部结构和动态

这些特殊的神经网络被称为**循环神经网络**，是因为通过隐藏层神经元中的简单循环连接，这些网络能够根据当前输入和先前的网络状态（由先前的输入产生）来工作。在学习生成文本“my name is Yoda”的实例中，循环神经网络的内部状态可以被认为是一种记忆，它使得理解句子成为可能。让我们在循环神经网络的隐藏层中选择一个神经元，如图 3-7 所示。

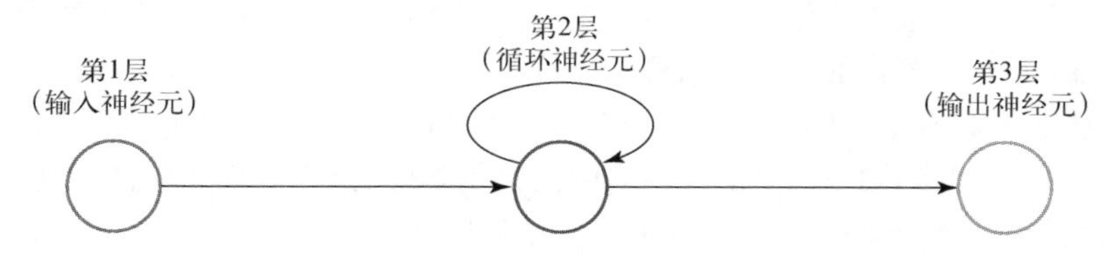

图 3-7 循环神经网络隐藏层中的循环神经元

循环神经元把来自输入神经元的信号（来自左侧神经元的箭头）与内部存储的信号（循环箭头）进行组合，后者在“Yoda”示例中起到记忆的作用。如你所见，给定内部状态（隐藏层权重和激活函数），这个单个神经元将处理输入，并将其转换为输出。它还根据新输入及其当前状态更新自身状态。这正是神经元学习关联后续输入所需要做的事情。其中**关联**（relate）是指在训练期间网络将学习到某些字符之间的关系：例如，能组成有意义的单词的字符更可能出现在附近。

回到“Yoda”的例子，循环神经网络将学到：看到字符“Y”和“o”后，最可能生成的字符是“d”，因为之前已经看到过序列“Yod”。尽管这对循环神经网络学习的动态性进行了极大简化，但它为你提供了基本的概述。

1. 代价函数

与许多机器学习算法一样，在尝试根据输入创建“好”的输出时，神经网络会学习将其产生的误差最小化。你在训练期间提供的良好输出与输入，会告诉网络当它执行预测时有多大误差。这种误差通常由**代价函数**（cost function）[也称为**损失函数**（loss function）] 来度量。学习算法的目的是优化算法参数（在神经网络中是优化权重），从而让损失（或代价）尽可能低。

前文提到过，用于文本生成的循环神经网络会根据文本序列的概率学习文本序列。在前面的例子中，序列“Yoda”的概率为 0.7，而序列“ode”的概率为 0.01。适当的代价函数会把神经网络计算的概率（及其当前权重）与输入文本中的实际概率进行比较。例如，序列“Yoda”在示例文本中实际概率大约为 1，这就给出了损失（误差）。代价函数有不同种类，而直观地执行这类比较的函数被称为**交叉熵代价函数**（cross-entropy cost function）。循环神经网络示例将使用它。你可以认为这样的代价函数是对神经网络计算的概率与其输出的实际概率之间误差的测量。例如，如果一个学习了“Yoda”句子的网络说“Yoda”这个词的概率是 0.000 000 01，那么损失可能会很高。因为“Yoda”是输入文本中少量已知的良好序列之一，所以正确的概率应该很高。

代价函数在机器学习中起着关键作用，因为它们定义了学习算法的目标。不同的代价函数适用于不同类型的问题。例如，交叉熵代价函数对于分类任务是有效的，而当神经网络需要预测实际值时，**均方误差代价函数**（mean squared error cost function）是有效的。

因为代价函数的数学基础可能需要整整一章的篇幅，但本书的重点是深度学习搜索的应用，所以我们不会详细介绍。但是，当我们继续阅读本书时，我会根据要解决的具体问题，对代价函数的正确选取提出建议。

2. 展开循环神经网络

你可能已经注意到，前馈网络和循环神经网络外观上的唯一差异在于隐藏层中的某些循环箭头。**循环**（recurrent）一词指的是就是这样的循环。

有一种方法能更好地将循环神经网络的工作方式可视化，那就是将它**展开**（unroll）。想象一下，将循环神经网络展开到同一网络的一组有限连接副本中。这在实现循环神经网络时非常有用，同时也使我们更容易看到循环神经网络如何自然地适应序列学习。

之前说过在“Yoda”的例子中，10 个字符大小的记忆可以帮助你在看到新的输入时仍然记得以前输入的字符。循环神经网络具有通过循环神经元或层跟踪之前输入（考虑到上下文）的能力。让循环神经网络的循环层“炸开”为一组 10 层的副本，就是将循环神经网络展开为 10 步（见图 3-8）。

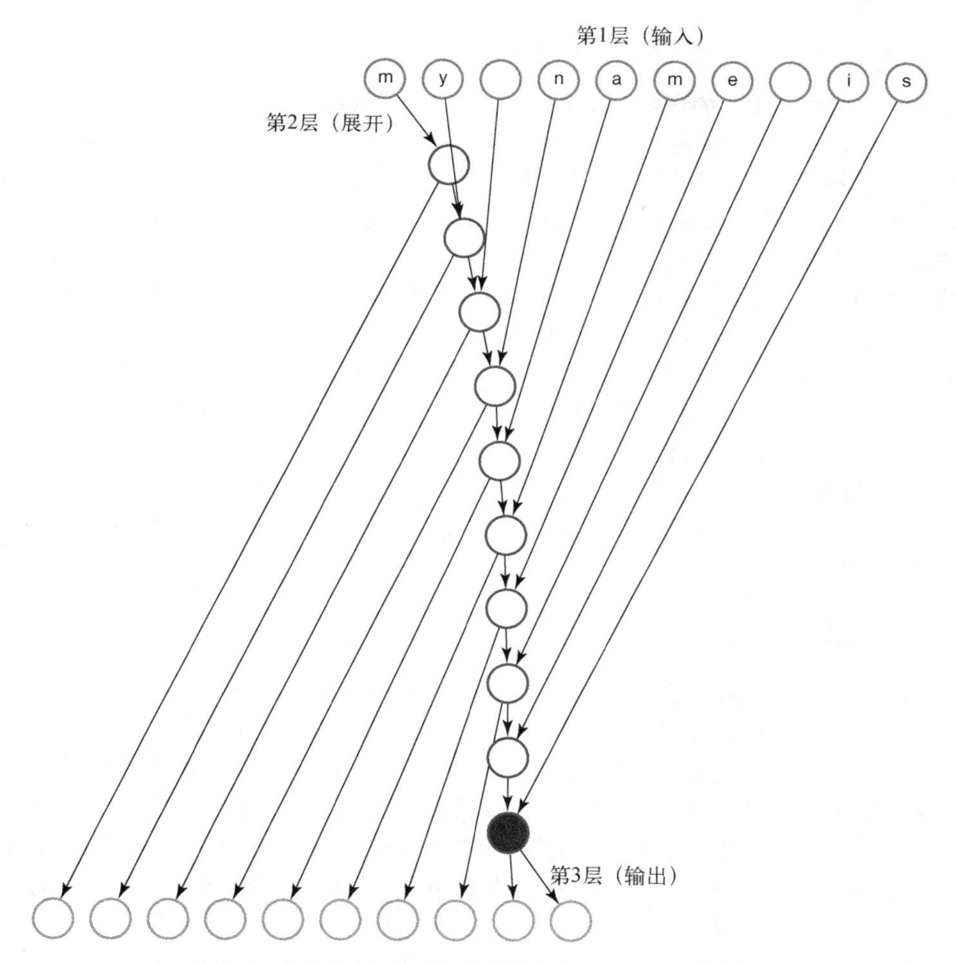

图 3-8 展开的循环神经网络读取“my name is Yoda”

将“my name is Yoda”这句话提供给一个展开为 10 步的循环神经网络。关注图 3-8 中突出显示的节点，你可以看到突出显示的节点从输入（字符 s）和隐藏层（展开）中的前一个节点接收输入，而这前一个节点又接收来自字符 i 和隐藏层中前一个节点的输入……这可以追溯到第一个输入。其思想是，每个节点接收以下信息：普通输入（序列中的一个字符）信息，以及前面（与之相连）的隐藏层节点的先前输入和网络的内部状态。

此外，向前看，你可以看到第一个字符（m）的输出仅取决于网络的输入和内部状态（权重）。而字符 y 的输出取决于输入、当前状态和先前状态（在这里实际上是第一个字符 m）。

因此，展开参数是当前输入生成输出时网络可以回溯的步数。实际上，在设置循环神经网络时，你可以决定要用于展开网络的步数。你拥有的步数越多，循环神经网络能处理的序列就越长，但是它们需要更多的数据和更多的时间来训练。现在，你应该基本了解了循环神经网络如何处理文本这样的输入序列，并在输出层中生成值时跟踪过去的序列。

3. 基于时间反向传播：循环神经网络如何学习

第2章简要介绍了反向传播，这是使用最广泛的前馈神经网络训练算法。循环神经网络可以被认为是具有额外维度的前馈网络，而这个额外的维度就是时间。循环神经网络的有效性在于它们能够使用被称为**基于时间反向传播**（back propagation through time，BPTT）的学习算法来学习如何正确地考虑先前输入的信息。它本质上是简单反向传播的扩展，由于循环层中的循环，循环神经网络中要学习的权重数量远远高于普通前馈神经网络。这是因为循环神经网络的权重可以控制过去的信息如何流过。我们只研究展开循环神经网络的概念。BPTT调整循环层的权重，因此，为了获得好结果，展开的次数越多，必须调整的参数就越多。本质上，BPTT让（循环）神经网络不仅自动学习不同层的神经元之间的连接的权重，而且还自动学习如何通过额外的权重把过去的信息与当前的输入结合到一起。

展开循环神经网络的原因现在应该更明确了。这是一种将执行循环的次数限制为循环神经元数或层数的方法，它可以让学习和预测有界，不会无限循环下去（因为无限循环会使计算循环神经元中的值变得困难）。

3.3.2 长期依赖

请细想一下用于生成查询的循环神经网络看上去是什么样的。假设有两个相似的查询，例如“books about artificial intelligence”和“books about machine learning”。（这是一个简单的例子，两个序列长度完全相同。）首先要做的事情之一就是决定隐藏层的大小和展开的数量。3.3.2节提到，展开的数量控制着网络可以回溯的步数。为了使其正常工作，网络需要足够强大，这意味着当展开的数量增加时，它需要隐藏层中更多的神经元来正确处理过去的信息。层中的神经元数量定义了网络的最大**能力**（power）。同样重要的是，如果想要一个具有许多神经元（和层）的网络，就需要提供大量数据，以便网络在输出的准确率方面表现良好。

展开的数量与**长期依赖**（long-term dependency）有关，长期依赖是指，即使单词在文本序列中彼此相隔较远，它们之间也可能存在语义相关性。例如，以下句子中相互远离的单词高度相关。

> In 2017, despite what happened during the 2016 Finals, Golden State Warriors won the championship again.

阅读这句话，你可以很容易地理解“championship”（锦标赛）这个词对应年份“2017”。但是一个不那么聪明的算法可能将“championship”与“2016”联系起来，因为这也是一个可能产生的匹配对。这样的算法没有考虑到从句中“2016”这个词对应“finals”（总决赛）。这是一个长期依赖的例子。根据正在处理的数据，你可能需要考虑这一点，以使循环神经网络有效地工作。

使用更多展开有助于减轻长期依赖的问题，但一般情况下，你不知道两个相关单词（或字符，甚至短语）可以相隔多远。为了解决这个问题，研究人员提出了一种改进了的循环神经网络架构，被称为**长短期记忆**（long short-term memory，LSTM）网络。

3.3.3 LSTM 网络

到目前为止，你已经看到，在普通循环神经网络中一层由多个具有循环连接的神经元组成。而 LSTM 网络层稍微复杂一些。

LSTM 层可以决定以下内容：

- 下次展开时应通过哪些信息；
- 应使用哪些信息来更新 LSTM 网络内部状态的值；
- 应将哪些信息用作下一个可能的内部状态；
- 输出哪些信息。

与 vanilla 循环神经网络相比（循环神经网络中最基本的一种形式，如 3.3.2 节所述），LSTM 需要学习更多参数。它相当于录音室中音响工程师调整均衡器（对应 LSTM），而不是转动音量旋钮（对应循环神经网络）。均衡器的操作要复杂得多，但如果能进行正确调整，就可以得到更好的音质。LSTM 层的神经元具有更多权重，通过调整这些权重可以使它们学习何时记住信息以及何时忘记它。这使得训练 LSTM 网络的计算成本比训练循环神经网络高。

有一个 LSTM 神经元的轻量级版本，但它仍然比 vanilla 循环神经网络神经元复杂，叫作**门控循环单元**（gated recurrent unit，GRU）[①]。尽管关于 LSTM 还有很多东西需要了解，然而此处的关键是，它们在长期依赖方面表现非常好，因此非常适合用于生成查询。

3.4 用于无监督文本生成的 LSTM 网络

在 Deeplearning4j 中，你可以使用 LSTM 网络的开箱即用实现。现在来为具有一个隐藏 LSTM 层的循环神经网络建立一个简单的神经网络配置。你将构建一个循环神经网络，它可以采样 50 个字符的文本输出。虽然这不是一个很长的序列，但应该足以处理短文本查询（例如“books about artificial intelligence”是 35 个字符）。

理想情况下，展开参数应大于目标文本样本（输出）大小，以便处理更长的输入序列。下面的代码将配置一个循环神经网络，在输入层和输出层有 50 个神经元，在隐藏（循环）层有 200 个神经元，展开 10 个时间步，如代码清单 3-4 所示。

代码清单 3-4 LSTM 配置样本

隐藏（LSTM）层中的神经元数

输出层和输入层中的神经元数

循环神经网络的展开步数

```
int lstmLayerSize = 200;
int sequenceSize = 50;
int unrollSize = 10;
MultiLayerConfiguration conf = new NeuralNetConfiguration.Builder()
    .list()
```

① 参见 Kyunghyun Cho 等人的文章“Learning Phrase Representations Using RNN Encoder-Decoder for Statistical Machine Translation”。

```
.layer(0, new LSTM.Builder()
        .nIn(sequenceSize)
        .nOut(lstmLayerSize)
        .activation(Activation.TANH).build())
.layer(2, new RnnOutputLayer.Builder(LossFunctions
            .LossFunction.MCXENT)
        .activation(Activation.SOFTMAX)
        .nIn(lstmLayerSize)
        .nOut(sequenceSize).build())
.backpropType(BackpropType.TruncatedBPTT)
        .tBPTTForwardLength(unrollSize)
            .tBPTTBackwardLength(unrollSize)
.build();
```

利用双曲正切激活函数声明 LSTM 层有 50 个输入(nIn)、200 个输出（nOut）

利用 softmax 激活函数声明输出层有 200 个输入（nIn）及 50 个输出（nOut）。代价函数也在此声明

利用 unrollSize 作为基于时间反向传播算法的参数，声明循环神经网络（LSTM）的时间维度

请务必注意有关此体系结构的几个细节。

- 为交叉熵代价函数指定损失函数参数[①]。
- 在输入和隐藏层上使用双曲正切激活函数。
- 在输出层使用 softmax 激活函数。

使用交叉熵代价函数与在输出层中使用 softmax 函数密切相关。输出层中的 softmax 函数将其每个输入信号转换为相对于其他信号的概率，生成**概率分布**（probability distribution），其中每个这样的概率的值在 0 和 1 之间，并且所有值的总和等于 1。

在字符级文本生成的上下文中，你将为用于训练网络的数据中的每个字符使用一个神经元。将 softmax 函数应用于隐藏 LSTM 层生成的值后，每个字符将具有指定的概率（0 和 1 之间的数字）。在“Yoda”示例中，数据由 10 个字符组成，因此输出层将包含 10 个神经元。softmax 函数使输出层包含每个字符的概率。

```
m -> 0.031
y -> 0.001
n -> 0.022
a -> 0.088
e -> 0.077
i -> 0.063
s -> 0.181
Y -> 0.009
o -> 0.120
d -> 0.408
```

如你所见，最可能的字符来自与关联字符 d 的神经元（概率等于 0.408）。

① 原文“you specify the loss-function parameter for the cross-entropy cost function”，同一句中同时使用了损失函数（loss function）与代价函数（cost function）两个术语。有的机器学习资料对 loss function 与 cost function 有不同的定义，但本书作者并未加区分，交替使用这两个术语。——译者注

将一些示例文本传递给此 LSTM 网络，并查看它学习生成的内容。不过，在为查询生成文本之前，先尝试一些更容易理解的内容，这有助于确保网络正确运行。你将使用一些自然语言编写的文本，具体来说，就是取自谷登堡计划（the Gutenberg project）的文献片段，如“Queen. This is mere madness; And thus a while the fit will work on him”。你将训练循环神经网络（重新）编写莎士比亚的诗歌和喜剧（见图 3-9）!

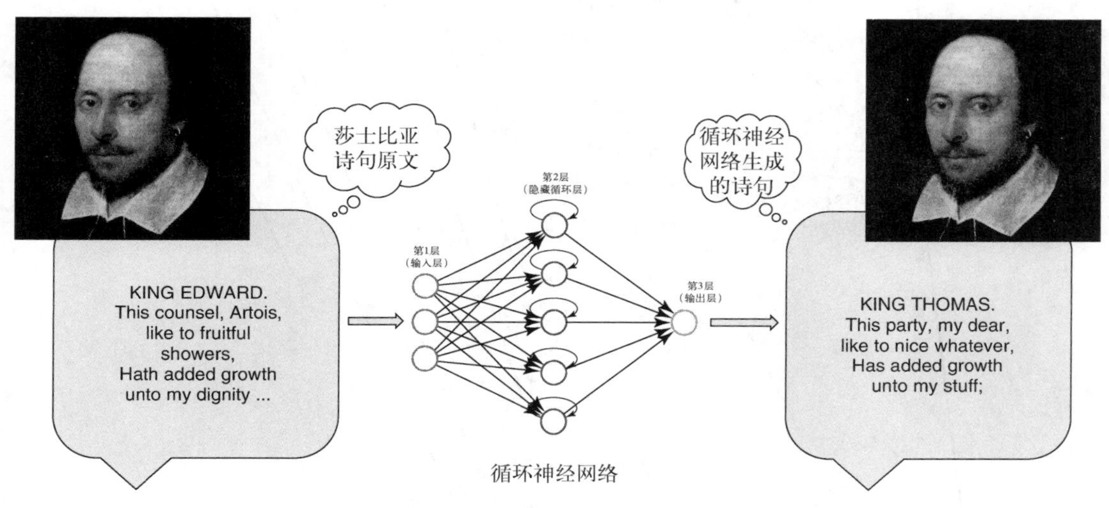

图 3-9　生成莎士比亚作品文本

因为这将是你第一次体验循环神经网络，所以建议你从最简单的方法开始训练。你将运行无监督训练，把来自莎士比亚作品的文本一次一行地提供给网络，如图 3-10 所示。（为了便于阅读，输入层和输出层大小设置为 10。）当你浏览莎士比亚作品的文本时，你将获取大小为(展开大小+1)的摘录，并将它们（一次一个字符）一起输入到输入层中。输出层中的预期结果是输入摘录中的下一个字符。例如，给定句子“work on him”，你将看到输入接收“work on hi”字符的输入，以及相应的输出“ork on him”。这样，你训练网络生成下一个字符，同时回溯前 10 个字符。

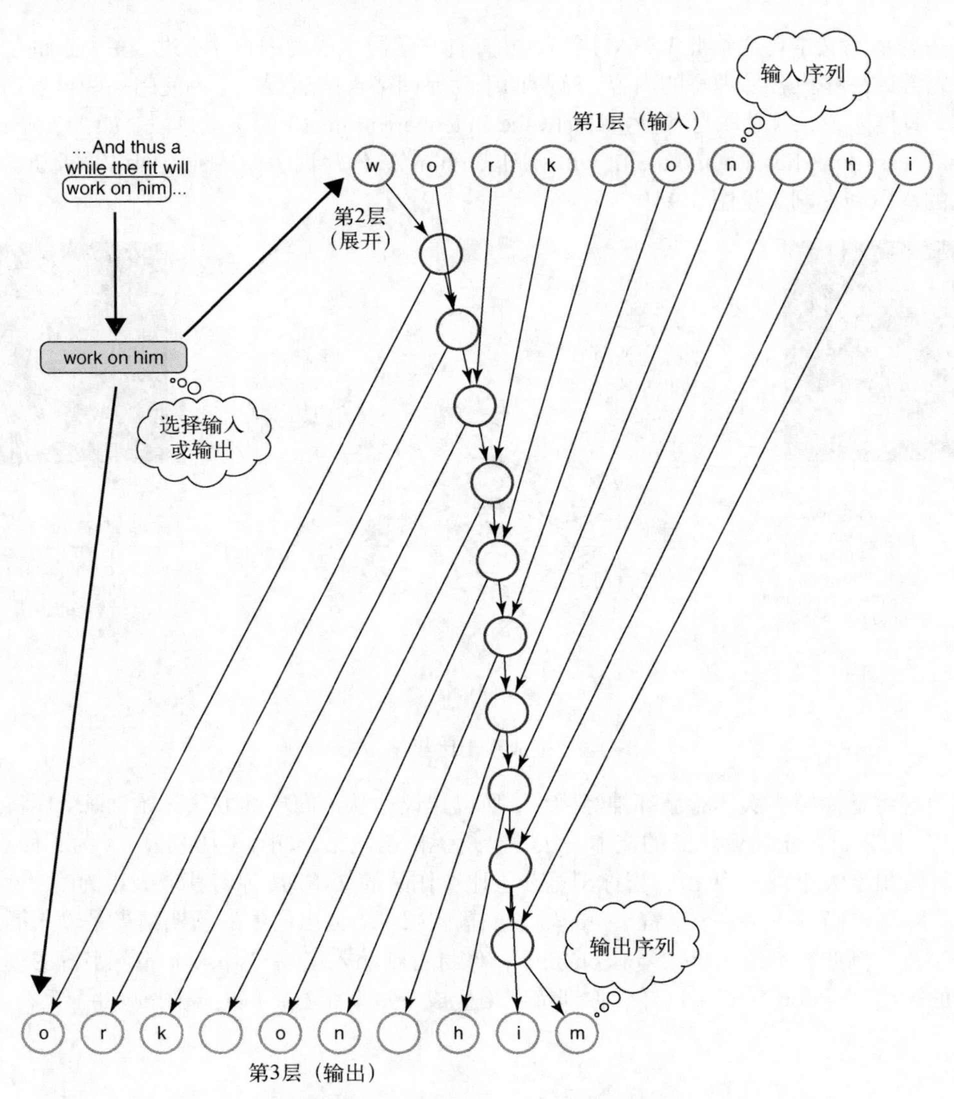

图 3-10 向展开的循环神经网络（基于无监督序列学习）输入

你之前配置了 LSTM 网络，现在将通过迭代莎士比亚作品文本中的字符序列来训练它。首先，使用先前定义的配置初始化网络。

```
MultiLayerNetwork net = new MultiLayerNetwork(conf);
net.init();
```

如上所述，你正在构建一个循环神经网络，它一次生成一个字符的文本序列。因此，你将使用 `DataSetIterator`（用于迭代数据集的 DL4J API）来创建字符序列：`CharacterIterator`。

你可以跳过有关 CharacterIterator 的一些细节。通过以下内容初始化它：

- 包含执行无监督训练的文本的源文件；
- 在更新权重之前应该提供给网络的样本数量［小批量（mini-batch）[1]参数］；
- 每个样本序列的长度。

下面是迭代莎士比亚作品文本字符的代码。

```
CharacterIterator iter = new CharacterIterator("/path/to/shakespeare.txt",
    miniBatchSize, exampleLength);
```

现在你已经掌握了训练网络的所有难题。训练一个 MultiLayerNetwork（多层网络）可以通过 fit(Dateset)方法完成。


```
MultiLayerNetwork net = new MultiLayerNetwork(conf);
net.init();
net.setListeners(new ScoreIterationListener(1));   <- 你可以设置监听器查看训练过程中的迭代（例如检查损失是否随时间减少）
while (iter.hasNext()) {   <- 在数据集上迭代
    net.fit(iter);   <- 在数据集的每个部分上训练网络
}
```

如果想要检查在训练期间网络产生的损失值是否会随着时间的推移而稳步下降，以下方法可以用作合理性检查：适当设置神经网络，让损失值稳步下降。以下日志显示，超过10次迭代后，损失从约4176.82变为约3490.86（其间有一些起伏）。

```
Score at iteration 46 is 4176.819462796047
Score at iteration 47 is 3445.1558312409256
Score at iteration 48 is 3930.8510119434372
Score at iteration 49 is 3368.7542747804177
Score at iteration 50 is 3839.2150762596357
Score at iteration 51 is 3212.1088334832025
Score at iteration 52 is 3785.1824493103672
Score at iteration 53 is 3104.690257065846
Score at iteration 54 is 3648.584794826596
Score at iteration 55 is 3064.9664614373564
Score at iteration 56 is 3490.8566755252486
```

如果你对更多此类值（例如100个）的分数和损失进行绘图，你可能会看到如图3-11所示的内容。

[1] 通常batch译为批，为了与普通意义上的一批区别，本书中将batch译为批量，mini-batch译为小批量，但在batch、mini-batch指程序中的参数时，保留英文原文。——译者注

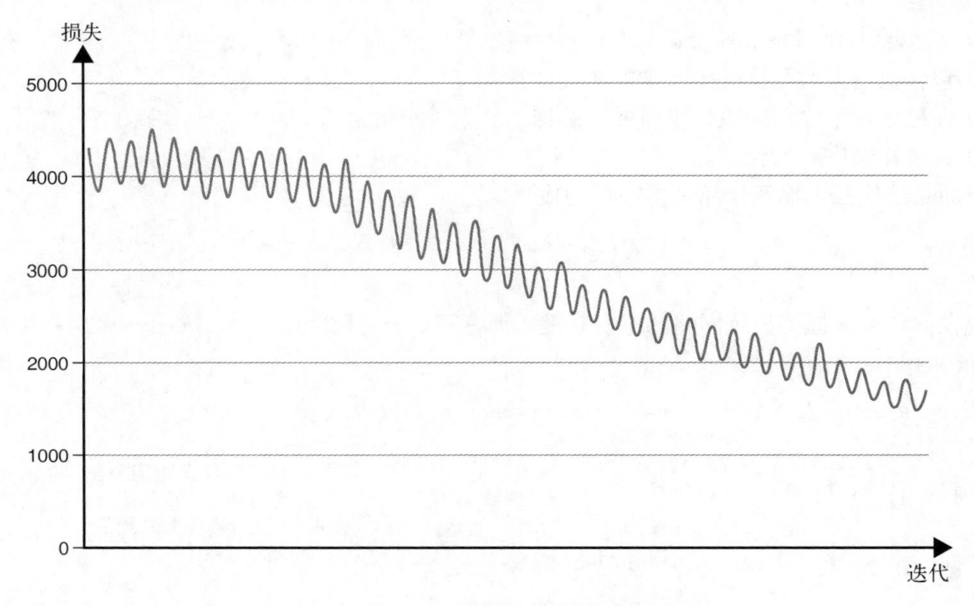

图 3-11　绘制损失趋势图

在几分钟的学习之后，让我们看看这个循环神经网络生成的一些序列（每 50 个字符）。

- …o me a fool of s itter thou go A known that fig…
- …ou hepive beirel true; They truth fllowsus; and…
- …ot; suck you a lingerity again! That is abys. T…
- …old told thy denuless fress When now Majester s…

虽然语法不算太糟糕，有些部分甚至可能有意义，但你可以清楚地看到这些序列质量不高。你不会希望使用此网络为最终用户以自然语言编写查询，因为其结果不佳。在 DL4J 示例项目中可以找到使用类似 LSTM（具有一个隐藏的循环层）生成莎士比亚作品文本的完整示例。

循环神经网络的一个好处是，已经证明增加隐藏层数量通常可以提高生成结果的准确性[①]。这意味着，给定足够的数据，增加隐藏层的数量可以使更深的循环神经网络更好地工作。为了检验这是否适用于此应用场景，让我们构建一个具有两个隐藏层的 LSTM 网络，如代码清单 3-5 所示。

代码清单 3-5　配置具有两个隐藏层的 LSTM 网络

```
MultiLayerConfiguration conf = new NeuralNetConfiguration.Builder()
        .list()
        .layer(0, new LSTM.Builder()
        .nIn(sequenceSize)
        .nOut(lstmLayerSize)
        .activation(Activation.TANH).build())
    .layer(1, new LSTM.Builder()
        .nIn(lstmLayerSize)
```

在这个新配置中，增加与第一个隐藏层相同的第二个 LSTM 隐藏层

① 参见 Razvan Pascanu 等人的文章“How to Construct Deep Recurrent Neural Networks”。

```
            .nOut(lstmLayerSize)
            .activation(Activation.TANH).build())
        .layer(2, new RnnOutputLayer.Builder(LossFunctions.LossFunction.MCXENT)
            .activation(Activation.SOFTMAX)
            .nIn(lstmLayerSize)
            .nOut(sequenceSize).build())
        .backpropType(BackpropType.TruncatedBPTT)
            .tBPTTForwardLength(unrollSize).tBPTTBackwardLength(unrollSize)
        .build();
```

该配置下，再次使用相同的数据集训练神经网络，训练代码保持不变。请注意如何从训练过的网络生成输出文本。因为这是一个循环神经网络，所以你使用 DL4J API `network.rnnTimeStep(INDArray)`，它接受一个输入向量，使用先前的循环神经网络状态生成一个输出向量，然后更新该状态。对 `rnnTimeStep` 的进一步调用将使用先前存储的内部状态来生成输出。

如前文所述，该循环神经网络的输入是一系列字符，每个字符以一个一位有效编码的方式表示。莎士比亚作品文本包含 255 个不同的字符，因此字符输入将由维度为 255 的向量表示，除了某一维设置为 `1`，其余维度全部设置为 `0`。每个位置对应一个字符，因此设置向量某个位置为 `1` 意味着输入向量表示该特定字符。因为在输出层中使用 `softmax` 激活函数，所以循环神经网络基于输入生成的输出将是一个概率分布。这样的分布将告诉你，针对相应的输入字符（以及循环神经网络层存储的之前输入的字符信息）更可能生成哪些字符。概率分布就像一个数学函数，可以输出所有可能的字符，但其输出某些字符的可能性会大于另一些字符。例如，在由句子“my name is Yoda”训练的循环神经网络生成的向量中，当前一个输入字符是 m 时，这样的概率分布更可能生成字符 y 而不是字符 n（因此序列 my 比 mn 更可能被生成）。这种概率分布可以用于生成输出字符。

首先将初始化字符序列（例如一个用户查询）转换为字符向量序列，如代码清单 3-6 所示。

代码清单 3-6　对字符序列进行一位有效编码

```
INDArray input = Nd4j.zeros(sequenceSize,
    initialization.length());                        <-- 创建一个所需大小的输入向量
char[] init = initialization.toCharArray();
for (int i = 0; i < init.length; i++) {              <-- 在输入序列中对每一个字符进行迭代

  int idx = characterIterator.convertCharacterToIndex(
    init[i]);                                        <-- 得到每一个字符的索引

  input.putScalar(new int[] {idx, i}, 1.0f);         <-- 为每一个字符创建一个一位有效编码向量，“index”位置设置值为 1
}
```

为每一个字符向量生成一个字符概率的输出向量，这个输出向量将从生成的分布中通过采样（提取可能的结果）被转换为实际的字符。

```
INDArray output = network.rnnTimeStep(input);    <-- 根据所给输入字符（向量）预测概率分布

int sampledCharacterIdx = sampleFromDistribution(
```

```
    output);

char c = characterIterator.convertIndexToCharacter(
    sampledCharacterIdx);
```

从生成的分布中采样可能的字符

将采样的字符索引转换为实际的字符

在莎士比亚文本中使用随机字符初始化输入序列，然后循环神经网络会生成后续字符。覆盖了文本生成部分后，两个 LSTM 隐藏层能获得更好的结果。

- …ou for Sir Cathar Will I have in Lewfork what lies…
- …, like end. OTHELLO. I speak on, come go'ds, and…
- …, we have berowire to my years sword; And more…
- …Oh! nor he did he see our strengh…
- …WARDEER. This graver lord. CAMILL. Would I am be…
- …WALD. Husky so shall we have said? MACBETH. She h…

正如所料，这次生成的文本看起来比使用第一个 LSTM 网络（该网络只有一个隐藏层）生成的文本更准确。此时，你可能想知道如果添加另一个隐藏的 LSTM 层会发生什么。结果会更好吗？这个文本生成案例的完美网络应该有多少个隐藏层？通过尝试使用具有三个 LSTM 隐藏层的网络，你可以轻松回答第一个问题。但是，对第二个问题给出准确答复很困难，甚至不可能。寻找最佳架构和网络设置是一个复杂的过程，本章末尾将讨论如何在生产环境中使用循环神经网络，你会在那里找到更多详细信息。

使用与之前相同的配置，增加一个（第三个）隐藏的 LSTM 层，示例如下所示。

- …J3K. Why, the saunt thou his died There is hast…
- …RICHERS. Ha, she will travel, Kate. Make you about…
- …or beyond There the own smag; know it is that l…
- …or him stepping I saw, above a world's best fly…

考虑到神经网络中所设置的参数（网络层大小、序列大小、展开大小，等等），添加第四个隐藏的 LSTM 层不会改善结果。实际上，这样结果会稍差一些（例如"…CHOPY. Wencome. Mylord 'tM times our mabultion…"）。增加更多层意味着增加能力，但同时也增加了网络的复杂性。训练需要越来越多的时间和数据。有时仅通过添加另一个隐藏层无法生成更好的结果。在第 9 章中，我们将讨论一些平衡计算资源需求（CPU、数据、时间）和实际结果准确性的技术。

无监督查询扩展

了解完基于 LSTM 的循环神经网络在文学文本上的工作方式，让我们组装一个网络来生成可选查询。在文献示例中，之所以将文本传递给循环神经网络（无监督学习），是因为这是理解和可视化此类网络如何工作的一种最简单的方法。现在，尝试使用相同的方法进行查询扩展。我们可以在公共资源上试用它，例如 web09-bst 数据集，它包含来自实际信息检索系统的查询。你希望循环神经网络学习生成的查询与搜索日志中的查询相似，每行一个。因此，数据准备任务包括从搜索日志中获取所有查询，并将它们写入单个文件中。

以下是查询日志的摘录。

```
query:{"artificial intelligence"}, results:{
    size=10, ids:["doc1", "doc5", ...]}
query:{"books about AI"}, results:{
    size=1, ids:["doc5"]}
query:{"artificial intelligence hype"}, results:{
    size=3, ids:["doc1", "doc8", ...]}
query:{"coffee"}, results:{size=100, ids:["doc113", "doc588", ...]}
query:{"latest trends"}, results:{size=15, ids:["doc113", "doc23", ...]}
...
```

查询部分由“artificial intelligence”组成

查询部分由“books about AI”组成

仅使用每行的查询部分，你将获得如下文本文件。

```
artificial intelligence
books about AI
artificial intelligence hype
coffee
latest trends
...
```


工作完成后，可以如 3.3.3 节所述，将其传递到 LSTM 网络。隐藏层的数量受各种条件约束，通常以两层为开始较好。如图 3-1 中的图形所示，你将在查询解析器中构建查询扩展算法，因此用户不会接触到可选查询的生成。本例还需要扩展一个 Lucene `QueryParser`，它的职责是从 `String`（在本例中是用户输入的查询）构建一个 Lucene `Query`，如代码清单 3-7 所示。

代码清单 3-7　用于可选查询扩展的 Lucene 查询解析器

```
public class AltQueriesQueryParser
    extends QueryParser {

  private final MultiLayerNetwork rnn;
  private CharacterIterator characterIterator;

  public AltQueriesQueryParser(String field, Analyzer a,
         MultiLayerNetwork rnn, CharacterIterator characterIterator) {
    super(field, a);
    this.rnn = rnn;
    this.characterIterator = characterIterator;
  }

  @Override
  public Query parse(String query) throws ParseException {
    BooleanQuery.Builder builder =
        new BooleanQuery.Builder();
    builder.add(new BooleanClause(super.parse(
        query), BooleanClause.Occur.MUST));
```

查询解析器将 String（字符串）转换为解析后的查询，并在 Lucene 索引中运行

定制的查询解析器使用循环神经网络生成可选查询

初始化一个 Lucene 布尔查询，用来包含用户输入的原始查询以及循环神经网络生成的可选查询

为用户输入的查询增加一条强制项（该查询的结果需要得到显示）

```
    String[] samples = sampleFromNetwork(query);

    for (String sample : samples) {
      builder.add(new BooleanClause(super.parse(
        sample), BooleanClause.Occur.SHOULD));
    }

    return builder.build();
  }

  private String[] sampleFromNetwork(String query) {
    // where the "magic" happens ...
  }

}
```

让循环神经网络生成一些样本，用作额外的查询

解析循环神经网络生成的文本，并将其作为可选项

在莎士比亚作品示例中，这种方法将查询编码、进行循环神经网络预测、将输出解码为新查询

建立并返回最终查询，该查询是用户输入和循环神经网络生成的结合

用循环神经网络初始化查询解析器，并使用它来构建许多可选查询，而这些查询可以作为原始查询附加的可选项。所有的“魔法”都包含在从原始查询生成新查询字符串的代码中。

循环神经网络接收用户输入的查询作为输入并产出新的查询作为输出。请记住，神经网络通过向量进行“对话”，因此你需要将文本查询转换为向量。对用户输入的查询字符执行一位有效编码。将输入文本转换为向量后，你可以对输出查询一次采样一个字符。回顾莎士比亚作品的例子，你做了以下事情：

(1) 将用户输入的查询编码为一系列一位有效编码字符向量；

(2) 将此序列提供给网络；

(3) 获得第一个输出字符向量，将其转换为字符，然后将生成的字符反馈到网络中；

(4) 迭代上一步，直到找到结束字符（例如本例中的回车符）。

实际上，这意味着如果你向循环神经网络提供的用户输入查询是常用词项，循环神经网络可能会通过添加相关词项来“完成”查询；如果你向循环神经网络提供的查询看起来像已结束的查询，那么循环神经网络所生成的查询可以在搜索日志中用户输入的查询附近找到。完成这些后，就可以使用以下设置生成可选查询，如代码清单 3-8 所示。

代码清单 3-8　使用带有两个隐藏层的 LSTM 网络尝试 AltQueriesQueryParser

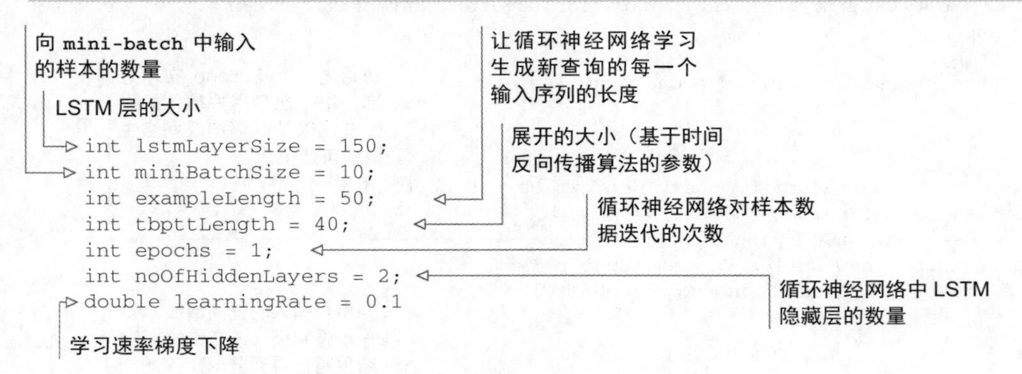
向 mini-batch 中输入的样本的数量
LSTM 层的大小
让循环神经网络学习生成新查询的每一个输入序列的长度
展开的大小（基于时间反向传播算法的参数）
int lstmLayerSize = 150;
int miniBatchSize = 10;
int exampleLength = 50;
int tbpttLength = 40;
int epochs = 1;
int noOfHiddenLayers = 2;
double learningRate = 0.1
循环神经网络对样本数据迭代的次数
循环神经网络中 LSTM 隐藏层的数量
学习速率梯度下降

```
String file = getClass().getResource("/queries.txt")
    .getFile();
CharacterIterator iter = new CharacterIterator(file,
    miniBatchSize, exampleLength);

MultiLayerNetwork net = NeuralNetworksUtils
    .trainLSTM(
  lstmLayerSize, tbpttLength, epochs, noOfHiddenLayers, iter, learningRate,
  WeightInit.XAVIER,
  Updater.RMSPROP,
  Activation.TANH,
  new ScoreIterationListener(10));

Analyzer analyzer = new EnglishAnalyzer(null);
AltQueriesQueryParser altQueriesQueryParser =
    new AltQueriesQueryParser("text",
        analyzer, net, iter);
```

包含查询的源文件

为查询文件的文本字符创建一个迭代

初始化网络权重的算法

更新算法，用于在执行梯度下降时更新参数

用于隐藏层的激活函数

创建一个分数迭代监听器，用于在每 10 次迭代（基于时间反向传播）后输出损失值

识别查询文本中词项的分析器

将 **AltQueriesQueryParser** 实例化

```
String[] queries = new String[] {"latest trends",
    "coffee", "concerts", "music events"};

for (String query : queries) {
  System.out.println(altQueriesQueryParser
    .parse(query));
}
```

创建少量样本查询

打印由定制解析器生成的可选查询

标准输出将包含以下内容。

```
latest trends -> (latest trends) about AI,
    (latest trends) about artificial intelligence

coffee -> books about coffee

concerts -> gigs in santa monica
music events -> concerts in California
```

查询“latest trends”（最新趋势）被扩展成了一个更具体的查询，即“trends about AI”（关于人工智能的潮流），这增加了与人工智能相关的结果

“music events”的可选查询与原查询相同，且更具体

请注意，输入查询和输出查询之间不共享任何词项。

生成的第一个可选查询似乎是原始查询更具体的版本，而这可能不是用户想要的。可以看到，“latest trends”位于括号中，此时循环神经网络正在生成“about AI”和“about artificial intelligence”以完成句子。当人们询问有关“latest trends”的一般性问题时，如果没有给出更多上下文（在此示例中，“latest trends”过于广泛），查询解析器在生成原始查询的更具体版本时应谨慎。如果不想生成像第一个查询那样的可选查询，你可以使用技巧向循环神经网络提示它应该尝试生成一个全新的查询。你为循环神经网络提供的数据被切分为序列，每行一个，由回车符分隔。这里有个

诀窍：在用户输入的查询末尾添加回车符。循环神经网络用于观察单词 A、单词 B、单词 C、回车符这样的序列（或更确切地说，是以空白字符隔开的字符流）。回车符隐式地告诉循环神经网络，在回车符之前的文本序列已结束，新的文本序列刚开始。如果你使用用户输入的查询“latest trends”并让查询解析器在其末尾添加回车符，则循环神经网络将尝试从回车符开始生成新序列。这使得循环神经网络生成的文本更有可能像新查询，而不是原始查询的更具体版本。

3.5 从无监督文本生成到监督文本生成

虽然刚刚看到的用于生成可选查询的方法很好，但是你可能希望精益求精，专注于提供改变用户生活的工具。你希望确保搜索引擎比以前运行得更好，否则所有努力都将白费。

在进行查询扩展时，循环神经网络学习的方式起到了关键作用。你已经了解了循环神经网络如何在包含许多用户查询的文本文件中执行无监督学习。而上述用户查询之间是无直接关联的。3.1.2 节也提到了更复杂的替代方案，即创建这样的样本，对特定输入查询，有期望的可选查询。

本节将简要介绍使用两种算法用于搜索（例如使用搜索日志）的监督文本生成。

序列到序列建模

你已经学习了 LSTM 网络，知道它们善于处理序列。为生成可选查询而进行的监督学习，需要提供期望目标序列，而该序列是基于输入序列生成的。3.1.2 节在讨论数据准备时提到，可以从搜索日志中获取训练样本。

因此，如果你有像“latest research in AI”→“recent publications in artificial intelligence”这样的（序列）对，就可以在循环神经网络架构中使用它们，如图 3-12 所示。

这样的输入-输出对，循环神经网络（或 LSTM）学习起来很困难。在前文提到的无监督学习方法中，网络学习生成序列中的下一个字符，以便训练循环神经网络再现输入序列。

而在监督学习中正相反，你需要训练神经网络生成一系列输出字符，这些字符可能与输入字符完全不同。请看一个例子。如果有输入序列“latest resea”，那么你很容易猜到下一个字符将是“r”。要学习的循环神经网络输出将能够提前看到一个字符。

```
l -> a
la -> at
lat -> ate
late -> ates
lates -> atest
latest -> atest
latest  -> atest r
latest r -> atest re
latest re -> atest res
latest res -> atest rese
latest rese -> atest resea
latest resea -> atest resear
```

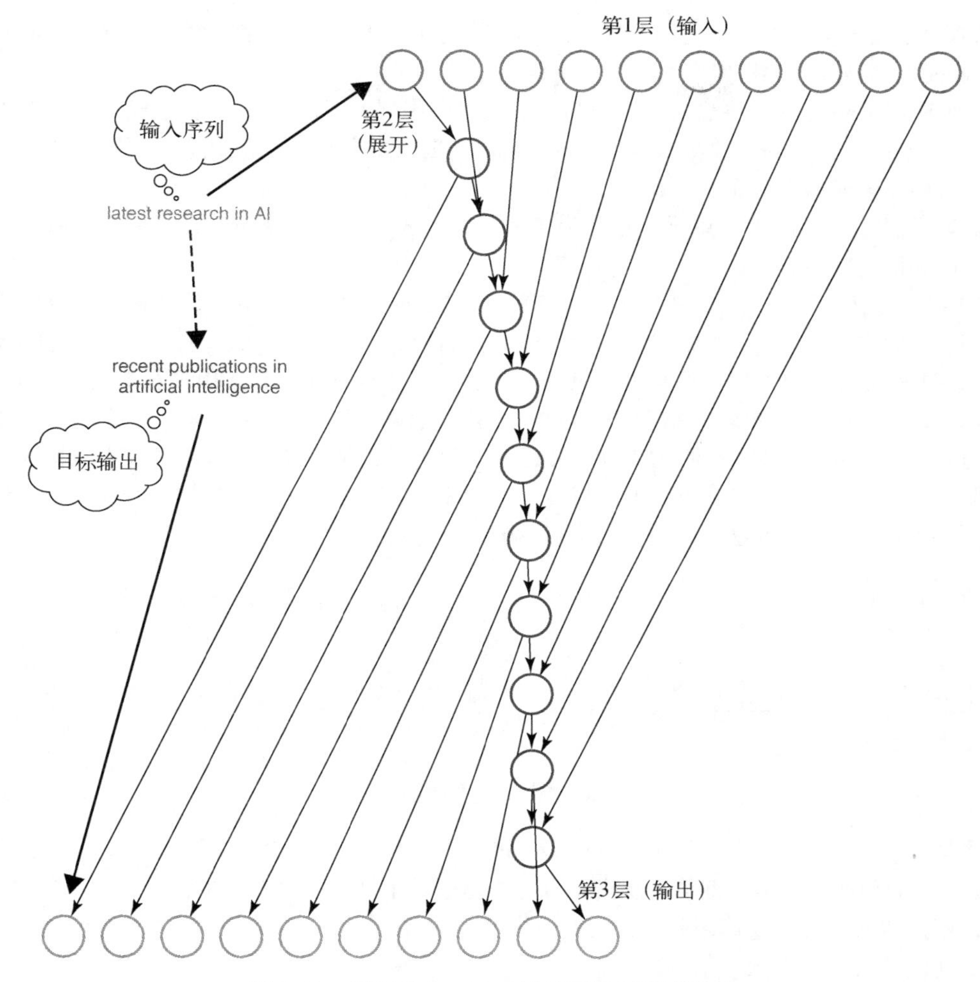

图 3-12 使用单个 LSTM 层进行监督序列学习

此外，如果你使用句子“recent pub”的部分作为目标输出，循环神经网络应该执行以下操作。

```
l -> r
la -> re
lat -> rec
late -> rece
lates -> recen
latest -> recent
latest  -> recent
latest r -> recent p
latest re -> recent pu
latest res -> recent pub
latest rese -> recent publ
latest resea -> recent publi
```

这项任务显然要困难得多，因此现在介绍一种很好的架构，它被称为**序列到序列**（sequence-to-sequence）模型。该架构使用两层 LSTM 网络。

- **编码器**（encoder）将输入序列作为一个词向量序列（不是字符）。它生成一个名为思维向量（thought vector）的输出向量，该向量对应 LSTM 的最后隐藏状态，而不是像之前的模型那样生成概率分布。
- **解码器**（decoder）将思维向量作为输入，并生成一个输出序列，表示用于对输出序列进行采样的概率分布。

这种架构也称为 seq2seq（见图 3-13），第 7 章将更加详细地介绍它。该架构也可以用于执行机器翻译（将用原语言写成的序列转换为目标语言的相应序列）。seq2seq 也经常用于为聊天机器人构建会话模型。在搜索的上下文中，思维向量的概念非常有趣：它是用户意图的向量化表示。这个领域有很多研究[①]。虽然它被称为思维向量，但循环神经网络学习是基于给定的输入和输出的。在这种情况下，如果输入是查询而输出是另一个查询，则思维向量可以被视为能将输入查询映射到输出查询的向量。如果输出查询与输入查询相关，则思维向量对从输入查询（用户意图的分布式表示）生成相关可选查询的信息进行编码。

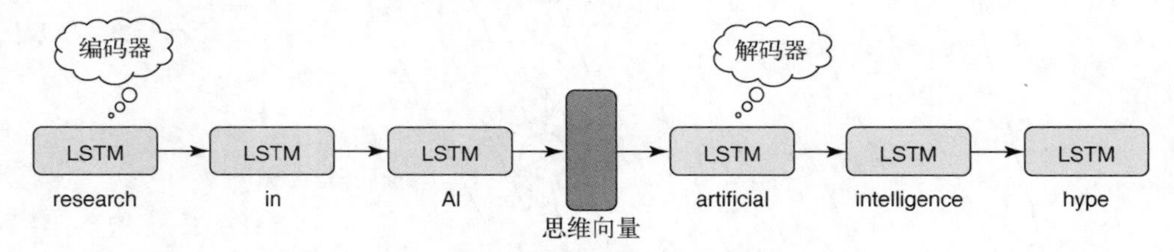

图 3-13　查询的序列到序列建模

因为第 7 章将仔细研究序列到序列模型，所以本章将使用先前训练的 seq2seq 模型，后者的相关输入查询和期望输出查询均是从搜索日志中基于如下两个条件提取的。

- 根据搜索日志，它们被激发的时间有多接近。
- 他们是否共享至少一个搜索结果。

在 DL4J 中，你可以从文件系统加载这个之前创建的模型，并将其传递给之前定义的 AltQueriesQueryParser。

```
MultiLayerNetwork net = ModelSerializer
    .restoreMultiLayerNetwork(
    "/path/to/seq2seq.zip");
AltQueriesQueryParser altQueriesQueryParser = new
    AltQueriesQueryParser("text", new
    EnglishAnalyzer(null), net, null);
```

从文件中恢复之前持久化的神经网络

用已实现 seq2seq 模型的神经网络构建 AltQueriesQueryParser。注意，你已经不再需要 CharacterIterator

① 更多例子参见 Ryan Kiros 等人的文章“Skip-Thought Vectors”、Shuai Tang 等人的文章“Trimming and Improving Skip-thought Vectors”，以及 Yoshua Bengio 的文章 “The Consciousness Prior”。

为了使用序列到序列模型，序列的生成方式需要进行更改。采用无监督方法时，可以从输出概率分布中采样字符；在本例中，你将在单词级从解码器 LSTM 网络生成序列。下面是 AltQueryParser 使用 seq2seq 模型给出的一些结果。

```
museum of contemporary art chicago -> foundation

joshua music festival -> houston monmouth

mattel toys -> mexican yellow shoes
```

这个结果第一眼看上去可能很奇怪，但芝加哥确实有一个当代艺术博物馆的基金会

关于音乐节的输入查询生成了一个查询，该查询包含一个城市和另一个事件的名称（尽管蒙茅斯音乐节在俄勒冈州举办）

关于儿童玩具的查询生成了关于墨西哥黄色鞋子的查询。如果是在圣诞节期间，这将是一个很好的结果（给小孩子或者是其他喜欢黄色鞋子的人的礼物）

3.6 生产系统的考虑因素

过去，训练循环神经网络是乏味的，而训练 LSTM 网络甚至情况更糟糕。如今，像 DL4J 这样的框架可以在 CPU 或图形处理单元（GPU）上运行，甚至可以以分布式方式运行（例如通过 Apache Spark）。其他框架如 TensorFlow 则有专用硬件（张量处理单元，TPU）等。但是，建立一个能够良好运作的循环神经网络并非易事。你可能需要训练几种模型，才能找到最适合的数据的模型。另外，配置 LSTM 不仅会受到理论上的限制，用于训练的数据也会限制它们在测试时可以做什么，例如把它们用于生成未曾出现的查询。

在实践中，为了给无监督学习方法中的不同参数提供良好的设置，要花费几个小时的时间来进行试验，并且在该过程中会遇到大量的错误。随着你关于 LSTM 网络（以及普通的神经网络）的动态变化的经验逐步增长，这个过程花费的时间会减少。例如，莎士比亚作品的例子包含的序列比查询长得多。查询往往很短，平均长度为 10~50 个字符，而来自《麦克白》的行可以包含 300 个字符。因此，莎士比亚作品样本（200 个字符）的长度参数比用于学习生成查询的样本长度参数（50 个字符）更长。

同时，你还要考虑文本中的隐藏结构。来自莎士比亚喜剧的文本通常具有以下模式：角色名：一些文本 标点符号 回车符。而查询只包括单词序列和紧跟其后的回车符。查询可以包含正式和非正式的句子，像“myspaceeee”这样的单词可能会扰乱循环神经网络。因此，虽然莎士比亚作品文本只需要一个隐藏层就能提供不错的结果，但是 LSTM 网络至少需要两个隐藏层才能有效执行。

究竟是对字符执行无监督 LSTM 网络训练，还是使用序列到序列模型，这首先取决于你拥有的数据。如果无法生成良好的训练样本（输出查询是输入查询的相关可选查询），就应该采用无监督方法。该架构更轻巧，训练需要的时间可能更少。

值得考虑的是，在训练期间你应该跟踪损失值，并确保它们稳步下降。在训练无监督 LSTM 网络时，可以通过绘制 ScoreIterationListener（分数迭代监听器）输出的值来查看生成的

损失图。这样做有助于确保训练顺利进行。如果损失值开始增加或在远离 0 值处停止减少，则可能需要调整网络参数。

最重要的参数是学习速率。该值（通常在 0 和 1 之间）可以确定梯度下降算法下降到误差较低点的速度。如果学习率太高（接近 1，例如 0.9），则会导致损失开始发散（增加到无穷大）；如果学习速率太低（接近 0，如 0.000 000 1），则梯度下降到低误差的点需要花费的时间可能太长。

3.7　总结

- 神经网络可以学习生成文本，甚至是自然语言形式的文本。这有助于系统在不需要用户介入的情况下生成可选查询，并与用户输入的查询一起执行，以提供更好的搜索结果。
- 循环神经网络有助于文本生成任务，因为它们擅长处理长文本序列。
- LSTM 网络是循环神经网络的一种扩展，它可以处理长期依赖。当处理那些相关的概念或单词在句子中可能相隔很远的自然语言文本时，LSTM 网络比普通的循环神经网络效果更好。
- 在神经网络中提供更深的层，可以提供更强大的计算能力，而更强大的计算能力是网络处理更大的数据集或更复杂的模式所必需的。
- 有时，仔细研究神经网络如何产生输出是有用的。一些小调整（如利用回车符的技巧）可以改变结果的质量。
- 序列到序列模型和思维向量是监督学习中生成文本序列的强大工具。

第4章

更灵敏的查询建议

本章内容

- 生成查询建议的常用方法
- 字符级神经语言模型
- 神经网络中的参数调优

本书已经介绍了神经网络的基本原理，并解析了浅层和深度神经网络的构建。你已经知道如何将神经网络集成到搜索引擎中，从而通过同义词扩展和生成可选查询这两个关键功能来增强搜索引擎。这两个功能都在搜索引擎上运行，可以使搜索引擎更加智能化，为用户返回更好的结果。但是，还有什么方法改进查询本身的措辞吗？特别是，还有什么方法可以帮助用户编写更好的查询，从而让查询结果最接近用户需求吗？

答案当然是肯定的。毫无疑问，在输入查询时，人们习惯使用搜索引擎提供的建议。这项自动补全功能可以通过提供能让查询有意义的单词或句子加快查询过程。例如，如果用户输入"boo"，则自动补全功能会向用户提供可能正在输入的单词的其余部分，如"book"（图书）；或以"boo"开头的完整句子，如"books about deep learning"。帮助用户编写查询能加快编写速度，并帮助用户避免拼写错误或其他错误，还能使搜索引擎向用户提供提示，帮助用户编写好的查询。该功能建议的单词或句子应该在用户编写的查询上下文中有意义。单词"book"和"boomerang"（回旋镖）的前缀相同，都是"boo"，因此如果用户开始输入"boo"，搜索引擎可能会建议他们选择"book"或"boomerang"来完成查询。但是如果用户输入"big parks where I can play boo"，显然建议"boomerang"比建议"book"更有意义。

通过生成提示，自动补全可以影响搜索引擎的有效性。想象一下，如果搜索引擎提供的建议是"big parks where I can play book"而不是"big parks where I can play boomerang"，这肯定会减少相关的搜索结果。

建议功能还使搜索引擎优先执行某些查询（因此要匹配的文档也得以优先运行）。这非常有用，例如可以用于推销。如果电子商务网站搜索引擎的所有者更想出售图书而不是回旋镖，他们可能希望提供的建议是"big parks where I can play book"而不是"big parks where I can play boomerang"。如果知道用户最常查找的主题，他们可能希望更频繁地建议与这些重复主题相关的词语。

自动补全是搜索引擎中的常见功能，它已经有很多创建算法。在这里，神经网络可以提供什么帮助呢？简而言之：灵敏度。一个**灵敏**（sensitive）的查询建议能准确地解释用户正在寻找什么，并以更有可能提供相关结果的方式（将用户的查询）重新措辞。本章将以你对神经网络的了解为基础，使其能够生成更灵敏的查询建议。

4.1 生成查询建议

从第3章可以知道，深度神经网络可以学习生成类似人类编写的文本。前文在讨论生成可选查询时介绍了这一点。本节中，你将看到如何使用和扩展此类神经网络来生成更好、更灵敏的查询建议，并超越当前使用最广泛的那些自动补全算法。

4.1.1 编写查询时的建议

第2章讨论了一个常见场景，也就是在搜索引擎的用户不能完全回忆起歌曲标题时，如何帮助他们查找歌词。在这种情况下，我们引入了同义词扩展技术，该技术允许用户触发不完整或不正确的查询（例如“music is my aircraft”）。这是通过word2vec算法在后台扩展同义词（“music is my aeroplane”）解决的。同义词扩展是一种有用的技术，但也许你可以做一些更简单的事情来帮助用户回想起歌曲的副歌是“music is my aeroplane”而不是“music is my aircraft”，方法是在用户输入查询时建议正确的单词。你也可以避免用户运行一个次优查询，因为他们已经知道“aircraft”不是正确的单词。

拥有良好的自动补全算法有两个好处：

- 减少查询结果很少或为0的情况（影响召回率）；
- 减少相关性较低的查询结果（影响精确率）。

如果**建议**（suggester）算法运行良好，就不会输出不存在的单词或从未在索引数据中出现的词项。这意味着使用此类算法建议的词项时，查询几乎不会返回0个结果。请看“music is my aircraft”的例子。如果你没有启用同义词扩展，就可能找不到包含以上所有词项的歌曲。因此，最好的结果可能只包含“music”和“my”或者“my”和“aircraft”，并且这些结果与用户的信息需求相关性较低（因此分数较低）。理想情况下，一旦用户输入“music is my”，建议算法将提供提示“aeroplane”，因为这是搜索引擎已经见过（索引）的句子。

前文提到的一个重点在生成有效的建议方面发挥了关键作用：建议来自哪里。它们通常来自以下来源：

- 用于建议的单词或句子的静态（手动制作的）词典；
- 之前输入的查询的顺序记录（例如从查询日志中获取）；
- 从文档的各个部分取得的索引文档（标题、主要文本内容、作者，等等）。

在本章的其余部分，你将使用信息检索和**自然语言处理**（NLP）领域的常用技术，探索从这些来源获取建议的方法。你还将看到这些建议与基于神经网络语言模型的建议在特性和准确性方面的比较（神经网络语言模型是一种通过神经网络实现的长期NLP技术）。

4.1.2 基于字典的建议算法

过去，搜索引擎需要许多手动实现的算法。当时，一种常见方法是构建一个可用于帮助用户输入查询的单词词典。这些词典通常只包含重要的单词，例如与某特定领域密切相关的主要概念。举个例子，乐器商店的搜索引擎可能使用了包含诸如“guitar”（吉他）、“bass”（贝斯）、“drums”（鼓）和“piano”（钢琴）等词项的词典。通过手动编纂把所有相关的英语单词都编入词典是非常困难的。因此，可以查看查询日志，获取用户输入的查询并提取前1000个最常用单词的列表，使这些词典自行完成构建（例如使用脚本）。这样，借助频率阈值（幸好大多数情况下人们输入的查询没有拼写错误）就可以避免字典中出现拼写错误的单词。这种情况下，对于基于查询历史的建议来说，字典仍然是一个很好的资源：你可以使用该数据建议相同的查询或建议查询的部分内容。

让我们使用 Lucene API 构建一个基于字典的建议算法，字典中的词项来自之前的查询。在本章内容的学习过程中，你将使用不同的数据源和建议算法实现此 API。这将有助于对它们进行比较，并根据应用场景来评估选用哪一个。

4.2 Lucene `Lookup` API

建议和自动补全功能是由 Apache Lucene 中的 `Lookup` API 提供的。查找的全过程通常包括以下阶段：

- **构建**（build）——从数据源（例如字典）构建查找；
- **查找**（lookup）——用于根据字符序列（以及其他一些可选参数）提供建议；
- **重建**（rebuild）——如果用于建议的数据有更新或需要使用新的数据源，则重建查找；
- **存储和加载**（store and load）——持久化保存（例如以备将来再次使用）并加载查找（例如从磁盘上以前保存的查找中加载）。

用字典构建查找。你使用的记录文件将包含搜索引擎日志中记录的先前输入的1000个查询。该 queries.txt 文件每行一个查询，如下所示。

```
...
popular quizzes
music downloads
music lyrics
outerspace bedroom
high school musical sound track
listen to high school musical soundtrack
...
```

可以从该纯文本文件构建一个 `Dictionary` 并将其传递给 `Lookup`，以构建基于词典的建议算法。

```
Lookup lookup = new JaspellLookup();     <—— 实例化 Lookup

Path path = Paths.get("queries.txt");    <—— 定位包含查询的输入文件（每行一条）
```

```
Dictionary dictionary = new
    PlainTextDictionary(path);      <-- 创建从查询文件中读取数据的纯文本词典

lookup.build(dictionary);      <-- 使用 Dictionary 中的数据构建 Lookup
```

如你所见，基于三分搜索树（ternary search tree，TST）的 Lookup 实现被称为 JaspellLookup，包含过去查询的词典向它提供数据。如图 4-1 所示，TST 是一种数据结构，在这种结构中，字符串以树状方式存储。TST 是一种特殊的前缀树[①]（prefix tree 或 trie），该树的每个节点表示一个字符，并最多具有三个子节点。

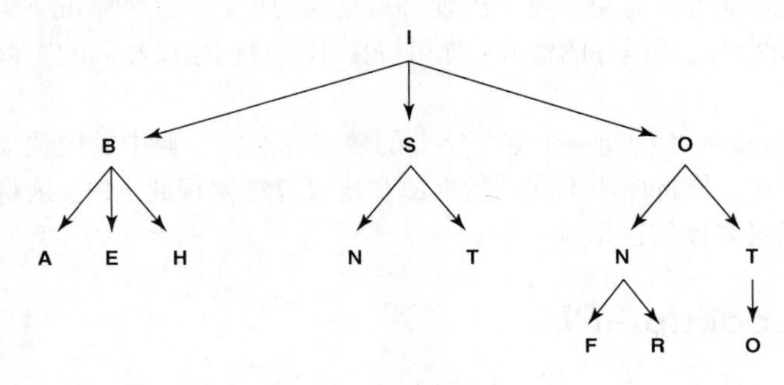

图 4-1　三分搜索树

这样的数据结构对于自动补全特别有用，因为它们在搜索具有特定前缀的字符串时速度非常快，这也是前缀树经常应用于自动补全的原因。当用户搜索“mu”时，前缀树可以高效地返回树中以“mu”开头的所有字符串。

既然你已经构建了第一个建议算法，那么就来检验一下它的实战情况。将查询“music is my aircraft”拆分为字母逐渐变多的序列，并将它们传递给查找以获取查询建议，并模拟用户在搜索引擎用户界面中输入查询的方式。从“m”开始，然后是“mu”“mus”“musi”等，看看你根据过去的查询获得了什么样的结果。要生成此类增量输入，请使用以下代码。

```
List<String> inputs = new LinkedList<>();
for(int i = 1; i < input.length(); i++){
  inputs.add(input.substring(0, i));      <-- 每个步骤中创建原始输入字符串的子串，其结束索引 i 增大
}
```

Lucene 的 Lookup#lookup API 可以接受一系列字符（用户在查询时的输入）和少量其他参数。例如，你只想要相对常见的建议（例如在词典中频繁出现的字符串）和这些建议检索的最大数量。使用增量输入列表，你可以为每个这样的子字符串生成建议。

```
--> List<Lookup.LookupResult> lookupResults = lookup.lookup(substring, false, 2);
对于给定的子字符串（例如“mu”），使用 Lookup 获取最多两个结果，不考虑其频率（morePopular 设置为 false）
```

① 一种树状数据结构。——译者注

你获得了 LookupResult 的一个 List，每个列表都由一个 Key 和一个 Value 组成，其中 Key 是建议字符串，Value 是该建议的 Weight（权重），这个权重可以被认为是实现查询建议的算法对相关字符串的相关性或频率的度量，因此其值可能根据所使用的查找算法实现而变化。看一下每个建议结果及其权重。

```
for(Lookup.LookupResult result : lookupResults){
    System.out.println("- > " + result.key + "(" + result.value + ")");
}
```

如果将“music is my aircraft”生成的所有的子字符串传递给建议算法，则结果如下。

```
'm'
--> m
--> m &
----
'mu'
--> mu
--> mu alumni events
----
'mus'
--> musak
--> musc
----
'musi'
--> musi
--> musi for wish you could see me now
----
'music'
--> music
--> music &dvd whereeaglesdare
----
'music '
--> music &dvd whereeaglesdare
--> music - mfs curtains up
----
'music i'
--> music i can download for free no credit cards and music parental advisory
--> music in atlanta
----
'music is'
----
...    <—— 没有更多的查询建议
```

没有任何针对“music is”的建议，这不太好。出现这种情况的原因是你构建了一个仅基于整个查询字符串的查找，却没有为查询建议算法提供将这些行拆分为较小文本单元的手段。查找无法在“music”之后建议“is”，因为之前输入的查询没有以“music is”开头的。这是一个很大的局限。另外，这种建议算法对于按时间顺序的自动补全来说很方便，用户在开始输入新查询时就能看到他们过去输入的查询。例如，如果算法实现使用先前输入查询的词典，那么当用户运行的查询与他们一周前运行的查询相同时，这个一周前运行的查询将被显示为建议。

此外，你可能还想做到以下的事情。

- 不仅将用户过去输入过的整个字符串作为建议，还将过去查询过的单词（例如“music”“is”“my”和“aircraft”）作为建议。
- 即使用户输入的单词位于先前输入的查询字符串中间，也将该查询字符串作为建议。例如，之前的方法给出的查询建议是以用户输入的内容为开头的查询字符串，但是你希望在用户输入“my a”时，能给出查询建议“music is my aircraft”。
- 建议的单词序列在语法上和语义上应该是正确的，即使以前没有任何用户输入过这段序列也应该如此。

建议算法应该能够生成自然语言，从而帮助用户编写更好的查询。

- 让查询建议与来自搜索引擎的数据一致，因为对于用户来说，其查询结果得到空的列表是非常令人沮丧的。
- 当查询可能的解释涵盖了不同的领域时，帮助用户消除歧义。

想象一下“neuron connectivity”（神经元连接）这样的查询。该查询可能涉及神经科学和人工神经网络领域。提示用户这样的查询可能会涉及完全不同的领域，并让他们在触发查询之前过滤结果会很有帮助。

接下来，我们将研究这些要点，并了解与其他技术相比，神经网络如何获得更准确的建议。

4.3 分析后的建议算法

考虑在网络搜索引擎中输入查询的情景。在许多情况下，你不知道所要写下的完整查询是怎样的。多年以前的情况并非如此，因为当时大多数网络搜索是基于关键字的，人们必须提前考虑：“为了获得相关的搜索结果，我必须寻找哪些最重要的单词？”相比今天，采用这种搜索方式需要更多的尝试也会遇到更多错误。如今优秀的网络搜索引擎会在用户输入查询时提供有用的提示。通常，人们输入查询，查看引擎提示的查询建议，选择其中之一并得到查询结果，然后再次输入，寻找其他查询建议，选择另一个，等等。

来进行一个简单的试验，查看在谷歌搜索引擎上搜索“books about search and deep learning”时得到的建议。在键入“book”时，建议的结果比较常见，如图 4-2 所示（结果不出意料，因为“book”在各种上下文中可能有很多不同的含义）。其中一条建议是关于在意大利（罗马、伊斯基亚、撒丁岛、佛罗伦萨、蓬扎岛）度假的预订。在这个阶段，这种方法与前文中使用 Lucene 通过基于词典的算法创建的建议没有太大差别：给出的所有建议都以“book”开头。

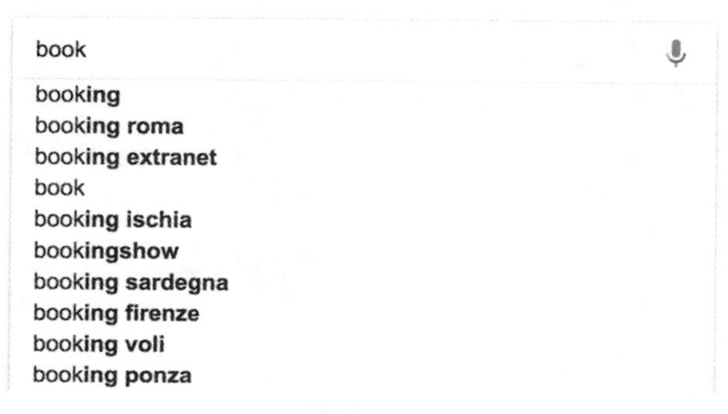

图 4-2 “book”的建议

此时不选择任何建议，因为它们都与搜索意图无关。接下来继续输入“books about sear”（见图 4-3）。

图 4-3 “books about sear”的建议

这些建议变得更有意义，也更接近搜索目的，虽然前面的几个搜索结果不相关：books about search engine optimization、books about searching for identity、books about search and rescue。其中第五条建议是最接近的。有趣的是，查询还得到以下内容。

- **插入词**（infix）建议（在原始字符串的两个现存词素之间插入新词素，作为建议字符串）。在建议“books about google search”中，“google”一词位于输入查询中“about”和“sear”之间。记住这一点，因为后续你将实现这一点，现在暂时跳过它。

❑ 有些建议忽略了“about”这个词（最后三条建议，“books search…”）。同样记住，你可以在提供建议时丢弃查询中的某些词项。

选择“books about search engines”这一建议，并输入“and”后得到的结果如图 4-4 所示。观察结果，你可能发现涵盖搜索引擎和深度学习这两个主题的图书并不多：没有一条建议提示“deep learning”。更重要的是，建议算法似乎在进行提示时丢弃了一些查询文本。在建议框中，结果全部以“engine and”开头。但这可能是用户界面的问题，因为建议似乎是准确的：它们不是关于通常的引擎（如汽车引擎）的，而是清楚地指向搜索引擎。以下是要记住的另一个观点：在查询文本变得更长时，你可能需要丢弃一些查询文本。

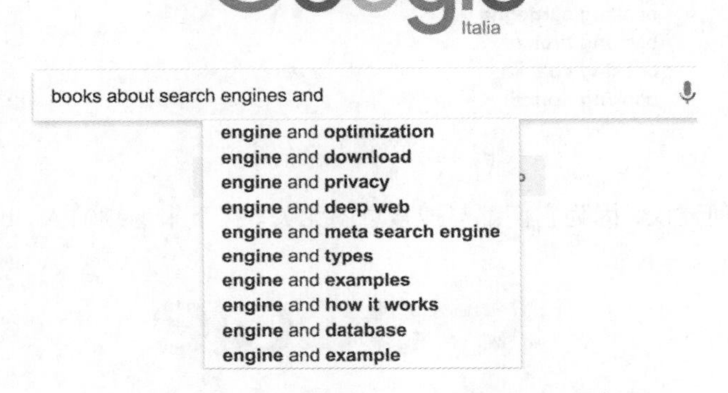

图 4-4　“books about search engines and”的建议

接下来继续尝试。最后的建议（如图 4-5 所示）是最初打算输入的查询。它只有一点小小的修改：原本打算输入的是“books about search and deep learning”，而得到的建议是“books about search engines and deep learning”。

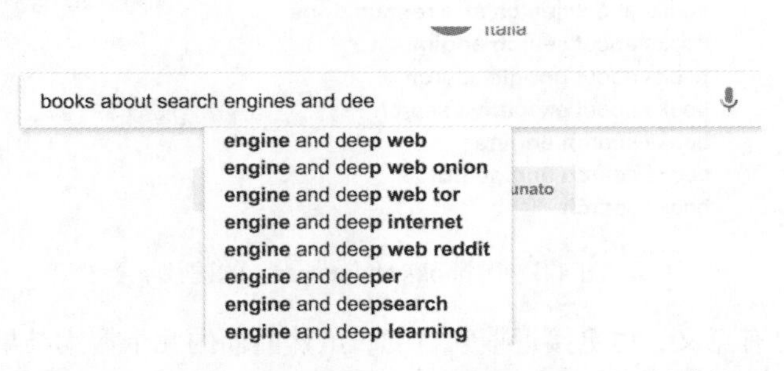

图 4-5　对“books about search engines and dee”的建议

此次实验的目的并非演示谷歌搜索引擎如何实现自动补全功能，而是希望在使用自动补全时观察一些可能性：

❑ 对单个单词（“book”）的建议；

❑ 对多个单词（“search engines”）的建议；

❑ 对整个短语的建议。

这有助于推理和决定实践中什么内容对搜索引擎应用程序有用。

除了建议的粒度（单个词、多个词、句子，等等）之外，还可以观察到一些建议具有以下特征：

❑ 从查询中删除了单词（“books search engines”）；

❑ 插入词建议（“books about google search”）；

❑ 删除前缀（“books about”不是最终建议的一部分）。

通过将文本分析应用在输入查询以及用于构建建议算法的字典数据上，以上所有功能——以及其他功能——都有可能实现。例如，可以使用停用词过滤器删除某些词项；或者，可以将长查询分成多个子序列，并使用以特定长度切分文本流的过滤器为每个子序列生成建议。这很符合文本分析在搜索引擎中受到大量使用的事实。Lucene 有一个名为 `AnalyzingSuggester` 的查找（lookup）实现。在构建查找，以及随后将一段文本传递给查找以获取建议时，都不再依赖固定的数据结构，而是使用文本分析来定义文本的操作方式。

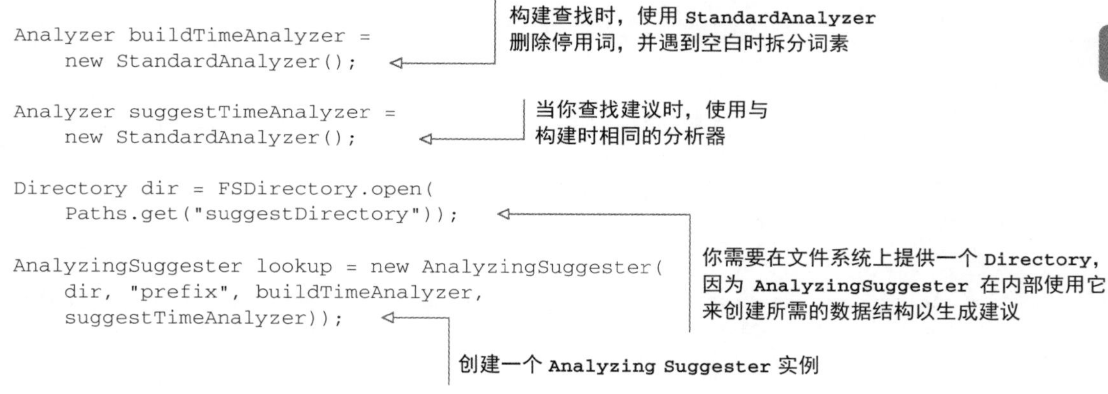

构建查找时，使用 StandardAnalyzer 删除停用词，并遇到空白时拆分词素
当你查找建议时，使用与构建时相同的分析器
你需要在文件系统上提供一个 Directory，因为 AnalyzingSuggester 在内部使用它来创建所需的数据结构以生成建议
创建一个 Analyzing Suggester 实例


```
Analyzer buildTimeAnalyzer =
    new StandardAnalyzer();

Analyzer suggestTimeAnalyzer =
    new StandardAnalyzer();

Directory dir = FSDirectory.open(
    Paths.get("suggestDirectory"));

AnalyzingSuggester lookup = new AnalyzingSuggester(
    dir, "prefix", buildTimeAnalyzer,
    suggestTimeAnalyzer));
```

在构建和查找时可以使用单独的 `Analyzer` 来创建 `AnalyzingSuggester`，这使你可以在设置建议算法时充满创意。

在内部，这种查找的实现可以使用**有限状态转换器**（finite state transducer，FST）。FST 是一种数据结构，在 Lucene 中有几处应用。你可以将 FST 视为一个图形，其中每条边与一个字符关联，并且可以选择性地与权重关联（见图 4-6）。

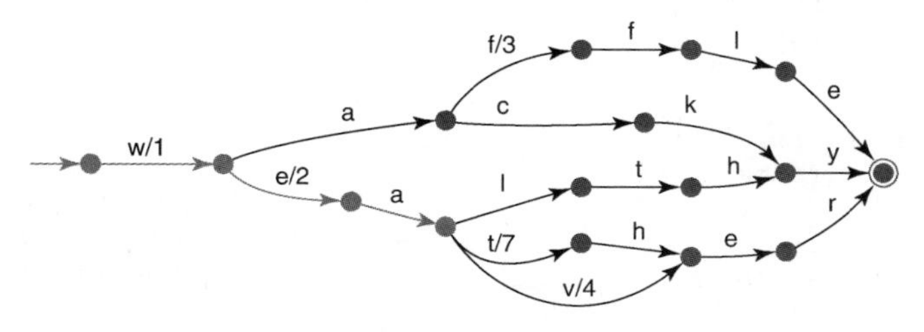

图 4-6 有限状态转换器

在构建阶段，来自构建分析器应用于词典条目时产生的所有可能的建议都被编译成一个大 FST。在查询时，使用（已分析过的）输入查询遍历 FST 将生成所有可能的路径，其输出结果是建议字符串。

```
'm'
--> m
--> .m
----
'mu'
--> mu
--> mu'
----
'mus'
--> musak
--> musc
----
'musi'
--> musi
--> musi for wish you could see me now
----
'music'
--> music
--> music'
----
'music '
--> music'
--> music by the the
----
'music i'
--> music i can download for free no credit cards and music parental advisory
--> music industry careers
----
'music is'
--> music'
--> music by the the
----
'music is '
--> music'
--> music by the the
----
'music is m'            <-- 在遍历到这点时，基于字典的建议算法无法提供建议
--> music by mack taunton
--> music that matters
----
'music is my'           <-- 在遍历到这点时，基于字典的建议算法无法提供超过该点的建议
--> music of my heart by nicole c mullen
--> music in my life by bette midler
----
'music is my '          <--
--> music of my heart by nicole c mullen
--> music in my life by bette midler
----
'music is my a'         <--
```

```
--> music of my heart by nicole c mullen
--> music in my life by bette midler
----
'music is my ai'
----
...      <—— 没有更多的建议
```

之前，基于三分搜索树的建议算法在遇到“music is”时停止给出建议，这是因为词典中没有条目以“music is”开头。但是，虽然词典是相同的，这个分析后的建议算法却能够提供更多建议。

在查询为“music is”时，因为词素“music”与一些建议匹配，所以可以得到相关结果，即使对“is”没有给出任何建议，也是如此。更有趣的是，当查询变为“music is my”时，一些建议同时包含“music”和“my”。但是，如果不匹配的词素过多（从“music is my ai”开始），查找将停止提供建议，因为这些建议可能与给定查询的关联性太差。这里不仅对上述实现进行了显著改进，同时还解决了一个问题，即可以基于单个词素，而不仅仅是整个字符串来提供建议。

你还可以使用 `AnalyzingSuggester` 稍微修改后的版本来增强这项功能，该版本可以更好地使用插入词建议。


```
AnalyzingInfixSuggester lookup = new AnalyzingInfixSuggester(dir,
    buildTimeAnalyzer, lookupTimeAnalyzer, ... );
```

使用此插入词建议算法，可以获得更好的结果。

```
'm'
--> 2007 s550 mercedes
--> 2007 qualifying times for the boston marathon
----
'mu'
--> 2007 nissan murano
--> 2007 mustang rims com
----
'mus'
--> 2007 mustang rims com
--> 2007 mustang
```

你不会得到以“m”“mu”或“mus”开头的结果，相反，这些序列被用于匹配字符串中最重要的部分，如“2007 s550 mercedes”“2007 qualifying times for the boston marathon”“2007 nissan murano”和“2007 mustang rims com”。另一个明显的区别是，词素匹配可以发生在建议的中间，这就是它被称为插入词的原因。

```
'music is my'
--> 1990's music for myspace
--> words to music my humps
----
'music is my '
--> words to music my humps
--> where can i upload my music
----
```

```
'music is my a'
--> words to music my humps
--> where can i upload my music
```

使用 AnalyzingInfixSuggester，就可以获得插入词建议。它接受输入序列，并对其进行分析，以便创建词素，然后根据任意此类词素的前缀匹配来对建议进行匹配。但是，还有一些工作要做：让建议更接近存储在搜索引擎中的数据；让建议看起来更像自然语言；以及当两个词具有不同的含义时更好地消除歧义。此外，你在开始输入“aircraft”时不会得到任何建议，因为没有足够的词素来匹配。

你对如何提供好的建议已经有了一些经验，接下来本章将讨论语言模型。你将首先探索通过自然语言处理实现的模型（*n*-gram），然后研究那些通过神经网络实现的模型（神经语言模型）。

4.4　使用语言模型

前面部分显示的建议中，有一些文本序列没有什么意义，例如“music by the the”。这是因为你提供的数据来自先前输入的查询，而在某些查询中，用户错误地输入了两次“the”。此外，你还提供了包含整个查询的建议。虽然这在希望使用自动补全功能返回以前查询的整个文本时很好用（在在线书店中搜索图书时这可能很有用），但它不适用于编写新查询。

在大中型搜索引擎中，搜索日志包含大量不同的查询。由于搜索日志这种文本序列数量庞大且极具多样性，因此很难提出良好的建议算法。例如，如果查看 web09-bst 数据集，你会发现诸如“hobbs police department”“ipod file sharing”和“liz taylor’s biography”这样的查询。这些查询看起来很好，可以用作建议算法的来源。另外，你也可以找到像“hhhhh”“hqwebdev”和“hhhthootdithuinshithins”这样的查询。用户可不希望建议算法提供这样的建议。过滤掉“hhhh”这样的查询不是问题，它可以通过删除包含三个或更多相同连续字符的所有行或单词从数据集中清除。而过滤掉“hqwebdev”这样的查询就困难得多，因为它包含“webdev”（“web developer”的缩写），前缀为“hq”。这样的查询可能是有意义的（例如有一个带有此名称的网站），但是对用于一般目的的建议算法，人们不希望使用过于特定的建议。真正的挑战在于处理多样性文本（diverse text）序列，其中一些序列可能没有意义，因为它们太过特殊，以至于很少出现。解决此问题的一种方法是使用**语言模型**（language model）。

语言模型

在自然语言处理中，语言模型的主要任务是预测特定文本序列的概率。概率是度量特定事件发生的可能性的指标，它的范围为 0~1。因此，采用上述的奇怪查询“music by the the”，并将其传递给语言模型，将得到一个很低的概率（例如 0.05）。语言模型表示概率分布，因此能帮助预测特定上下文中某个单词或字符序列的可能性。语言模型可以帮助排除不太可能（低概率）的序列、生成之前没出现过的单词序列，因为它们旨在捕获最有可能的序列（即使它们可能没有出现在文本中）。

语言模型通常通过计算 *n*-gram 的概率来实现。

> **_n_-gram（_n_ 元语法）**
>
> 一个 *n*-gram 是由 *n* 个连续单元组成的字符序列，其中每个单元可以是字符（“a”“b”“c”……）或是单词（“music”“is”“my”……）。想象一个 *n*-gram 语言模型（使用单词作为一个单元），其中 *n*=2。*n*=2 的 *n*-gram 被称为**二元组**（bigram），*n*=3 的 *n*-gram 被称为**三元组**（trigram）。一个二元组语言模型可以估计“music concert”或“music sofa”这样的单词对的概率。一个好的语言模型为双元组“music concert”分配的概率应该比双元组“music sofa”的概率更高。

在实现方面要注意，对一个语言模型而言，（一系列）*n*-gram 的概率可以用多种方式计算。这些计算方法大多数依赖**马尔可夫假设**（Markov assumption），即未来事件的概率（例如下一个字符或单词）仅取决于有关先前事件（字符或单词）的有限历史。因此，使用 *n*=2 的 *n*-gram 模型［也称为**二元模型**（bigram model）］给定当前单词时，下一个单词的概率是通过计算两个单词“music is”的出现次数并将该结果除以当前单词（“music”）的出现次数得出的。例如，给定当前单词“music”，下一个单词是“is”的概率可以写作 $p(\text{is}|\text{music})$。已知一个包含 2 个以上单词的序列，要计算下一个单词的概率。例如，给定“music is my”，求“aeroplane”的概率，则需要将该句子切分成二元组，计算所有二元组的概率，并将它们相乘，如下所示。

$$p(\text{music is my aeroplane})=p(\text{is}|\text{music})\times p(\text{my}|\text{is})\times p(\text{aeroplane}|\text{my})$$

作为参考，许多 *n*-gram 语言模型使用更高级一些的方法，称为 **Stupid Backoff**[①]。这种方法首先尝试计算 *n* 值更高（例如 *n*=3）的 *n*-gram 概率，如果数据中不存在具有当前 *n* 的 *n*-gram，就递归地回退到更小的 *n*-gram 概率（例如 *n*=2）。由于这种后退概率会打折扣，因此来自较大的 *n*-gram 的概率对整体概率测量具有更积极的影响。Lucene 有一个基于 *n*-gram 的语言模型查找，名为 `FreeTextSuggester`，它可以使用分析器来决定如何分割 *n*-gram，如下所示。

```
Lookup lookup = new FreeTextSuggester(new WhitespaceAnalyzer());
```

请观察它在实战中的表现。将 *n* 设置为 2，查询“music is my aircraft”。

```
'm'
--> my
--> music
----
'mu'
--> music
--> museum
----
'mus'
--> music
```

① 参见 Thorsten Brants 等人的文章“Large Language Models in Machine Translation”。

```
--> museum
----
'musi'
--> music
--> musical
----
'music'
--> music
--> musical
----
'music '
--> music video
--> music for
----
'music i'
--> music in
--> music industry
----
'music is'
--> island
--> music is
----
'music is '
--> is the
--> is a
----
'music is m'
--> is my
--> is missing
----
'music is my'
--> is my
--> is myspace
----
'music is my '
--> my space
--> my life
----
'music is my a'
--> my account
--> my aol
----
'music is my ai'
--> my aim
--> air
----
'music is my air'
--> air
--> airport
----
'music is my airc'
--> aircraft
--> airconditioning
----
```

对“music is m”的一条建议，它与期望的查询（“is my”）提前匹配一个字符

对“music is my”的建议（“my space”“my life”）不是你想要的，但看上去不错

对“music is my ai”的建议不是很好（“my aim”“air”），但更接近你想要的

对“music is my airc”的建议提前匹配4个字符（“aircraft”），并组成了一个有趣的句子（“airconditioning”，空调）

```
'music is my aircr'
--> aircraft
--> aircraftbarnstormer.com
----
...
```

好的方面是，基于语言模型的建议算法总会给出建议。哪怕给出的建议不是那么准确，只要最终用户收到建议，就比什么都没有好。这比之前提到的方法更有优势。最重要的是，用户可以从“music”开始看到建议流。

说明 你可能想知道基于双元组的模型如何根据单词的一部分预测整个单词。与 AnalyzingSuggester 类似，FreeTextSuggester 从 *n*-gram 构建有限状态转换器。

使用 *n*-gram 语言模型，可以生成诸如“music is my space”“music is my life”甚至“music is my air conditioning”等查询。因为这些查询没有出现在搜索日志中，所以生成新词序列的目标已经达成。但是，由于 *n*-gram 的性质是一个固定的词素序列，所以该模型没有为较长的查询提供完整的建议。因此在最后阶段的建议中，不包括“music is my aircraft”，只包括“aircraft”。这不一定是坏事，但它突出了这样一个事实：这种 *n*-gram 语言模型不易准确计算出长句的概率，因此它们可能会提出一些奇怪的建议，比如“music is my airconditioning”。

刚刚介绍的所有内容都与现有的生成建议的方法有关。本书希望你先看到这些方法所有的影响因素，再深入研究神经语言模型，而这些神经语言模型聚合了这些方法中的每一种。到目前为止，本章忽略了这些模型的一个缺点：它们需要手动编纂的词典。如 word2vec 的例子所示，这在实践中是无法忍受的。人们需要的解决方案应该能够自动适应变化的数据，而无须手动干预。为此，可以使用搜索引擎给建议算法提供数据。用这些数据生成的建议将以索引内容为基础。如果文档已被索引，则建议算法也需要更新。4.5 节将介绍这些基于内容的建议算法。

4.5 基于内容的建议算法

在使用**基于内容**（content-based）的建议算法时，内容直接来自搜索引擎。考虑一下在线书店的搜索引擎。用户搜索图书标题或作者的频率很可能远高于搜索图书正文的频率。被索引的每本书都有单独的字段用于标题、作者，最后才是正文文本。此外，当新书被索引、旧书停止出版时，你需要将新文档添加到搜索引擎中，并删除关于停止销售的图书的文档。对于建议而言也是这样：你不希望建议中缺少新书的书名，也不希望建议中出现已经停止销售的图书的书名。

因此，建议算法必须保持更新。如果从索引中删除了某文档，建议算法虽然可以保留从该文档构建的建议，但是这些建议可能没什么用处。假设已经索引了两本书：*Lucene in Action* 和 *OAuth2 in Action*。一个只使用来自书名的文本的建议算法，其建议将基于以下（小写）词素：“lucene”“in”“action”“oauth2”。如果你删除了 *Lucene in Action* 这本书，那么词汇列表将被缩减为“in”“action”“oauth2”。你可以把“lucene”词素留在建议算法里。这种情况下，如果用户输入“L”，则建议算法将建议“lucene”。这里有个问题：针对“lucene”的查询不会返回任何结果。这就是为什么应该在搜索时从建议算法中删除匹配不到结果的词项。

你可以访问包含图书标题数据的倒排索引，并像使用静态字典中的行一样使用这些词项。在 Lucene 中，可以使用 DocumentDictionary 向查找提供索引中的数据。DocumentDictionary 从搜索引擎，特别是 IndexReader（某个时间点的搜索引擎的视图）中读取数据，并将一个字段用于抓取词项（用于建议），另一个字段用于计算建议的权重（建议的重要程度）。

根据已索引到搜索引擎中 title 字段的数据来构建一个词典。那些分数更高的标题会得到更大的权重。分数较高的图书的建议将优先显示。

```
IndexReader reader = DirectoryReader.open(
    directory);          <-- 获取搜索引擎上的视图（一个 IndexReader 对象）

Dictionary dictionary = new DocumentDictionary(
    reader, "title", "rating");     <-- 根据标题字段的内容创建一个字典，并让分数决定建议的权重

lookup.build(dictionary);     <-- 使用索引中的数据构建查找，就像使用静态字典一样
```

你可以引导用户选择你希望他们找到的搜索结果——例如，作为书店的老板，你可能更愿意展示分数较高的书。其他促进建议的指标可能与价格有关，这样用户就能更频繁地得到关于那些价格较高或较低的图书的建议。

现在，你已经从搜索引擎中获取了建议的数据，可以着手研究神经语言模型。希望这些模型能够将目前为止讨论过的方法所有好的方面结合在一起，并且提高准确率，使编写的查询更像人类的输入。

4.6　神经语言模型

神经语言模型应该具有与其他类型的语言模型（如 *n*-gram 模型）相同的功能。区别在于其学会预测概率的方式，以及预测效果能提升多少。第 3 章介绍了一种用于再现莎士比亚作品文本的循环神经网络（RNN）。第 3 章关注的是 RNN 的工作原理，但实际上是在建立一个**字符级的神经语言模型**（character-level neural language model）。如前文所述，RNN 非常擅长以一种无监督的方式学习文本序列，因此它们可以基于之前出现过的序列生成良好的新序列。语言模型学习为文本序列获取准确的概率，因此这看起来非常适合 RNN。

接下来从一个简单的、**非深度的**，并且实现了一个字符级语言模型的 RNN 开始。在给定输入字符序列的情况下，该模型将预测所有可能输出字符的概率。下面将其可视化。

```
LanguageModel lm = ...
for (char c : chars) {
    System.out.println("mus" + c + ":" + lm.getProbs("mus"+c));
}
```

```
...

musa:0.01
musb:0.003
musc:0.02
musd:0.005
muse:0.02
musf:0.001
musg:0.0005
mush:...
musi:...
...
```

前面提到，神经网络使用向量作为输入和输出。在第 3 章中，用于文本生成的 RNN 为每一个可能的输出字符生成一个包含实数（0 和 1 之间）的向量。这个实数表示从网络中输出该字符的概率。前面还提到，生成概率分布（在本例中是所有可能字符的概率）是由 `softmax` 函数完成的。已知输出层的作用，你可以在神经网络中间添加一个循环层，以及一个用于向网络发送输入字符的输入层。其中，循环层的职责是记住前面出现过的序列。结果如图 4-7 所示。

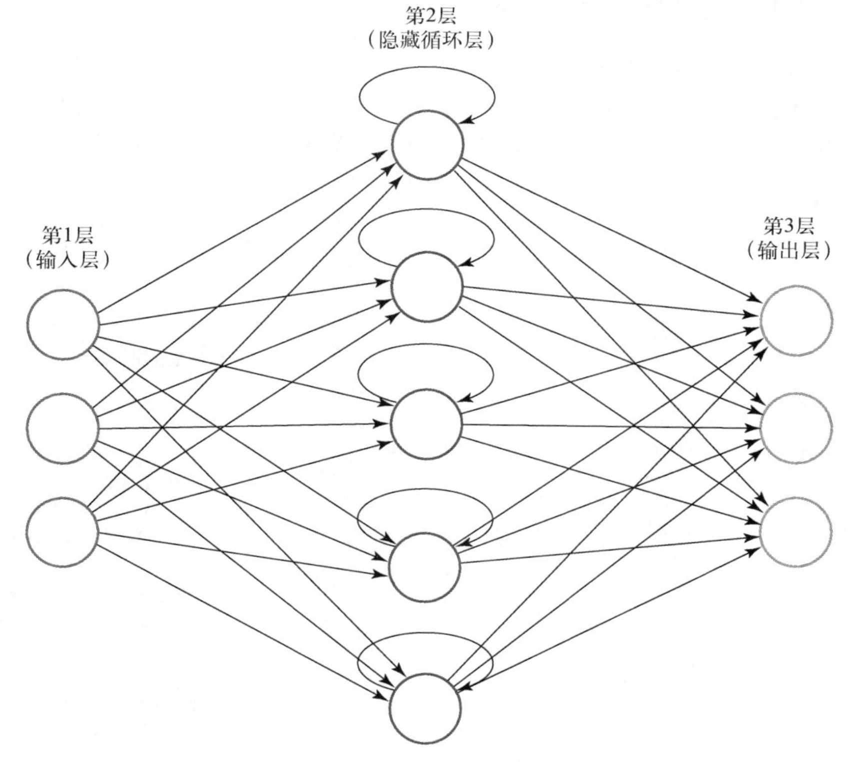

图 4-7 学习序列的 RNN

第 3 章在生成可选查询时，使用 DL4J 配置了这样一个网络，如下所示。

```
int layerSize = 50;                      <—— 隐藏层的大小
int sequenceSize = chars.length();       <—— 输入与输出的大小
int unrollSize = 100                     <—— RNN 展开的步数

MultiLayerConfiguration conf = new NeuralNetConfiguration.Builder()
.layer(0, new LSTM.Builder().nIn(sequenceSize).nOut(layerSize)
    .activation(Activation.TANH).build())
.layer(1, new RnnOutputLayer.Builder(LossFunction.MCXENT).activation(
    Activation.SOFTMAX).nIn(layerSize).nOut(sequenceSize).build())
.backpropType(BackpropType.TruncatedBPTT).tBPTTForwardLength(unrollSize)
    .tBPTTBackwardLength(unrollSize)
.build();
```

尽管基本架构是相同的（具有一个或多个隐藏层的 LSTM 网络），但是这里的目标与你在生成可选查询例子中想要达到的目标不同。在可选查询中，人们需要 RNN 获取一个查询并输出一个新的查询。在本例中，人们希望在用户完成输入查询之前，RNN 为这个查询预测到一个良好的完整查询。这与用于生成莎士比亚作品文本的 RNN 架构完全相同。

4.7　基于字符的神经语言建议模型

在第 3 章中，你向 RNN 提供了一个 `CharacterIterator`，用于遍历文件中的字符。到目前为止，你已经能从文本文件构建建议。因为计划将神经网络作为工具来帮助搜索引擎，所以提供给搜索引擎的数据应该来自搜索引擎本身。首先，索引 Hot 100 Billboard 数据集。

```
创建一个 IndexWriter 将文档放入索引
—> IndexWriter writer = new IndexWriter(directory, new IndexWriterConfig());

for (String line :
     IOUtils.readLines(getClass().getResourceAsStream("/billboard_lyrics_1964
     -2015.csv"))) {                     <—— 读取数据集的每一行，一次一行

  if (!line.startsWith("\"R")) {         <—— 不使用头部结构行

    String[] fields = line.split(",");   <—— 文件中每一行都有以逗号分隔的以下属性：Rank（排序）、Song（歌名）、Artist（艺术家）、Year（年份）、Lyrics（歌词）、Source（源）
    Document doc = new Document();
    doc.add(new TextField("rank", fields[0],
        Field.Store.YES));               <—— 将歌曲的排序索引到一个专用字段中（含其是否被存储标记值）

    doc.add(new TextField("song", fields[1],
        Field.Store.YES));               <—— 将歌曲的标题索引到一个专用字段中（含其是否被存储标记值）

    doc.add(new TextField("artist", fields[2],
        Field.Store.YES));               <—— 将播放该歌曲的艺术家索引到一个专用字段中（含其是否被存储标记值）

    doc.add(new TextField("lyrics", fields[3],
        Field.Store.YES));               <—— 将歌词索引到一个专用字段（含其是否被存储标记值）

    writer.addDocument(doc);             <—— 将创建的 Lucene 文档添加到索引中
  }
```

```
}
writer.commit();
```

将索引持久化保存到文件系统中

可以使用索引数据构建一个基于字符 LSTM 的查找实现 CharLSTMNeuralLookup。与 FreeTextSuggester 类似，CharLSTMNeuralLookup 也可以通过 DocumentDictionary 来接收输入。

创建一个 DocumentDictionary，其内容从索引的歌词中获取

```
Dictionary dictionary = new DocumentDictionary(reader, "lyrics", null);
Lookup lookup = new CharLSTMNeuralLookup(...);
lookup.build(dictionary);
```

基于 charLSTM 创建查找

训练基于 charLSTM 的查找

DocumentDictionary 将从 lyrics 字段获取文本。为了实例化 CharLSTMNeuralLookup，需要将网络配置作为构造函数参数传递，以便完成下列工作：

- 在构建阶段，LSTM 遍历 Lucene 文档值的字符，并学习生成类似的序列；
- 在运行阶段，LSTM 将根据用户已经编写的查询部分生成字符。

完成前面的代码后，CharLSTMNeuralLookup 构造函数需要构建和训练 LSTM 的参数。

```
int lstmLayerSize = 100;
int miniBatchSize = 40;
int exampleLength = 1000;
int tbpttLength = 50;
int numEpochs = 10;
int noOfHiddenLayers = 1;
double learningRate = 0.1;
WeightInit weightInit = WeightInit.XAVIER;
Updater updater = Updater.RMSPROP;
Activation activation = Activation.TANH;

Lookup lookup = new CharLSTMNeuralLookup(lstmLayerSize, miniBatchSize,
    exampleLength, tbpttLength, numEpochs, noOfHiddenLayers,
    learningRate, weightInit, updater, activation);
```

如前文所述，神经网络需要大量的数据才能产生良好的结果。在选择如何配置神经网络来处理这些数据集时要小心。特别是有些配置能够使神经网络在一个数据集上很好地工作，却不能使其在另一个数据集上得到相同质量的结果。在考虑训练样本的数量与神经网络要学习的权重的数量时，样本的数量应该总是大于可学习参数（即神经网络权重）的数量。

如果有一个 MultiLayerNetwork 和一个 DataSet，则可以对二者进行比较。

```
MultiLayerNetwork net = new MultiLayerNetwork(...);
DataSet dataset = ...;
System.out.println("params :" + net.numParams() + ," examples: "
    + dataset.numExamples());
```

我们还没有考虑的另一个方面是网络权重的**初始化**（initialization）。在开始训练一个神经网络时，权重的初始值应是多少？将所有权重初始值设置为相同的随机值可不是好主意（全设置为 0 甚至更糟）。权重初始化方案对于神经网络的快速学习能力至关重要。在这种情况下，良好的权重初始化方案是 `NORMAL` 初始化和 `XAVIER` 初始化。以上两者都是具有一定性质的概率分布，DL4J 参考手册介绍了它们。

为了预测神经网络的输出，可以使用与生成可选查询相同的代码。因为这个 LSTM 网络在字符级上工作，所以每次输出一个字符。

```
INDArray output = network.rnnTimeStep(input);    <-- 对给出的输入字符（向量）预测概率分布

int sampledCharacterIdx = sampleFromDistribution(
    output);    <-- 从生成的分布中抽取一个可能的字符作为样本

char c = characterIterator.convertIndexToCharacter(
    sampledCharacterIdx);    <-- 将采样到的字符的索引转换为实际字符
```

现在可以使用神经语言模型实现 `Lookup#Lookup` API。神经语言模型有一个底层神经网络和一个对象字符迭代器（`CharacterIterator`），而该迭代器查阅用于训练的数据集。查阅该数据集主要是为了一位有效编码映射，例如你需要有能力重建对应某个一位有效编码向量的是哪个字符，反之亦然。

```
public class CharLSTMNeuralLookup extends Lookup {

  private CharacterIterator characterIterator;
  private MultiLayerNetwork network;

  public CharLSTMNeuralLookup(MultiLayerNetwork net,
      CharacterIterator iter) {
    network = net;
    characterIterator = iter;
  }

  @Override
  public List<LookupResult> lookup(CharSequence key,
        boolean onlyMorePopular, int num) throws IOException {
    List<LookupResult> results = new
        LinkedList<>();    <-- 准备结果列表
    Map<String, Double> output = NeuralNetworksUtils
        .sampleFromNetwork(network, characterIterator,
        key.toString(), num);    <-- 给定用户输入的字符串，从网络中采样 num 个文本序列
    for (Map.Entry<String, Double> entry : output.entrySet()) {
      results.add(new LookupResult(entry.getKey(),
        entry.getValue().longValue()));    <-- 将采样输出添加到结果列表中，使用它们的概率（来自 softmax 函数）作为建议权重
    }
    return results;
  }
  ...
```

CharLSTMNeuralLookup 还需要实现构建 API。这就是神经网络将要进行训练（或反复训练）的位置。

```
IndexReader reader = DirectoryReader.open(directory);
Dictionary dictionary = new DocumentDictionary(reader,
    "lyrics", "rank");    <-- 从歌词字段中提取用于建议的文本，根据歌曲的排序值加权
lookup.build(dictionary);
```

因为字符 LSTM 使用 CharacterIterator，所以要将 Dictionary 中的数据（一个 InputIterator 对象）转换到 CharacterIterator 中，并将其传递给神经网络训练（副作用是，磁盘上会有一个临时文件，用来保存从训练网络的索引中提取的数据）。

```
@Override
public void build(Dictionary dictionary) throws IOException {
  Path tempFile = Files.createTempFile("chars",
    ".txt");    <-- 创建一个临时文件
  FileOutputStream outputStream = new FileOutputStream(tempFile.toFile());
  for (BytesRef surfaceForm; (surfaceForm = dictionary
        .getInputIterator().next()) != null;) {    <-- 从 Lucene 索引的 lyrics 字段获取文本（考虑到性能，Lucene 使用 BytesRef 代替 String）
    outputStream.write(surfaceForm.bytes);    <-- 将文本写入临时文件
  }
  outputStream.flush();
  outputStream.close();    <-- 释放用于写入临时文件的资源
  characterIterator = new CharacterIterator(tempFile
    .toAbsolutePath().toString(), miniBatchSize,
    exampleLength);    <-- 创建一个 CharacterIterator（使用 CharLSTMNeuralLookup 配置参数）
  this.network = NeuralNetworksUtils.trainLSTM(
    lstmLayerSize, tbpttLength, numEpochs, noOfHiddenLayers, ...);    <-- 构建和训练 LSTM（使用 CharLSTMNeuralLookup 配置参数）
  FileUtils.forceDeleteOnExit(tempFile.toFile());    <-- 删除临时文件
}
```

在继续下一步并在搜索应用程序中使用此 Lookup 之前，需要确保神经语言模型工作良好并能够给出良好的结果。就像计算机科学中的其他算法一样，神经网络并非灵丹妙药，如果想让它们工作良好，就需要正确地设置它们。

4.8 调优 LSTM 语言模型

不同于第 3 章，此时不必向网络添加更多的层，而是从简单的一层开始，调整其他参数，并观察一层是否足够。这样做最重要的原因是，随着网络复杂性的增加（例如层数增加），生成一个好模型（能产生好的结果）所需的数据和时间也会增加。因此，尽管小型浅层网络无法胜过具有大量不同数据的深层网络，但是这个语言建模示例提供了一个很好的机会，让你可以学习如何

从简单的网络开始，并只在需要时将其加深。

在更多地使用神经网络后，你会知道如何将其设置和调整到最佳状态。现在你知道，当数据庞大且多样时，使用一个用于语言建模的深度循环神经网络可能是一个好主意。但是，先务实一点，检验一下这是不是真的。为此，你需要一种方法来评价神经网络的学习过程。神经网络训练是一个**优化问题**（optimization problem），需要优化神经元之间连接的权重，让它们产生想要的结果。在实践中，这意味着根据所选的权重初始化方案，在每一层设置一组初始权重。在训练期间对这些权重进行调整，使网络在试图预测输出时的误差随着训练进行而逐渐减少。如果网络的误差不减反增，那么设置就出错了。第 3 章介绍了用于度量这种误差的**代价函数**（cost functions），事实上神经网络训练算法的目标正是最小化这些代价函数。度量训练质量的一种好方法是绘制网络代价（或损失）随时间变化的曲线，并确保随着反向传播的进行，网络代价（或损失）不断下降。

为了确保神经语言模型给出好的结果，需要跟踪代价是否降低。对 DL4J 而言，可以像第 3 章中使用 `ScoreIterationListener`（将损失记录在日志里）那样，使用 `TrainingListeners` 或者更好的监听器，比如 `StatsListener`。它们有合适的用户界面（UI），可以收集并向远程服务器发送数据，有助于更好地监控学习过程。图 4-8 显示了这样的服务器如何显示学习过程。

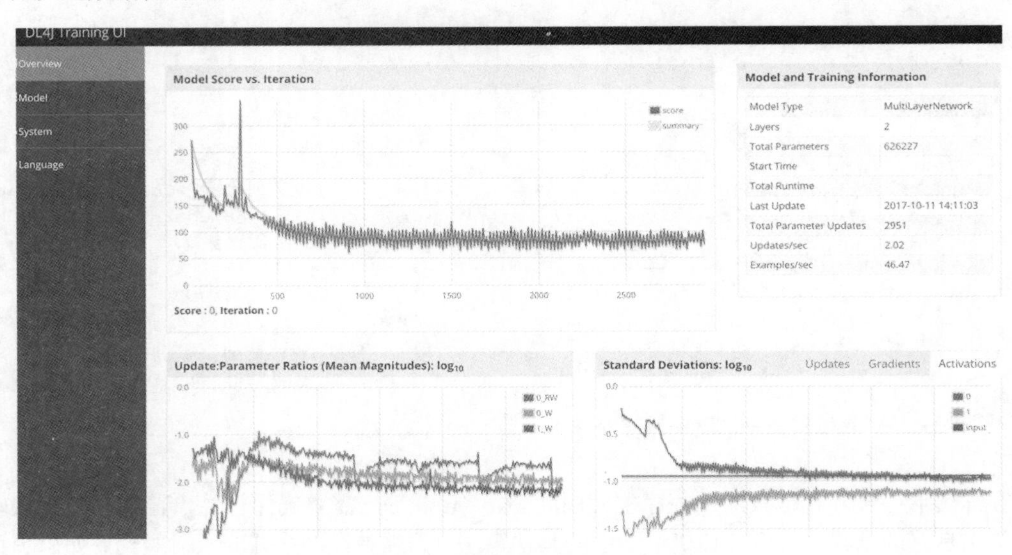

图 4-8　DL4J 训练用户界面

DL4J 训练用户界面的概览页面包含了很多关于训练过程的信息。现在，关注左上角的 Model Score vs. Iteration 面板。随着时间的推移，迭代次数不断增加，分数应该下降，在理想情况下应该接近于 0。在右上角的 Model and Training Information 面板，可以看到一些关于网络参数和训练速度的大致信息。此处对底部的图不加详述，因为它们显示了参数的大小（比如权重）以及它们随时间变化的情况等过于详细的信息。

设置这个用户界面很容易，如下所示。

```
UIServer uiServer = UIServer.getInstance();   ← 初始化用户界面后端

StatsStorage statsStorage = new InMemoryStatsStorage();   ← 配置要存储网络信息的位置，本例中是记忆

uiServer.attach(statsStorage);   ← 将 StatsStorage 实例附加到 UI，以便显示 StatsStorage 的内容
```

配置好并启动用户界面服务器后，就可以告诉神经网络通过添加 StatsListener 向它发送统计信息。

```
MultiLayerNetwork net = new MultiLayerNetwork(conf);   ← 神经网络监控
net.init();   ← 初始化网络（例如设置层中的初始权重）

net.setListeners(new StatsListener(statsStorage));   ← 使用 StatsListener

net.fit()   ← 开始训练
```

训练一开始，就可以从 Web 浏览器通过 http://localhost:9000 访问 DL4J 训练用户界面。这样就可以看到 Overview（概览）页面。

先从一个具有两个隐藏层的字符 LSTM 开始，通过查看 DL4J 训练用户界面来了解它如何在查询数据集上运行。如图 4-9 所示，随着迭代次数的增加，分数下降得很少，这意味着可能不会得到好的结果。有一种常见错误是过度设计神经网络：从两个 300 维的隐藏层开始，维数可能太多了。本章之前提到过，要学习的权重不应该比训练样本多。请再次检查日志。

```
...
INFO o.d.n.m.MultiLayerNetwork - Starting MultiLayerNetwork ...
INFO c.m.d.u.NeuralNetworksUtils - params :1.197.977, examples: 77.141
INFO o.d.o.l.ScoreIterationListener - Score at iteration 0 is 174.1792
...
```

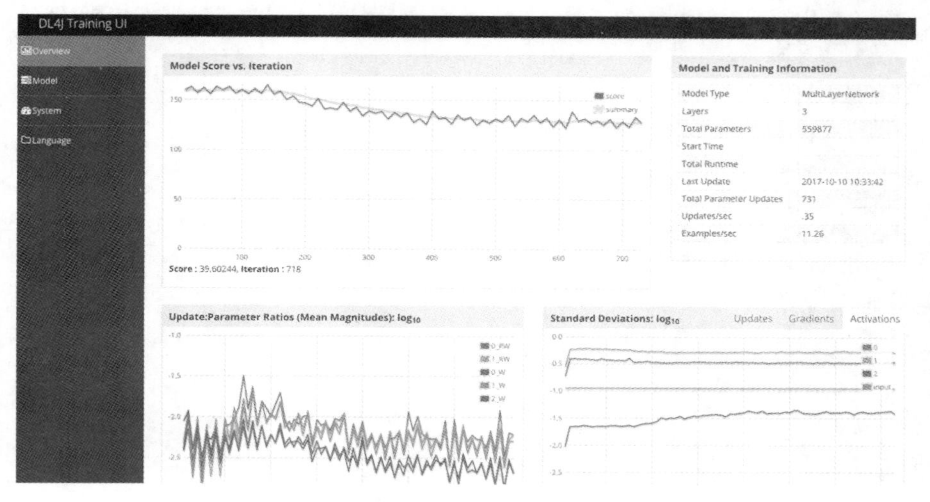

图 4-9 有 2 个隐藏层（每个隐藏层 300 个神经元）的字符级 LSTM 神经语言模型

训练样本的数量约为要学习的参数数量的 6%。正因为如此，训练不太可能得到一套好的权重。数据不够！

此时，要么获取更多的数据，要么使用更简单、要学习的参数更少的神经网络。假设无法做到前者，那就选择后者：配置一个更简单、更小的神经网络，它有一个包含 80 个神经元的隐藏层。再次检查日志。

```
...
INFO o.d.n.m.MultiLayerNetwork - Starting MultiLayerNetwork ...
INFO c.m.d.u.NeuralNetworksUtils - params :56.797, examples: 77.141
INFO o.d.o.l.ScoreIterationListener - Score at iteration 0 is 173.4444
...
```

图 4-10 展示了更好的损失曲线。虽然终点并不接近 0，但它总体呈平稳下降趋势。然而，原本的目标是使最终损失值稳定地接近 0。无论如何，现在用查询“music is my aircraft”来测试该网络。可以预期，该测试将得到次优结果，因为神经网络没有找到一个低损失的权重组合。

```
'm'
--> musorida hosking floa
--> miesxams reald 20
----
...
----
```

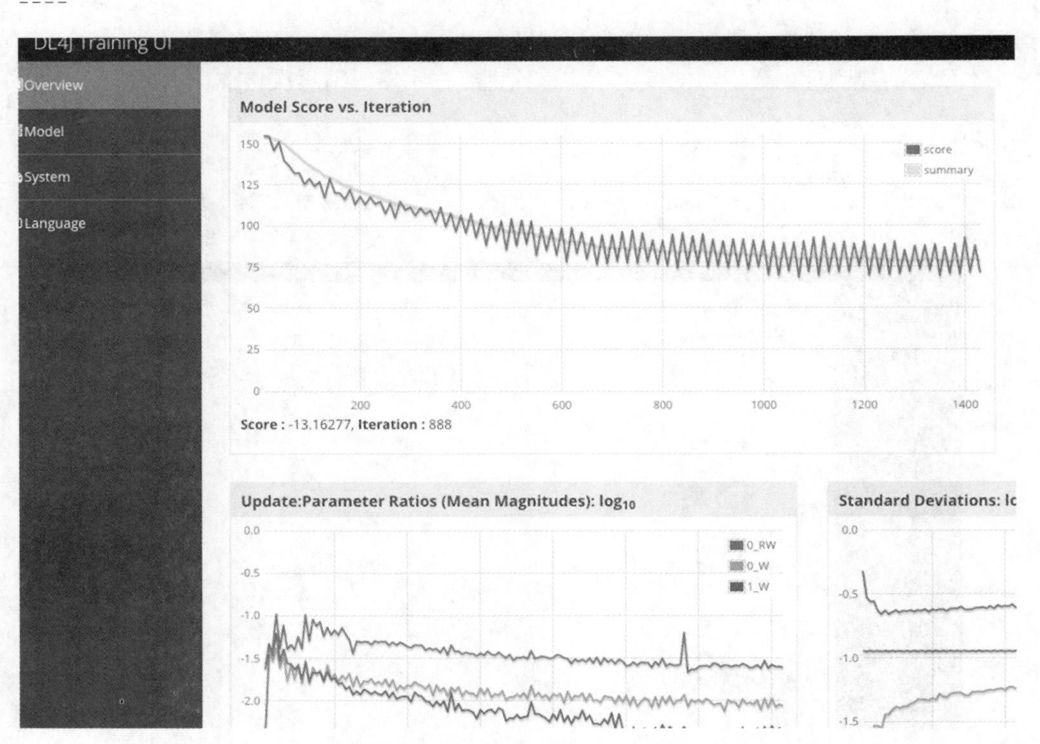

图 4-10 一个隐藏层（80 个神经元）的字符级 LSTM 神经语言模型

```
'music '
--> music tents in sauraborls
--> music kart
----
'music i'
--> music instente rairs
--> music in toff chare sive he
----
'music is'
--> music island kn5 stendattion
--> music is losting clutple
----
'music is '
--> music is seill butter
--> music is the amehia faches of
----
...
----
'music is my ai'
--> music is my airborty cioderopaship
--> music is my air dea a
----
'music is my air'
--> music is my air met
--> music is my air college
----
'music is my airc'
--> music is my aircentival ad distures
--> music is my aircomute in fresight op
----
'music is my aircr'
--> music is my aircrichs of nwire
--> music is my aircric of
----
'music is my aircra'
--> music is my aircrations sime
--> music is my aircracts fast
----
'music is my aircraf'
--> music is my aircraffems 2
--> music is my aircrafthons and parin
----
'music is my aircraft'
--> music is my aircrafted
--> music is my aircrafts njrmen
```

这些结果比以前那些不基于神经网络的解决方案更糟。将第一个神经语言模型的结果与来自 *n*-gram 语言模型和 `AnalyzingSuggester` 的结果进行比较。表 4-1 显示，虽然神经语言模型总是给出结果，但很多结果没有多大意义。

4

表 4-1　建议结果

输　入	神经网络	*n*-gram	分　析
“m”	musorida hosking floa	my	m
“music”	music tents in sauraborls	music	music
“music is”	music island kn5 stendattion	island	music
“music is my ai”	music is my airborty cioderopaship	my aim	
“music is my aircr”	music is my aircrichs of nwire	aircraft	

“music tents in sauraborls”中的“sauraborls”是什么？“music island kn5 stendattion”中的“stendattion”又是什么呢？随着要预测的文本长度增加，神经语言模型开始返回不能形成有意义的单词字符序列，这意味着它无法良好地估计较长输入的概率。这正是你在观察学习曲线后所预测到的。

因为希望网络能够更好地学习，所以需要观察在为神经网络设置训练时最重要的配置参数之一——**学习率**（learning rate）。学习率定义了神经网络的权重随（梯度）代价的变化量。较高的学习率可能导致神经网络永远找不到一组好的权重值，因为权重值可能因变化太多而永远找不到好的组合。较低的学习率可能会大大降低学习速度，以至于在使用所有数据进行学习之前找不到一组好的权重。

把这一层的神经元数量稍微增加一些，增加到 90 个，然后再次开始训练。

```
...
INFO o.d.n.m.MultiLayerNetwork - Starting MultiLayerNetwork ...
INFO c.m.d.u.NeuralNetworksUtils - params :67.487, examples: 77.141
INFO o.d.o.l.ScoreIterationListener - Score at iteration 0 is 173.9821
...
```

此时神经网络参数的数量略小于可用的训练样本的数量，因此后续不应添加更多的参数。当训练完成时，得到查找结果。

```
'm'
--> month jeans of saids
--> mie free in manufact
----
'mu'
--> musications head socie
--> musican toels
----
'mus'
--> muse sc
--> muse germany nc
----
'musi'
--> musical federations
--> musicating outlet
----
'music'
```

```
--> musican 2006
--> musical swin daith program
----
'music '
--> music on the grade county
--> music of after
----
'music i'
--> music island fire grin school
--> music insurance
----
'music is'
--> music ish
--> music island recipe
----
'music is '
--> music is befied
--> music is an
----
'music is m'
--> music is michigan rup dogs
--> music is math sandthome
----
'music is my'
--> music is my labs
--> music is my less
----
'music is my '
--> music is my free
--> music is my hamby bar finance
----
'music is my a'
--> music is my acket
--> music is my appedia
----
'music is my ai'
--> music is my air brown
--> music is my air jerseys
----
'music is my air'
--> music is my air bar nude
--> music is my air ambrank
----
'music is my airc'
--> music is my airclass
--> music is my aircicle
----
'music is my aircr'
--> music is my aircraft
--> music is my aircross of mortgage choo
----
'music is my aircra'
--> music is my aircraft
--> music is my aircraft popper
```

```
----
'music is my aircraf'
--> music is my aircraft in star
--> music is my aircraft bouble
----
'music is my aircraft'
--> music is my aircraft
--> music is my aircraftless theatre
```

建议结果的质量已经有所提高。许多建议是由正确的英语单词组成的，其中一些甚至很有趣，比如“music is my aircraft popper”和“music is my aircraftless theatre”。再来看一下刚刚训练好的神经语言模型的 Overview 选项卡（见图 4-11）。

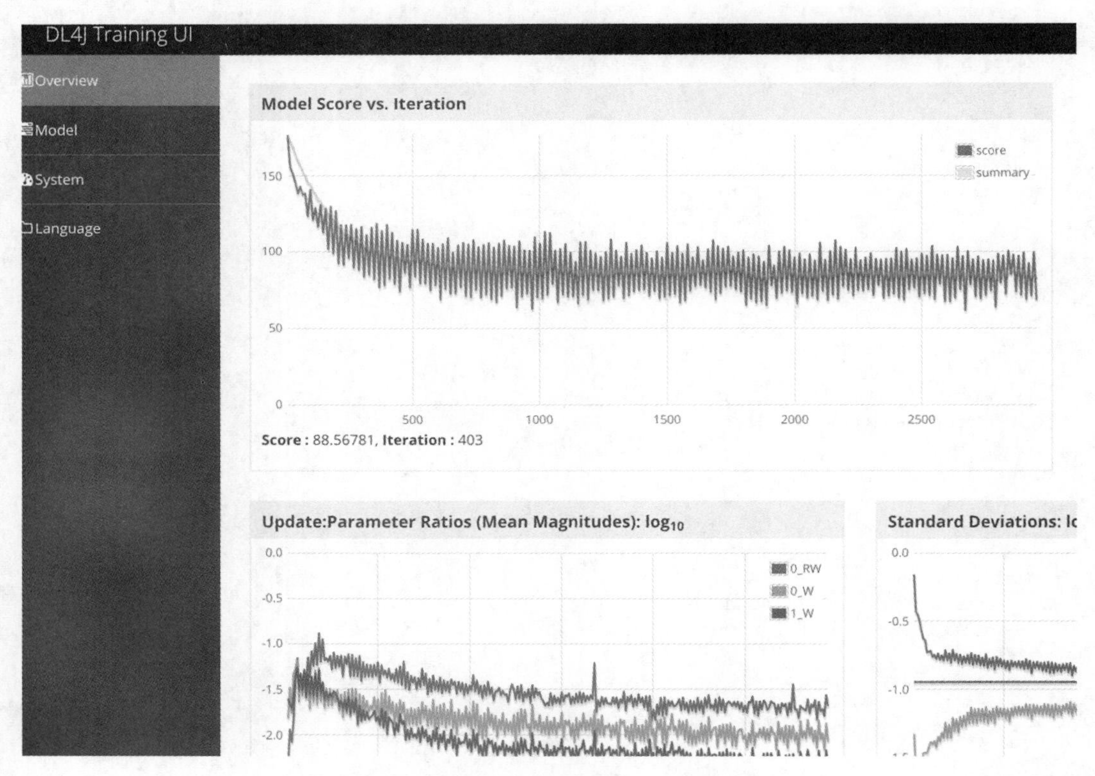

图 4-11　更多的参数，但仍然是次优收敛

损失减少的效果更好，但仍然没有达到足够小的值，因此学习率可能还没有设置正确。可以通过将学习率设置为更高的值来改善损失减少的效果。图 4-11 中的学习率是 0.1，现在尝试把它设置为 0.4，这是一个非常高的值。图 4-12 显示了再次训练的结果。

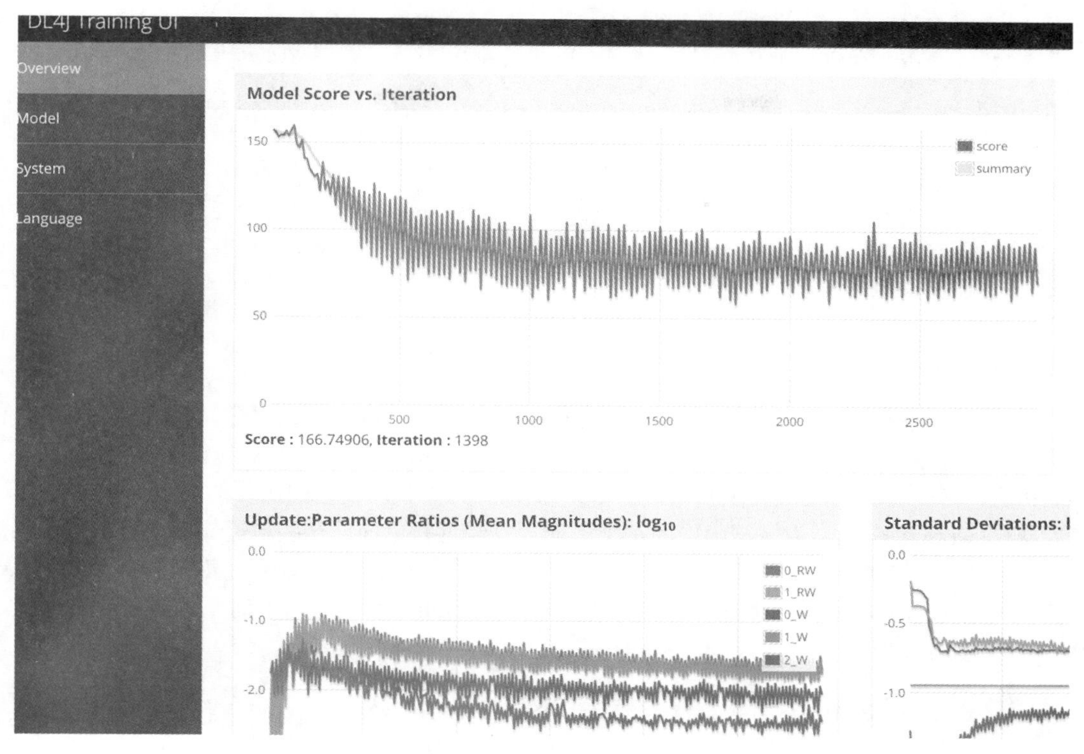

图 4-12 调高学习率后

结果表明，该方法得出的结果损失更低，并且，神经网络为了得到这个结果使用了更多的参数。这意味着它了解了更多训练数据的信息。我们到此结束，并对这些输出感到满意。

训练要达到最优，就需要更多迭代，调整其他参数可能会得到形状更好的曲线和可读性更高的建议。本书的最后一章将进一步讨论神经网络调优。

4.9 使用词嵌入使建议多样化

第 2 章展示了在同义词扩展中，词嵌入是多么有用。本节将展示如何将它们与 LSTM 生成的建议结果结合使用，从而为用户提供更加多样化的建议。在生产系统中，将不同模型的结果组合起来以提供良好的用户体验十分常见。word2vec 模型允许创建单词的向量化表示。一个浅层神经网络通过观察每个单词周围的环境（其他近邻单词）来学习这些向量。word2vec 和将单词表示为向量的类似算法的好处是，它们将相似的单词紧挨着放在向量空间中，例如表示“aircraft”和“aeroplane”的向量将非常接近。

接下来从包含歌词的 Lucene 索引中构建一个 word2vec 模型，这与第 2 章中类似。

```
CharacterIterator iterator = ...
MultiLayerNetwork network = ...

FieldValuesSentenceIterator iterator = new
    FieldValuesSentenceIterator(reader, "lyrics");
Word2Vec vec = new Word2Vec.Builder()
    .layerSize(100)
    .iterate(iterator)
    .build();
vec.fit();

Lookup lookup = new CharLSTMWord2VecLookup(network,
    iterator, vec);
```

在 Lucene lyrics 字段的内容上创建一个 DataSetIterator

使用大小为 100 的词向量配置 word2vec 模型

执行 word2vec 模型训练

使用之前训练过的 LSTM、CharacterIterator 和 word2vec 模型构建神经语言模型

基于相同数据训练 word2vec 模型后，现在可以将其与 CharLSTMNeuralLookup 相结合，并生成更多建议。你将定义一个 CharLSTMWord2VecLookup 类，它是 CharLSTMNeuralLookup 类的扩展。这个查找实现需要一个 Word2Vec 实例。在查找时，它遍历 LSTM 建议的字符串，然后使用 word2vec 模型为字符串中的每个单词查找最近邻单词。这些最近邻单词可以用于创建一个新的建议。例如，LSTM 生成的序列“music is my aircraft”将被分解为词素“music”“is”“my”和“aircraft”。word2vec 模型将进行检查，例如与“aircraft”最近邻的单词，找到“aeroplane”，然后创建附加的建议“music is my aeroplane”，如代码清单 4-1 所示。

代码清单 4-1　用 Word2Vec 扩展神经语言模型

```
public class CharLSTMWord2VecLookup extends CharLSTMNeuralLookup {

  private final Word2Vec word2Vec;

  public CharLSTMWord2VecLookup(MultiLayerNetwork net,
        CharacterIterator iter, Word2Vec word2Vec) {
    super(net, iter);
    this.word2Vec = word2Vec;
  }

  @Override
  public List<LookupResult> lookup(CharSequence key, Set<BytesRef> contexts,
        boolean onlyMorePopular, int num) throws IOException {
    Set<LookupResult> results = Sets.
        newCopyOnWriteArraySet(super.lookup(key,
        contexts, onlyMorePopular, num));
    for (LookupResult lr : results) {
      String suggestionString = lr.key.toString();
      for (String word : word2Vec.
          getTokenizerFactory().create(
          suggestionString).getTokens()) {
        Collection<String> nearestWords = word2Vec
          .wordsNearest(word, 2);
        for (String nearestWord : nearestWords) {
          if (word2Vec.similarity(word, nearestWord)
              > 0.7) {
```

获取由 LSTM 网络生成的建议

将建议字符串划分为词素（单词）

找到每个词素的前两个最近邻的单词

对于每个最近邻的单词，检查它与输入的单词是否足够相似

```
            results.addAll(enhanceSuggestion(lr,
                word, nearestWord));
          }
        }
      }
    }
    return new ArrayList<>(results);
  }

  private Collection<LookupResult> enhanceSuggestion(LookupResult lr,
        String word, String nearestWord) {
    return Collections.singletonList(new LookupResult(
        lr.key.toString().replace(word, nearestWord),
         (long) (lr.value * 0.7)));
  }
}
```

使用 word2vec 建议的单词创建更好的建议

对建议优化的简单实现：用最近邻的单词替代原始单词

回到第 2 章的开头，用户想要找到一首歌的歌词，但他想不起这首歌的名字。用 word2vec 同义词扩展模型，即使查询与标题不匹配，也可以通过生成同义词返回正确的歌曲。神经语言模型和 word2vec 模型相结合生成的建议，能让用户在搜索时不必输入完整的查询。用户输入“music is my airc…”得到了建议“music is my aeroplane”，因此虽然没有实际执行搜索，但用户的信息需求得到了满足。

4.10 总结

- 搜索建议对于帮助用户编写好的查询非常重要。
- 生成此类建议的数据可以是静态的（例如以前输入查询的词典），也可以是动态的（例如存储在搜索引擎中的文档）。
- 可以使用文本分析和 *n*-gram 语言模型来构建好的建议算法。
- 神经语言模型是基于神经网络的语言模型，如 RNN（或 LSTM）。
- 使用神经语言模型可以得到更好的建议。
- 要得到好的结果，监控神经网络的训练过程很重要。
- 可以将原始建议算法的结果与词向量相结合，以增加建议的多样性。

第 5 章

用词嵌入对搜索结果排序

本章内容

- ❑ 统计和概率检索模型
- ❑ 使用 Lucene 中的排序算法
- ❑ 神经信息检索模型
- ❑ 使用平均词嵌入对搜索结果进行排序

从第 2 章开始，我们一直在构建基于神经网络的组件来改进搜索引擎。这些组件的目的是帮助搜索引擎通过扩展同义词、生成查询的替代表示，以及在用户输入查询时提供更智能的建议来更好地捕获用户意图。如这些方法所示，在与存储在倒排索引中的词项进行匹配之前，可以对查询进行扩展、调整和转换，然后再如第 1 章所述，用这些查询词项去查找匹配的文档。

这些匹配文档也称为**搜索结果**（search result），是根据它们与输入查询的预测匹配程度来排序的。这种对结果进行排序的任务称为**排序**（ranking）或**评分**（scoring）。排序功能对搜索结果的**相关性**（relevance）有根本性的影响，因此正确的排序意味着搜索引擎将有更高的**精确率**（precision），而其用户将首先获得最相关和最重要的信息。获得正确的排序不是一个一步到位的过程，相反，这是一个渐进的过程。在现实生活中，人们会使用现有的排序算法，创建一个新的排序算法，或将现有排序函数和新的排序函数相结合。很多时候，人们必须对它们进行调整，以准确捕获用户正在查找的内容，以及他们编写查询的方式等。

本章将介绍常见的排序函数和信息检索模型，以及搜索引擎如何“决定”首先显示哪些结果。然后，本章将展示如何使用文本（单词、句子、文档等）的稠密向量表示来改进搜索引擎的排序功能。这些文本的向量表示形式也称为**嵌入**（embedding），它们有助于排序函数根据用户的意图更好地匹配文档和对文档进行评分。

5.1 排序的重要性

有一张表情包图片曾在网上风靡一时，它的文字说明是这样的：“最安全的藏匿地点是谷歌搜索显示结果的第二页。”当然，这句针对网络搜索（内容搜索，比如网站的网页）的调侃略显夸张，但也在很大程度上说明了用户对搜索引擎返回相关结果的预期。从用户心理上来说，编写更好的查询通常比向下滚动并单击结果页面上的“第二页”按钮更容易。这张表情包图片也可以这样解读：“如果它没有出现在第一页，那它就不可能相关。”这解释了为什么相关性很重要。你可以做出如下假设。

- **用户是“懒惰”的。**他们通常不想为了判断搜索结果的好坏而向下滚动页面或查看 3 个以上的结果。因此，返回成千上万的结果通常是无用的。
- **用户是“无知”的。**他们不了解搜索引擎内部的工作原理。他们只会编写一条查询，并且希望得到好的结果。

如果搜索引擎的排序功能运行良好，那么只返回前 10~20 个结果，用户就会很满意。注意，这样做还会对搜索引擎的性能产生积极影响，因为用户不会浏览所有匹配的文档。

不过，你可能想知道相关性问题是否适用于所有情况。例如，如果有一个由一两个单词组成的简短查询，而这些单词清楚地指明了搜索结果是一个小集合，那么相关性问题就不那么明显了。想想你在谷歌搜索上为了检索一个维基百科页面而执行的所有搜索查询。例如，你希望找到描述 Bernhard Riemann 的页面。你先在地址栏输入维基百科的网站链接，再在维基百科搜索文本框中输入 **Bernhard Riemann**，然后点击放大镜按钮来获得结果，这有点麻烦。在谷歌搜索的搜索框中输入 Bernhard Riemann 则要快得多，而且很可能第一页的第一个或第二个搜索结果就是维基百科页面。这是一个用户（认为他）提前知道想要检索什么的例子（他很懒，但是知道自己要什么，并且基于自身经验，了解搜索引擎在搜索人名时的工作方式）。但在很多情况下，这并不适用。假设用户是一位数学专业的本科生，对 Riemann 的一般信息不感兴趣，而但是想知道为什么他的工作在几个不同的科学领域都很重要。某些学生可能事先不知道他们想要的具体资源，但是知道所需资源的类型，并且会基于后者输入查询。这样的学生可能会输入一个问题，比如“the importance of Bernhard Riemann works”或者“Bernhard Riemann influence in academic research”。如果在谷歌搜索引擎上运行这两个查询，你将看到：

- 每个查询的搜索结果不同；
- 这两种情况下搜索结果出现的顺序不同。

更值得注意的是，在本书写作时，第一个查询返回维基百科页面作为第一个结果，而第二个查询的第一个结果是“herbart’s influence on Bernhard riemann”。这很奇怪，因为它颠倒了用户的意图，学生想知道 Riemann 是如何影响其他人的，而不是反过来（而第二个结果，riemann’s contribution to differential geometry 听起来更相关）。这类问题增加了对搜索结果进行排序的难度。

现在看一下排序在查询的生命周期中是如何发挥作用的（见图 5-1）。

(1) 用户编写的查询被解析、分析并分解为一组词项子句（编码查询）。

(2) 在搜索引擎数据上执行编码查询（针对每个词项，在倒排索引表中进行查找）。

(3) 匹配的文档被收集并传递给排序函数。

(4) 每个文档都由排序函数进行评分。

(5) 通常，搜索结果依据分数降序排序（第一个结果的分数最高）。

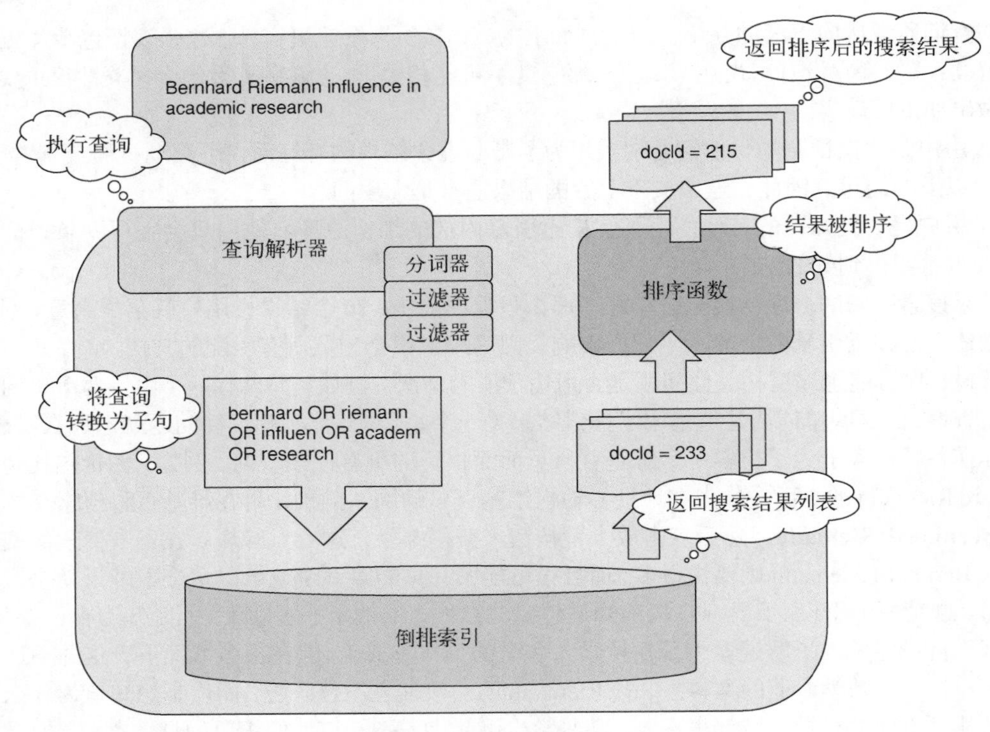

图 5-1　查询、检索和排序

排序函数接受一组搜索结果，并为每个结果分配一个分数，该分数表明该搜索结果相对于输入查询的重要性。分数越高，文档就越重要。

此外，在对搜索结果进行排序时，智能搜索引擎应该考虑以下几点。

- **用户历史**——记录用户过去的活动，并在排序时将其考虑在内。例如，在过去的查询中重复出现的词项可能表明用户对某个主题的兴趣，因此该主题的搜索结果排序应该靠前。
- **用户的地理位置**——记录用户的位置，为用当地语言编写的搜索结果增加分数。
- **随时间变化的信息**——回想一下第 3 章中的“latest trends”查询。这样的查询不仅应该匹配“latest”和（或）“trends”，而且还应该提高新文档（最近的信息）的分数。
- **所有可能的上下文线索**——寻找能为查询提供更多上下文的标志。例如，查看搜索日志，检查以前是否执行了该查询。如果是，则检查搜索日志中的下一个查询，看看是否有任何共享结果，并使它们排序靠前。

现在，本章将深入回答一个关键问题：搜索引擎如何决定怎样为给定查询的搜索结果排序。

5.2　检索模型

到目前为止，本章已经讨论了文档排序任务。首先将文档当作一个函数，该函数将文档作为输入并产生一个表示文档相关性的分数值。在实践中，排序函数通常是**信息检索模型**（IR模型）的一部分。这样的模型定义了搜索引擎处理为一个信息需求提供相关结果这一整体问题的方法：从查询解析开始，然后匹配、检索和对搜索结果进行排序。构造一个模型的基本原理是，如果不知道搜索引擎如何处理查询，就很难找到一个能给出准确分数的排序函数。在“+riemann -influenced influencing”这样的查询中，如果一个文档同时包含“riemann”和“influencing”两个词项，那么最终的结果应该是第一项和第二项的分数组合（score = score(riemann) + score(influencing)），但是“riemann”这个词项具有强制约束（指“+”符号），因此它应该比“influencing”这一可选项分数更高。

因此，搜索引擎计算结果文档与查询的相关性的方式对搜索引擎背后的设计和架构有影响。从第1章开始，本书就假设当文本在输入搜索引擎时会被分析并切分成块，而分词器和词素过滤器会对这些块进行更改。这个文本分析链生成词项，并最终生成倒排索引，也称**记录列表**（posting list）。用关键字进行搜索的应用场景，会促使人们选择记录列表，因为通过词项匹配能高效地检索文档。类似地，结果文档的排序方式可能会影响系统需求。例如，排序函数可能需要访问更多关于索引数据的信息，而不仅仅是倒排列表中是否存在某个词项。有一组广泛使用的检索模型，称为**统计模型**（statistical model）。它能根据匹配词项在特定文档和整个文档集中出现的频率对某个文档进行排序。

前几章的内容已经超越了在查询和文档之间进行简单的词项匹配。前文使用了同义词扩展来生成同义词词项，例如在搜索时，（在单词级）对用户表达同一件事的多种可能方式进行扩展。第3章中扩展了这种方法，除了用户输入的原始查询之外，还生成了新的可选查询。

以上所有工作的目的都是建立一个易于理解文本语义的搜索引擎。

- **在同义词扩展的情况下**——无论你输入“hello”还是“hi”，语义上你都在讲同一件事。
- **在可选查询扩展的情况下**——如果输入“latest trends”，你将得到拼写不同但语义上接近原始查询的可选查询。

总体来说，（简化后的）思想是，即使查询和索引词项之间不存在精确匹配，也应该返回与该查询相关的文档。同义词和可选查询表示提供了更广泛的相关查询词项，可以与文档词项匹配。这些方法使你更有可能找到使用了语义相似的单词或查询的文档。在理想的情况下，搜索引擎应该超越查询-文档词项匹配，并且理解用户的信息需求。基于此，它应该返回与该需求相关的结果，而不是将检索局限于词项匹配。

创建具有良好语义理解能力的搜索引擎非常困难。好消息是，后文将提到，基于深度学习的技术可以极大地帮助缩小普通查询字符串与实际用户意图之间的差距。第3章在提到seq2seq模型时简单介绍过**思维向量**（thought vector）。你可以把它想成用户意图的一种表达方式，你需要借助它超越简单的词项匹配。

一个好的检索模型应该考虑语义。可以想象，这种语义视角也适用于对文档进行排序，例子如下。

- 有一些结果的匹配词项来自由LSTM网络生成的可选查询，当对结果进行排序时，这类文档的分数与基于原始用户查询的词项进行匹配的文档的分数，是否应该有所不同？

- 如果你计划用由深度学习生成的表示（例如思维向量）来捕获用户意图，那么该如何使用它们来进行检索和结果排序呢?

接下来，本章将探讨以下内容：

- 更传统的检索模型；
- 对传统模型进行拓展，这种模型使用由神经网络习得的文本向量表示（这将是接下来的重点）；
- 只依赖于深度神经网络的神经 IR 模型。

5.2.1 TF-IDF 与向量空间模型

第 1 章提到了 TF-IDF 和**向量空间模型**（vector space model，VSM）。接下来将详细介绍它们是如何工作的。排序函数的根本目的是为查询-文档对评分。一种度量文档相对于查询的重要性的常见方法，是利用基于查询和文档中的词项计算出的统计数据。这种检索模型称为**信息检索的统计模型**（statistical models for information retrieval）。

假设有一个查询“bernhard riemann influence”和两个结果文档：document1=“riemann - life and works of bernhard riemann” 和 document2 = “thomas bernhard biography - bio and influence in literature”。查询和文档都是由词项组成的。当观察上述两个结果哪一个更匹配时，你会发现以下现象。

- document1 匹配词项“riemann”和“bernhard”。两个词项都匹配了两次。
- document2 匹配词项“bernhard”和“influence”。两个词项都只匹配一次。
- document1 的每个匹配项的词项频率均为 2，而 document2 的两个匹配项的词项频率均为 1。
- “bernhard”的文档频率为 2（这是因为它出现在两个文档中，它在单个文档中重复出现的次数无须计算）。“riemann”的文档频率为 1，“influence”的文档频率为 1。

词项频率与文档频率

通常，给定一个查询，统计模型会结合**词项频率**（term frequency）和**文档频率**（document frequency）得出文档相关性度量。选择这些度量标准的基本原理是，计算关于词项的频率和统计数据可以度量它们的信息量。更具体地说，一个查询词项在文档中出现的次数可以度量该文档与该查询的相关性，这就是词项频率。另外，很少出现在索引数据中的词项被认为比较常见的词项更重要、更能提供信息（像“the”和“in”这样的词项通常不能提供信息，因为它们太常见了）。一个词项在所有已索引文档中的频率称为文档频率。

如果将每个匹配项的词项频率相加，那么 document1 的分数为 4，document2 的分数为 2。

添加一个文档 3，其内容为“riemann hypothesis - a deep dive into a mathematical mystery”，并根据同一查询对其进行评分。document3 的分数为 1，因为只有“riemann”词项与其匹配。这并不好，因为尽管 document3 与 Riemann 的影响无关，但它还是比 document2 更具相关性。

更好的排序方法是，将词项频率的对数之和除以文档频率的对数，用所得结果来对每个文档进行评分。这个著名的权重方案叫作 TF-IDF。

$$\text{weight(term)} = (1 + \log(\text{tf(term)})) \times \log(N/\text{df(term)})$$

N 是索引文档的数量。添加 document3 后，词项"riemann"的文档频率现在为 2。对每个匹配项使用前面的等式，并对 TF-IDF 求和，以获得以下分数。

score(document1) = tf-idf(riemann) + tf-idf(bernhard) = 1.28 + 1.28 = 2.56

score(document2) = tf-idf(bernhard) + tf-idf(influence) = 1 + 1 = 2

score(document3) = tf-idf(riemann) = 1

刚刚基于 TF-IDF 进行的评分仅依赖于纯粹的词项频率，因此不相关的文档（document2）的分数高于有一点相关的文档（document3）。正如前文所述，在本例中，检索模型缺少对查询意图语义上的理解。

到目前为止，本书已经多次提到过向量。在信息检索中使用它们并不是一个新颖的想法。向量空间模型（VSM）通过将查询和文档表示为向量，从而基于 TF-IDF 权重方案度量它们的相似程度。每个文档可以由一维向量表示，其大小等于索引中现有词项的数量。向量中的每个位置表示一个词项，其值等于该词项在该文档中的 TF-IDF 值。

在查询中也可以这样做，因为它们也是由词项组成的。唯一的区别是词项频率可以是本地的（查询词项出现在查询中的频率），也可以来自索引（查询词项出现在索引数据中的频率）。这样就能将文档和查询表示为向量。这种表示称为**词袋**（bag-of-words）。这是因为关于词项位置的信息丢失，而每个文档或查询都只表示为一个单词集合，如表 5-1 所示。

5

表 5-1 词袋表示

词项	bernhard	bio	dive	hypothesis	in	influence	into	life	mathematical	riemann
doc1	1.28	0.0	0.0	0.0	0.0	0.0	0.0	1.0	0.0	1.28
doc2	1.0	1.0	0.0	0.0	1.0	1.0	0.0	0.0	0.0	0.0
doc3	0.0	0.0	1.0	1.0	0.0	0.0	1.0	0.0	1.0	1.0

"bernhard riemann influence"和"riemann influence bernhard"的向量看起来完全相同。这既不能体现两个查询是不同的，也不能体现第一个查询比第二个查询更有意义。现在文档和查询在向量空间中表示，如果希望计算出哪个文档与输入查询最匹配，则可以通过计算每个文档和输入查询之间的**余弦相似度**（cosine similarity）来实现，这将提供每个文档的最终排序。余弦相似度是文档与查询向量之间夹角大小的度量。图 5-2 显示了在只考虑词项"bernhard"和"riemann"时，输入查询、document1 和 document2 在（简化的二维）向量空间中的向量。

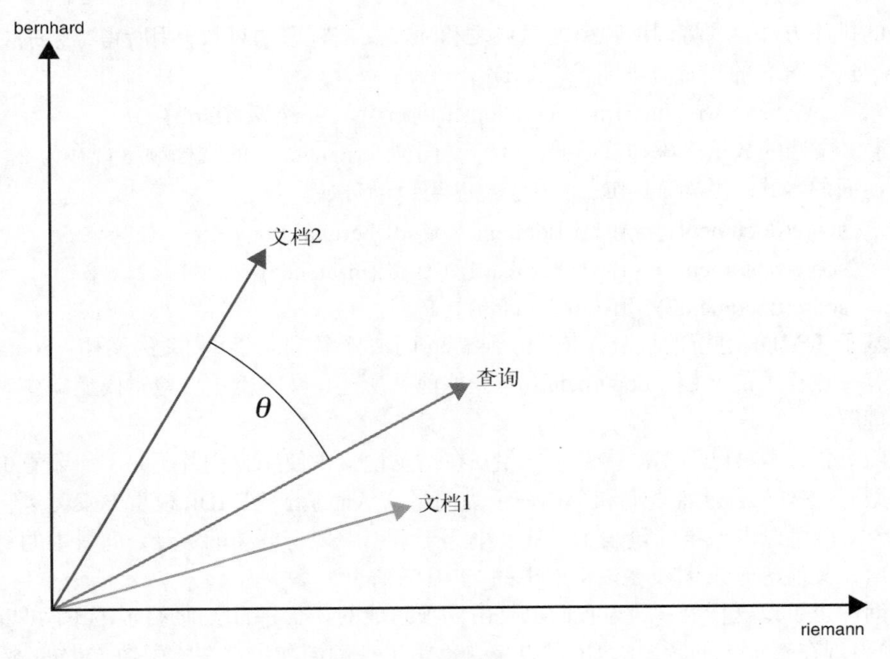

图 5-2　余弦相似度

查看两个向量之间的夹角以评价查询向量和文档之间的相似度。夹角的角度越小，两个向量就越相似。将此应用于表 5-1 中的向量时，将获得以下相似度分数。

```
cosineSimilarity(query,doc1) = 0.51
cosineSimilarity(query,doc2) = 0.38
cosineSimilarity(query,doc3) = 0.17
```

在只有 3 个文档时，结果向量的大小为 10（列数等于全部文档中出现过的词项的数量）。在生产系统中，这个值会高得多。因此，这种词袋表示的一个问题是，向量的大小会随着现有词项的数量（索引文档中包含的所有不同单词）的增加而线性增长。这是词向量（如由 word2vec 生成的词向量）比词袋向量更好的另一个原因。word2vec 生成的向量具有固定的大小，它们不会随着搜索引擎中词项数量增长而增长。因此，使用它们时资源消耗要低得多。（word2vec 生成的向量在捕获单词语义方面做得更好，如第 2 章所述。）

尽管存在这些限制，VSM 和 TF-IDF 还是在许多生产系统中经常得到使用，并且可以取得良好的结果。在讨论其他信息检索模型之前，先务实一点，用 Lucene 摄取文档，看看如何使用 TF-IDF 和 VSM 对它们进行评分。

5.2.2　在 Lucene 中对文档进行排序

在 Lucene 中，`Similarity` API 是排序函数的基础。Lucene 提供了一些开箱即用的信息检索模型，例如带有 TF-IDF 的 VSM（它直到第 5 版仍为默认项）、Okapi BM25、随机偏差模型、语言模型等。在索引时和搜索时都需要设置 Similarity。在 Lucene 7 中，ClassicSimilarity 是 VSM 相似度和 TF-IDF 相似度的和。

索引时，在 IndexWriterConfig 中设置 Similarity。

```
IndexWriterConfig config = new IndexWriterConfig();    ◁ 创建索引配置

config.setSimilarity(new ClassicSimilarity());    ◁ 将相似度设置为 ClassicSimilarity

IndexWriter writer = new IndexWriter(directory, config);
```

使用已配置的相似度创建 IndexWriter

搜索时，在 IndexSearcher 中设置 Similarity。

```
IndexReader reader = DirectoryReader.open(directory);    ◁ 打开 IndexReader
IndexSearcher searcher = new IndexSearcher(reader);    ◁ 在 reader 上创建一个 IndexSearcher
searcher.setSimilarity(new ClassicSimilarity);
```

在 IndexSearcher 中设置 Similarity

如果你对之前的 3 个文档进行索引和搜索，则可以查看排序是否按预期运行。

你可以自己定义 Lucene 字段的功能（存储值、存储词项位置等）

```
FieldType fieldType = ...
Document doc1 = new Document();    ◁ 对于每个文档，创建一个新文档并在 title 字段中添加内容
doc1.add(new Field("title",
    "riemann bernhard - life and works of bernhard riemann", ft));
Document doc2 = new Document();
doc2.add(new Field("title",
    "thomas bernhard biography - bio and influence in literature", ft));
Document doc3 = new Document();
doc3.add(new Field("title",
    "riemann hypothesis - a deep dive into a mathematical mystery", ft));
writer.addDocument(doc1);    ◁ 添加所有 3 个文档并提交更改
writer.addDocument(doc2);
writer.addDocument(doc3);
writer.commit();
```

要检查 Similarity 类如何对查询的每个搜索结果评分，可以要求 Lucene 使用 explain 对其说明。explain 的输出包含每个匹配词项如何对每个搜索结果的最终分数做出贡献的描述。

```
String queryString = "bernhard riemann influence";    ◁ 写一个查询
QueryParser parser = new QueryParser("title", new WhitespaceAnalyzer());
Query query = parser.parse(queryString);    ◁ 解析用户输入的查询
TopDocs hits = searcher.search(query, 3);
for (int i = 0; i < hits.scoreDocs.length; i++) {
  ScoreDoc scoreDoc = hits.scoreDocs[i];
```

执行搜索

```
  Document doc = searcher.doc(scoreDoc.doc);
  String title = doc.get("title");
  System.out.println(title + " : " + scoreDoc.score);
  System.out.println("--");
  Explanation explanation = searcher.explain(query, scoreDoc.doc);
  System.out.println(explanation);
}
```

在标准输出上打印文档 `title` 和分数

获取有关如何计算分数的说明

使用 `ClassicSimilarity`，你能获得以下 `explain` 输出。

```
riemann bernhard - life and works of bernhard riemann : 1.2140384
--
1.2140384 = sum of:
  0.6070192 = weight(title:bernhard in 0) [ClassicSimilarity], result of:
    0.6070192 = fieldWeight in 0, product of:
      ...
  0.6070192 = weight(title:riemann in 0) [ClassicSimilarity], result of:
    0.6070192 = fieldWeight in 0, product of:
      ...
--
thomas bernhard biography - bio and influence in literature : 0.9936098
--
0.9936098 = sum of:
  0.42922735 = weight(title:bernhard in 1) [ClassicSimilarity], result of:
    0.42922735 = fieldWeight in 1, product of:
      ...
  0.56438243 = weight(title:influence in 1) [ClassicSimilarity], result of:
    0.56438243 = fieldWeight in 1, product of:
      ...
--
riemann hypothesis - a deep dive into a mathematical mystery : 0.4072008
--
0.4072008 = sum of:
  0.4072008 = weight(title:riemann in 2) [ClassicSimilarity], result of:
    0.4072008 = fieldWeight in 2, product of:
      ...
```

正如所料，排序遵循 5.2.1 节所描述的内容。可以从说明中看到，文档的分数是与查询匹配的每个词项权重的和。

```
0.9936098 = sum of:
  0.42922735 = weight(title:bernhard in 1)...
  0.56438243 = weight(title:influence in 1)...
```

另外，此时的分数与手动计算词项的 TF-IDF 权重时得到的分数不完全相同。原因是 TF-IDF 方案有许多可能的变化。例如，这里 Lucene 逆文档频率的计算方法为

$$\log(N+1)/(\mathrm{df}(\mathrm{term})+1)$$

而不是

$$\log(N/\mathrm{df}(\mathrm{term}))$$

此外，Lucene 不使用词项频率的对数，而是使用词项频率。Lucene 还使用了归一化（normalization）。

这种技术可以处理这样一种实际情况：词项较多的文档分数往往远高于词项较少的文档。归一化值约等于 `1.0 / Math.sqrt`（词项数量）。在使用此归一化技术时，计算查询向量和文档向量之间的余弦相似度等同于计算其标量积，如下所示。

```
score(query, document1) = tf-idf(query, bernhard) × tf-idf(document1, bernhard)
    + tf-idf(query, riemann) × tf-idf(document, riemann)
```

Lucene 不存储向量，能为每个匹配词项计算 TF-IDF 并将结果组合计算出分数就足够了。

5.2.3 概率模型

本书已经介绍了一些 VSM 理论及其在 Lucene 中应用于实践的方法。前文还介绍了使用词项统计计算分数的方法。本节将介绍概率检索模型，其中分数仍然是基于概率计算的。搜索引擎会使用文档与查询相关的概率对其进行排序。

概率是解决不确定性的有力工具。前文已经讨论了弥补用户意图和相关搜索结果之间差距的难度。概率模型试图通过度量某个文档与输入查询相关的可能性来对排序进行建模。如果掷一枚有 6 个面的骰子，那么每一面有 1/6 的概率出现。例如，掷到 3 的概率是 $p(3) = 1/6$。但实际上，如果掷一枚骰子 6 次，很可能不会得到所有 6 种结果。虽然概率是对特定事件发生可能性的估计，但是这并不意味着事件会精确地按概率发生。

掷骰子得到任何数字的无条件概率是 1/6，但连续掷到两个相同结果的概率是多少呢？这种条件概率可以表示为 p(事件|条件)。在排序任务中，你可以估计某个文档（与给定查询）相关的概率。这表示为 $p(r=1|x)$，其中 r 是相关性的二元度量。

$$r = 1\text{：相关；}r = 0\text{：不相关}$$

在概率检索模型中，人们通常按照 $p(r=1|x)$对给定查询的所有文档进行排序。**概率排序原则**（probability ranking principal）可以很好地表示这一点：如果检索到的文档是按相对于可用数据的相关性概率降序排序的，那么对该数据而言系统的有效性就是最好的。

Okapi BM25 是最知名、使用最广泛的概率模型之一。简而言之，它试图放宽 TF-IDF 的两个限制：

- 限制词项频率的影响，以避免对频繁重复的词项评分过高；
- 更好地估计某个词项的文档频率的重要性。

BM25 通过依赖于词项频率的两个概率来表达条件概率 $p(r=1|x)$。因此，BM25 通过计算词项频率上的概率分布来估计概率。

考虑一下“bernhard riemann influence”这个例子。在经典的 TF-IDF 方案中，高频率会导致高分数。因此，如果你有一个包含大量“bernhard”的伪文档 document4(“bernhard bernhard bernhard bernhard bernhard bernhard bernhard bernhard bernhard bernhard”)，它可能比更相关的文档分数更高。如果将其索引到先前构建的索引中，则可以使用 TF-IDF 和 VSM（`ClassicSimilarity`）获得以下输出。

```
riemann bernhard - life and works of bernhard riemann : 1.2888055
bernhard bernhard bernhard bernhard bernhard bernhard ... : 1.2231436
thomas bernhard biography - bio and influence in literature : 1.0464782
riemann hypothesis - a deep dive into a mathematical mystery : 0.47776502
```

如上述代码所示，伪文档作为第二个结果被返回，这很奇怪。此外，document4 的分数几乎等于排序第一的文档的分数：搜索引擎将此虚拟文档排序靠前，但是事实并非如此。现在，使用与 `ClassicSimilarity` 测试相同的代码在 Lucene 中设置 `BM25Similarity`（从版本 6 开始采用的默认值）。

```
searcher.setSimilarity(new BM25Similarity());
```

设置 BM25 相似度，排序如下。

```
riemann bernhard - life and works of bernhard riemann : 1.6426628
thomas bernhard biography - bio and influence in literature : 1.5724708
bernhard bernhard bernhard bernhard bernhard bernhard ... : 0.9965918
riemann hypothesis - a deep dive into a mathematical mystery : 0.68797445
```

这次伪文档排序第三而不是第二。尽管这不是最佳结果，但是与最相关的文档相比，伪文档的分数大大降低了。原因是 BM25 会“压缩”词项频率以使其低于某个可配置的阈值。这种情况下，BM25 减轻了“bernhard”的高词项频率的影响。

BM25 的另一个好处是，它会试图估计词项在文档中出现的概率。文档中多个词项的总文档频率等于单个词项出现在该文档中的概率的对数总和。

但 BM25 也有一些局限性：

- 与 TF-IDF 一样，BM25 是一个词袋模型，所以它在排序时会忽略词项顺序；
- 尽管一般情况下它表现良好，但是 BM25 基于启发式算法（一种可以得到相对好的结果的算法，但是不一定总是能正常工作），可能不适用于你的数据（你可能必须调整这些启发式算法）；
- BM25 会在概率估计上执行一些近似和简化，这在某些情况下会导致结果可接受度较低（不能在长文档上很好地工作）。

基于语言模型进行排序的其他概率方法通常在普通概率估计方面效果较好，但这并不总能带来更好的分数。一般来说，BM25 是一个不错的基础排序函数。

我们已经探索了一些最常用的搜索引擎排序模型，现在让我们深入探讨神经网络如何帮助改善这些模型并提供全新（且更好）的排序模型。

5.3　神经信息检索

到目前为止，我们通过查看词项及其本地（每个文档）和全局（每个集合）频率解决了有效排序的问题。如果想使用神经网络来获得更好的排序函数，就需要考虑向量。实际上，这并不仅仅适用于神经网络。如上文所述，即使是经典的 VSM 也会将文档和查询视为向量，并使用余弦距离来度量它们的相似度。问题是，这种向量的大小会与索引单词的数量一起（线性地）急速增长。

在神经信息检索之前，也有其他技术可以提供更紧凑（固定大小）的单词表示。这些技术主要基于矩阵分解算法，如**潜在语义索引**（latent semantic indexing，LSI）算法，该算法基于**奇异值分解**（singular value decomposition，SVD）。简而言之，使用 LSI 将为每个文档行创建一个词项文档矩阵。如果文档包含相应词项，则元素为 1；否则元素为 0。然后用**约化 SVD**（reduced SVD）分解方法对这个稀疏矩阵（其中存在大量 0）进行变换（分解），得到 3 个（更密集的）矩阵，其乘积是原始值的良好近似值。每个生成的文档行都具有固定的维度，并且不再稀疏。还可以使用 SVD 分解矩阵来变换查询向量。[有一种类似的技术，称为**隐狄利克雷分配**（latent Dirichlet allocation，LDA）。] 其魅力在于它不需要词项匹配，而是比较查询和文档向量，并让最相似的文档向量排在第一位。

学习良好的数据表示是深度学习做得最好的任务之一。接下来本章将介绍使用这种向量表示来进行排序的方法。你已经熟悉算法 word2vec，它可以学习单词的分布式表示。当所代表的单词出现在类似的上下文中时，词向量彼此靠近并因此具有相似的语义。

5.4 从单词到文档向量

现在，开始构建一个基于 word2vec 生成的向量的检索系统。此时目标是根据查询对文档进行排序，但是 word2vec 为单词而不是单词序列提供向量。因此，首先要找到一种方法来使用词向量表示文档和查询。查询通常由多个单词组成，索引文档也是如此。例如，为查询“bernhard riemann influence”中的每个词项获取词向量，并绘制它们，如图 5-3 所示。

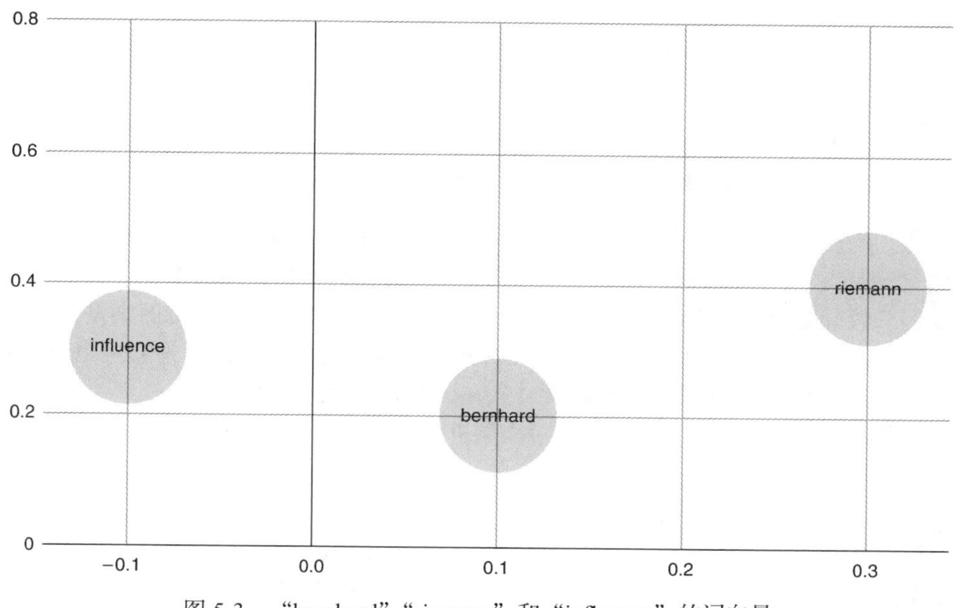

图 5-3 “bernhard”“riemann”和“influence”的词向量

从词向量创建文档向量的一种简单方法是，将词向量的平均值作为单个文档向量的值。这是一个简单的数学运算：每个向量中位于位置 j 的每个元素相加，总和除以被平均的向量的数量（与算术平均运算相同）。此操作可以由 DL4J 向量（`INDArrays` 对象）执行，如下所示。

```
public static INDArray toDenseAverageVector(Word2Vec word2Vec,
    String... terms) {
  return word2Vec.getWordVectorsMean(Arrays.asList(terms));
}
```

`mean` 向量是平均计算的结果。在图 5-4 中，正如预期的那样，平均向量位于三个词向量的中心。

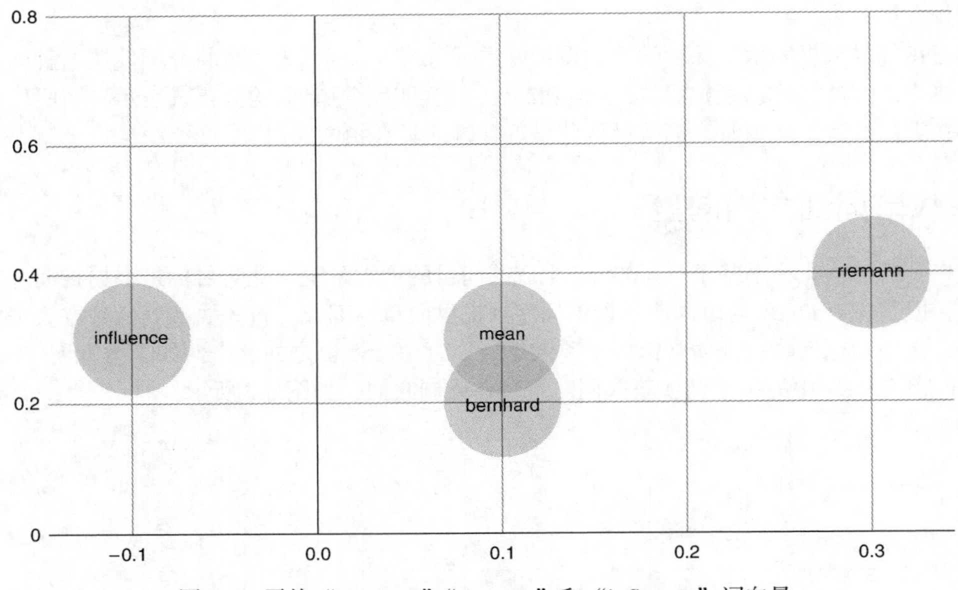

图 5-4　平均“bernhard”“riemann”和“influence”词向量

请注意，此技术不仅可以应用于文档，还可以应用于查询，因为两者都是单词的组合。对于每个文档-查询对，可以通过对词向量求平均向量来计算文档向量，然后根据各自平均词向量的接近程度将分数分配给每个文档。这与在 VSM 场景中的操作类似，最大的区别是，这些文档向量的值不是使用 TF-IDF 计算的，而是对 word2vec 向量求平均向量。总之，这些稠密向量在内存（和空间，如果存储到磁盘）方面负担不大，且在语义方面信息量更大。

重复之前的实验，但使用平均词向量对文档进行排序。首先，从搜索引擎为 word2vec 提供数据。

```
IndexReader reader = DirectoryReader.open(
    directory);        <-- 在搜索引擎文档集上创建一个 reader

FieldValuesSentenceIterator iterator = new
```

```
    FieldValuesSentenceIterator(reader, "title");
Word2Vec vec = new Word2Vec.Builder()
    .layerSize(3)
    .windowSize(3)
    .tokenizerFactory(new DefaultTokenizerFactory())
    .iterate(iterator)
    .build();
vec.fit();
```

创建一个DL4J iterator，可以用reader从标题字段读取数据

配置word2vec

你正在使用超小型数据集，因此应使用非常小的向量

让word2vec学习词向量

一旦提取了词向量，就可以构建查询和文档向量。

```
String[] terms = ...
INDArray queryVector = toDenseAverageVector(vec,
    terms);
for (int i = 0; i < hits.scoreDocs.length; i++) {
  ScoreDoc scoreDoc = hits.scoreDocs[i];
  Document doc = searcher.doc(scoreDoc.doc);

  String title = doc.get("title");

  Terms docTerms = reader.getTermVector(scoreDoc.doc,
    "title");

  INDArray denseDocumentVector = VectorizeUtils
    .toDenseAverageVector(docTerms, vec);

  double sim = Transforms.cosineSim(denseQueryVector,
    denseDocumentVector)

  System.out.println(title + " : " + sim);
}
```

包含查询中输入的词项的数组（“bernhard”“riemann”和“influence”）

通过对查询词项的词向量求平均，将查询词项转换为查询向量

对于每个搜索结果：忽略Lucene给出的分数，并将结果转换为文档向量

获取文档标题

提取该文档中包含的词项（使用IndexReader#getTermVector API）

使用前面展示的平均技术将文档词项转换为文档向量

计算查询和文档向量之间的余弦相似度并打印它

为了便于阅读，输出从最高分到最低分显示，如下所示。

```
riemann hypothesis - a deep dive into a
    mathematical mystery : 0.6171551942825317

thomas bernhard biography - bio and influence
    in literature : 0.4961382746696472

bernhard bernhard bernhard bernhard bernhard
    bernhard ... : 0.32834646105766296

riemann bernhard - life and works of bernhard
    riemann : 0.2925628423690796
```

无论词项频率有多低，分数最高的文档都是相关的

第二个文档与用户意图无关

伪文档

（可能是）最相关的文档分数最低

这很奇怪：你本来期望这项技术有助于获取更好的排序，它却让伪文档比最相关的文档排序更高！之所以出现这种现象，原因如下。

- word2vec 没有足够的训练数据可用，提供不了能精细表达单词语义的词向量。4 个短文档包含的单词-上下文对太少，word2vec 神经网络不能据此准确地调整其隐藏层权重。
- 如果选择分数最高文档的文档向量，则该向量等于单词“bernhard”的词向量。查询向量是“bernhard”“riemann”和“influence”的向量的平均向量。因此，这些向量在向量空间中将始终聚在一起。

现在，通过在（缩小的）二维空间中绘制生成的文档查询向量，将第二条语句可视化，如图 5-5 所示。不出所料，document4（doc4）嵌入和查询（query）嵌入非常接近，它们的标签几乎重叠。

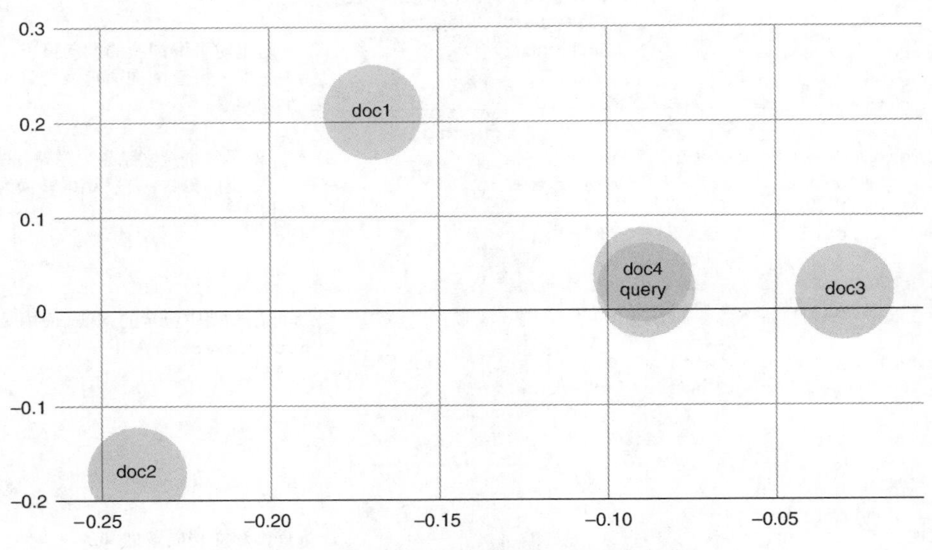

图 5-5　查询嵌入和文档嵌入之间的相似度

改善这些结果的一种方法是确保 word2vec 算法获得更多训练数据。例如，可以从维基百科的英文转储入手，在 Lucene 中索引每个页面的标题和内容。此外，你还可以减轻某些文本片段的影响，例如来自 document4 的文本片段，这样的片段大多（或只）包含出现在查询中的单个词项。实现这种功能的一项常见技术是使用词项频率平滑平均文档向量。该技术没有将每个词向量除以文档长度，而是根据以下伪代码将每个词向量除以其词项频率。

```
documentVector(wordA wordB) = wordVector(wordA)/termFreq(wordA) +
    wordVector(wordB)/termFreq(wordB)
```

这可以在 Lucene 和 DL4J 中实现，如下所示。

```
public static INDArray toDenseAverageTFVector(Terms docTerms, Terms
    fieldTerms, Word2Vec word2Vec) throws IOException {
  INDArray vector = Nd4j.zeros(word2Vec
    .getLayerSize());                          <-- 所有向量值初始化为 0
  TermsEnum docTermsEnum = docTerms.iterator();   <-- 在当前文档的所有现有词项上迭代
```

```
    BytesRef term;
    while ((term = docTermsEnum.next()) != null) {      ← 获得下一词项
      long termFreq = docTermsEnum.totalTermFreq();      ← 获得当前词项的词项频率值
      INDArray wordVector = word2Vec.getLookupTable().
          vector(term.utf8ToString()).div(termFreq);     ← 为当前词项提取词嵌入，然后将其值除以词项频率值
      vector.addi(wordVector);                           ← 返回的向量与当前词项的当前向量相加
    }
    return vector;
  }
```

在本书介绍平均词向量时，你会看到这样的文档向量位于组成它的词向量的中心。如图 5-6 所示，词项-频率平滑可以帮助分离生成的文档向量，使其不是位于词向量的中心，而是更接近频率较低（并且可能更重要）的单词。

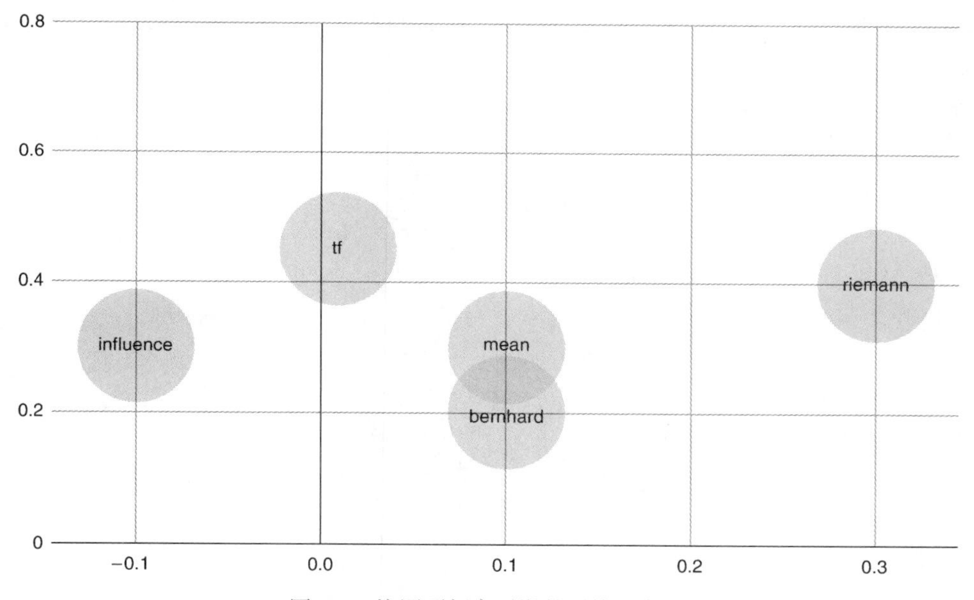

图 5-6 按词项频率平滑的平均词向量

词项“bernhard”和“riemann”比“influence”频率更高，并且生成的文档向量 `tf` 更接近 `influence` 词向量。这是一种积极影响，词项频率较低的文档排序较高，但是仍然足够接近查询向量。

```
riemann hypothesis - a deep dive into a mathematical
    mystery : 0.6436703205108643
thomas bernhard biography - bio and influence in
    literature : 0.527758002281189
riemann bernhard - life and works of bernhard
    riemann : 0.2937617599964142
bernhard bernhard bernhard bernhard bernhard
    bernhard ...: 0.2569074332714081
```

伪文档第一次获得最低分。如果不用普通词项频率，而用 TF-IDF 作为从词嵌入生成平均文档向量的平滑因子，则将获得以下排序。

```
riemann hypothesis - a deep dive into a mathematical
    mystery : 0.7083401679992676
riemann bernhard - life and works of bernhard
    riemann : 0.4424433362483978
thomas bernhard biography - bio and influence in
    literature : 0.3514146476984024
bernhard bernhard bernhard bernhard bernhard
    bernhard ... : 0.09490833431482315
```

在使用基于 TF-IDF 的平滑（例子见图 5-7）后，文档的排序呈现可实现范围内的最佳排序。这次，结果偏离了严格基于词项加权的相似度："riemann"的词项频率为 1 的文档最相关（分数最高），而具有最高词项频率的文档的分数最低。而从语义角度来看，最相关的文档分数高于其他文档。

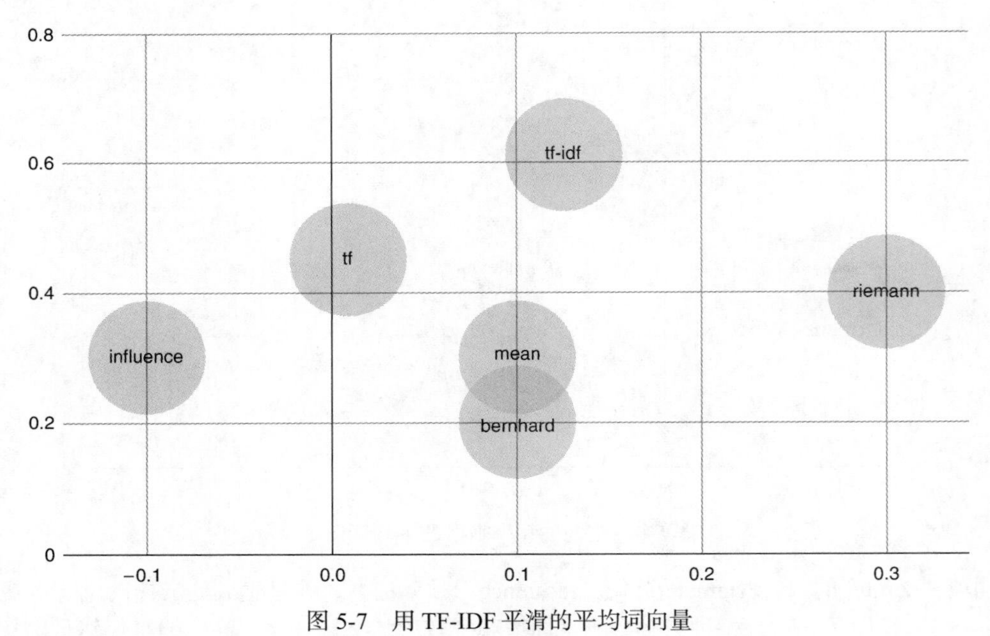

图 5-7　用 TF-IDF 平滑的平均词向量

5.5　评价和比较

这种基于 TF-IDF 平均词向量的文档排序方法是否令人满意？在前面的示例中，你使用特定设置训练了 word2vec：层大小设置为 60，使用 skip-gram 模型，窗口大小设置为 6，等等。排序针对特定查询和一组 4 个文档进行了优化。虽然这种练习有助于学习不同方法的优缺点，但是你无法对所有可能的输入查询进行这种细粒度优化，对于大型知识库而言尤其如此。鉴于完全正确地度量相关性难度过高，最好找到一种自动评价排序有效性的方法。因此，在使用其他方法来解决排序问题之前（例如在神经文本嵌入的帮助下），先简要介绍一些工具来加速评价排序功能。

用于评价基于 Lucene 的搜索引擎有效性的一个优秀工具是 Lucene for Information Retrieval（Lucene4IR）。该工具起源于研究人员和产业人员之间的合作[1]，其快速教程可以在 GitHub 上的 lucene4ir 页面找到。Lucene4IR 可以在标准信息检索数据集上尝试不同的索引、检索和排序策略。在尝试使用它时，可以按顺序运行 Lucene4IR 的 `IndexerApp`、`RetrievalApp` 和 `ExampleStatsApp`。这样可以对返回结果、相关结果的统计信息进行索引、搜索和记录，例如记录所选的 Lucene 配置（`Similarity`、`Analyzers` 等）。在默认情况下，这些应用程序使用 `BM25Similarity` 在 CACM 数据集上运行。

使用 Lucen4IR 工具执行数据评价后，你可以使用 `trec_eval` 工具（一种用于度量 TREC 会议论文集数据上搜索结果质量的工具）来度量精确率、召回率和其他信息检索（IR）指标。以下例子是在 CACM 数据集上使用 BM25 排序函数时，`trec_eval` 终端的输出。

```
./trec_eval ~/lucene4ir/data/cacm/cacm.qrels
    ~/lucene4ir/data/cacm/bm25"results.res
...
num_q                all 51      <—— 执行的查询数量
num_ret              all 5067    <—— 返回结果的数量
num_rel              all 793     <—— 相关结果的数量
num_rel_ret          all 341     <—— 返回的结果中相关结果的数量
map                  all 0.2430  <—— 平均精确率
Rprec                all 0.2634  <—— R 精确率
P_5                  all 0.3608  | P_5，P_10 等分别表示检索到的
P_10                 all 0.2745  | 前 5、前 10 个文档的精确率
```

如果更改 Lucene4IR 配置文件中的 Lucene `Similarity` 参数并再次运行 `RetrievalApp` 和 `ExampleStatsApp`，就可以观察到通常用于信息检索的精确率、召回率和其他度量手段在数据集中如何改变。以下例子是在使用基于语言模型的排序时（Lucene 的 `LMJelinekMercer Similarity`[2]）CACM 数据集上 `trec_eval` 终端的输出。

```
./trec_eval ~/lucene4ir/data/cacm/cacm.qrels
    ~/lucene4ir/data/cacm/bm25_results.res
...
map                  all 0.2292
Rprec                all 0.2552
P_5                  all 0.3373
P_10                 all 0.2529
```

在这种情况下，`Similarity` 被切换，以使用语言模型来估计相关性的概率。结果相比使用 BM25 时差，所有指标值都略低。

① 参见 Leif Azzopardi 等人的文章“Lucene4IR—Developing Information Retrieval Evaluation Resources using Lucene”，刊载于 *ACM SIGIR Forum*，第 50 卷，第 2 期，2016 年 12 月。

② 参见 Chengxiang Zhai 和 John Lafferty 的文章“A Study of Smoothing Methods for Language Models Applied to Ad Hoc Information Retrieval”。

将这些工具结合使用的好处在于，你可以通过一系列快速简单的步骤评价决策对搜索结果准确性的影响。虽然这并不能保证你获得完美的排序，但你可以使用此方法为搜索引擎和数据定义基础排序功能。在简要介绍 Lucene4IR 之后，本书鼓励你（例如基于 word2vec）开发自己的 `Similarity`，并查看它是否与 `BM25Similarity` 有所不同，等等。

基于平均词嵌入的相似度

使用"bernhard riemann influence"示例查询的小实验展示了使用词向量生成的文档嵌入的有效性。同时，在现实生活中，人们需要更好的证据来证明检索模型的有效性。在本节中，你将基于平均 word2vec 词向量实现 `Similarity`，然后使用 Lucene4IR 项目度量它们在小型数据集上的有效性。这些度量将有助于了解这些排序模型的整体表现如何。

正确扩展 Lucene `Similarity` 是一项艰巨的任务，你需要对 Lucene 的工作原理有所了解。本节将重点关注 `Similarity` API 的相关部分，以使用文档嵌入对查询的文档进行评分。首先，创建一个 `WordEmbeddingsSimilarity`，它可以通过平均词嵌入创建文档嵌入。然后，还需要准备训练好的 word2vec 模型，这种模型能够平滑平均词向量，以便将它们组合到文档向量中。另外，你还需要 Lucene 字段，以便从中获取文档内容。

```
public class WordEmbeddingsSimilarity extends Similarity {

  public WordEmbeddingsSimilarity(Word2Vec word2Vec,
        String fieldName, Smoothing smoothing) {
    this.word2Vec = word2Vec;
    this.fieldName = fieldName;
    this.smoothing = smoothing;
  }
```

Lucene `Similarity` 将实现以下两种方法。

```
@Override
public SimWeight computeWeight(float boost,
      CollectionStatistics collectionStats, TermStatistics... termStats) {
  return new EmbeddingsSimWeight(boost, collectionStats, termStats);
}

@Override
public SimScorer simScorer(SimWeight weight,
      LeafReaderContext context) throws IOException {
  return new EmbeddingsSimScorer(weight, context);
}
```

这个任务最重要的部分是实现 EmbeddingsSimScorer，它负责对文档评分。

```
private class EmbeddingsSimScorer extends SimScorer {
  @Override
  public float score(int doc, float freq) throws IOException {
```

```
    INDArray denseQueryVector = getQueryVector();
    INDArray denseDocumentVector = VectorizeUtils
      .toDenseAverageVector(reader.getTermVector(doc,
       fieldName), reader.numDocs(),
          word2Vec, smoothing);
    return (float) Transforms.cosineSim(
      denseQueryVector, denseDocumentVector);
  }
}
```

生成查询向量

生成文档向量

计算文档和查询向量之间的余弦相似度，并将其用作文档分数

如以上代码所示，score 方法和它在前文中的功能差不多，只是这次它在 Similarity 类中实现。它与前文中方法的唯一区别是，toDenseAverageVector 工具类还采用了一个 Smoothing 参数，该参数指定了如何求平均词向量。

```
public static INDArray toDenseAverageVector(Terms docTerms, double n,
    Word2Vec word2Vec, WordEmbeddingsSimilarity.Smoothing smoothing)
        throws IOException {
  INDArray vector = Nd4j.zeros(word2Vec.getLayerSize());
  if (docTerms != null) {
    TermsEnum docTermsEnum = docTerms.iterator();
    BytesRef term;
    while ((term = docTermsEnum.next()) != null) {
      INDArray wordVector = word2Vec.getLookupTable().vector(
        term.utf8ToString());
      if (wordVector != null) {
        double smooth;
        switch (smoothing) {
          case MEAN:
            smooth = docTerms.size();
            break;
          case TF:
            smooth = docTermsEnum.totalTermFreq();
            break;
          case IDF:
            smooth = docTermsEnum.docFreq();
            break;
          case TF_IDF:
            smooth = VectorizeUtils.tfIdf(n, docTermsEnum.totalTermFreq(),
                docTermsEnum.docFreq());
            break;
          default:
            smooth = VectorizeUtils.tfIdf(n, docTermsEnum.totalTermFreq(),
                docTermsEnum.docFreq());
        }
        vector.addi(wordVector.div(smooth));
      }
    }
  }
  return vector;
}
```

getQueryVector 作用完全相同，但它不是在 docTerms 上迭代，而是在查询中的词项上迭代。

Lucene4IR 项目附带了用于对 CACM 数据集进行评价的工具，你可以使用不同的 Similarity 进行评价。按照 Lucene4IR README 中的说明，你可以生成统计信息以评价不同的排序。例如，下面是对前 5 个结果使用不同的 Similarity 得到的精确率。

```
WordEmbeddingsSimilarity:    0.2993
ClassicSimilarity:           0.2784
BM25Similarity:              0.2706
LMJelinekMercerSimilarity:   0.2588
```

这些数字很有意思。首先，使用 TF-IDF 权重方案的 VSM 不是最差的结果。词嵌入的 Similarity 得出的相似度比其他方法高 2%，这还不错。但是，从这个快速评价中可以很容易地看出，排序模型的有效性可能会随数据变化，因此在选择模型时应该特别注意，必须始终根据搜索引擎的实际使用情况来度量理论上的结果和评价。

决定对哪些内容进行排序优化也很重要。例如，通常情况下，同时获得高精确率和高召回率是很难的。现在介绍另一个评价排序模型有效性的指标：**归一化折损累计增益**（normalized discounted cumulative gain，NDCG）。NDCG 根据文档在结果列表中的位置来度量其有用性，或者叫**增益**（gain）。增益从结果列表的顶部累加到底部，因此每个结果贡献的增益随着排序降低而降低。如果你通过 CACM 数据集评价先前 Similarity 的 NDCG，结果甚至会更有趣。

```
WordEmbeddingsSimilarity:    0.3894
BM25Similarity:              0.3805
ClassicSimilarity:           0.3805
LMJelinekMercerSimilarity:   0.3684
```

VSM 和 BM25 表现完全相同，而基于词嵌入的排序函数获得了稍好的 NDCG 值。因此，如果对前 5 个结果的更精确排序感兴趣，你可能应该选择基于词嵌入的排序。但是这个评价也表明，当 NDCG 都比较高时，各种排序函数之间的差异并不大。

此外，最近的研究显示，还有一个较好的解决方案，即同时使用多个评分函数来混合经典排序模型和神经排序模型。[①]你可以使用 Lucene 中的 MultiSimilarity 类来实现它。如果执行相同的评价但采用不同的 MultiSimilarity 风格，你可以看到混合语言建模和词向量产生最佳 NDCG 值。

```
WV+BM25 :       0.4229
WV+LM :         0.4073
WV+Classic :    0.3973
BM25+LM :       0.3927
Classic+LM :    0.3698
Classic+BM25 : 0.3698
```

① 参见 Dwaipayan Roy 等人的文章“Representing Documents and Queries as Sets of Word Embedded Vectors for Information Retrieval”，刊载于 *Neu-IR '16 SIGIR Workshop on Neural Information Retrieval* (*July 21, 2016, Pisa, Italy*)。

5.6　总结

- 像 VSM 和 BM25 这样的经典检索模型为文档排序提供了良好的基础，但它们缺乏理解文本语义的能力。
- 神经信息检索模型旨在为文档排序提供更好的语义理解能力。
- 可以组合单词的分布式表示（如 word2vec 生成的表示），从而为查询和文档生成文档嵌入。
- 平均词嵌入可用于生成有效的 Lucene `Similarity`，当对信息检索数据集进行评价时，这样做可以获得良好的结果。

第6章 用于排序和推荐的文档嵌入

本章内容

- 用段向量生成文档嵌入
- 用段向量排序
- 检索相关内容
- 用段向量改善相关内容的检索

第 5 章通过建立一个基于平均词嵌入的排序函数，介绍了神经信息检索模型。我们对 word2vec 生成的词嵌入求平均，以获取**文档嵌入**（document embedding）。文档嵌入是一个单词序列的密集表示，在根据用户意图对文档排序时精度很高。

然而，常用检索模型（比如基于 TF-IDF 和 BM25 的向量空间模型）的缺点是，它们在对文档进行排序时只考虑单个词项。这种方法可能导致所取得的结果为次优结果，因为词项的上下文信息被丢弃了。考虑到这个缺点，本章将尝试生成文档嵌入，不仅关注单个单词，而且还关注围绕这些单词的整个文本片段。这些从上下文增强的文档嵌入创建的向量表示，会尽可能地携带更多语义信息，从而进一步提高排序函数的精确率。

词嵌入对于捕获单词语义非常有用，但是文本文档的意义和深层语义并不只依赖于单词的意义。比起只学习单词语义，最好能够学习短语或较长文本片段的语义。第 5 章通过平均词嵌入实现了这一点。再进一步，你会发现在准确率方面还可以做得更好。本章将探讨一种直接学习文档嵌入的技术。使用 word2vec 神经网络学习算法的扩展，可以为不同粒度的文本序列（句子、段落、文档等）生成文档嵌入。你将体验这项技术，并看到它在排序时如何提供更好的排序评分。

此外，本章还将介绍如何使用文档嵌入来查找相关内容。**相关内容**（related content）由语义上相关的文档（文本、视频等）组成。当显示单个搜索结果时（例如，当用户在搜索结果网页中单击它时），通常会显示其他内容，例如相似的主题或由同一作者创建的内容。这样做有助于吸引用户的注意力，并提供他们可能喜欢却没有出现在搜索结果第一页上的内容。

6.1 从词嵌入到文档嵌入

本节将介绍 word2vec 的一个扩展，它的目的是在神经网络训练中学习文档嵌入。不同于之前使用过的混合词向量方法（例如基于 TF-IDF 权重平均词向量并最终平滑它们），这种方法在捕获文档语义时通常会得到更好的结果。这种方法也称为**段向量**（paragraph vector），它扩展了两种 word2vec 架构［continuous-bag-of-words（CBOW）和 skip-gram 模型］，合并了上下文中当前文档的信息[①]。word2vec 使用一定大小的文本片段［称为**窗口**（window）］来执行词嵌入的非监督学习，以训练神经网络根据给定单词预测上下文，或者根据给定上下文预测单词。

具体来说，CBOW 神经网络有三层（见图 6-1）：

- 包含上下文单词的输入层；
- 对每个单词包含一个向量的隐藏层；
- 包含需要预测的单词的输出层。

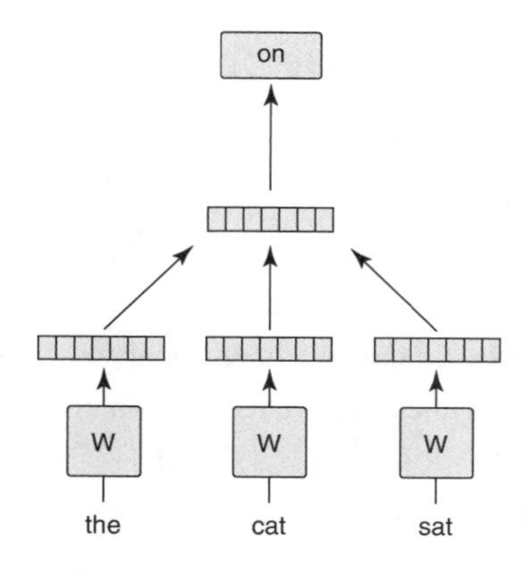

图 6-1 word2vec CBOW 模型

基于段向量的方法提供的直觉知识，能用一个表示文档的标签来装饰或替换上下文，这样神经网络就能学会把单词和上下文与标签关联起来，而不是将单词与其他单词关联。

扩展 CBOW 模型，使输入层含有包含当前文本片段的文档的标签。在训练期间，每个文本片段用标签打上标记。这些文本片段既可以是整个文档，也可以是文档的一部分，如节、段落或句子。这个标签的**值**（value）通常不重要[②]，标签可以是 doc_123456 或 tag-foo-bar 或任何类型的机器生成的字符串。重要的是标签在文档中应该是唯一的，两个不同的文本片段不应以同一标签为标记。

如图 6-2 所示，该模型的架构与 CBOW 类似，它只需在输入层中添加一个表示文档的输入标签。因此，隐藏层需要为每个标签配备一个向量，以便在训练的最后，每个标签都有一个向量表示。有趣的是，这种方法允许你处理不同粒度的文档。你可以对整个文档或文档的较小部分（如段落或句子）使用标签。这些标签作为一种记忆，将上下文与（缺失的）单词联系起来。这种方法被称为**段向量的分布式记忆模型**（PV-DM）。

---

① 参见 Quoc Le 和 Tomas Mikolov 的文章 “Distributed Representations of Sentences and Documents”。

② 除非你打算在训练以外使用它，例如在训练完成后，将网络生成的标签用作索引文档时的文档标识符。

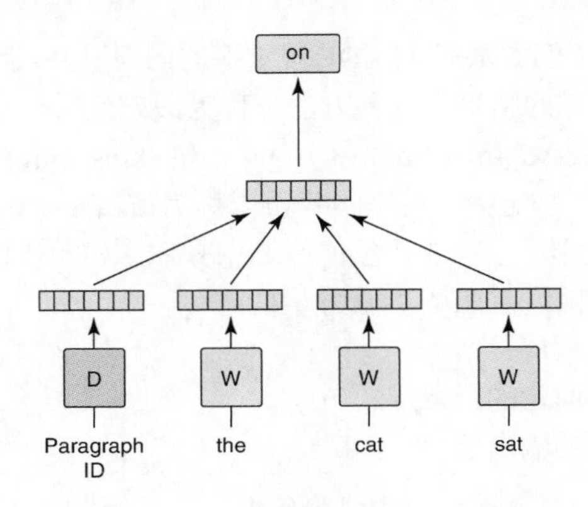

图 6-2　段向量的分布式记忆模型

在像“riemann hypothesis - a deep dive into a mathematical mystery”这样的文档中，因为文本非常短，所以使用单个标签也合理。但是对于较长的文档，比如维基百科页面，则最好为每个段落或句子创建一个标签。请看 Riemann 的英文维基百科页面的第一段，“Georg Friedrich Bernhard Riemann (September 1826 – 20 July 1866) was a German mathematician who made contributions to analysis, number theory, and differential geometry. In the field of real analysis, he is mostly known for the first rigorous formulation of the integral, the Riemann integral, and his work on Fourier series”。你可以用不同的标签来标记每个句子并生成一个向量表示，这有助于找到相似的句子，而不是相似的维基百科页面。

段向量还用**分布式词袋**（PV-DBOW）模型扩展了 word2vec skip-gram 模型。连续 skip-gram 模型使用三层神经网络：

- 包含一个输入单词的输入层；
- 包含词汇表中每个单词的向量表示的隐藏层；
- 包含多个单词的输出层，这些单词表示根据输入单词预测的上下文。

含段向量的 DBOW 模型（见图 6-3）输入的是标签而不是单词，因此网络学习预测的文本部分，属于那些带标签的文档、段落或句子。

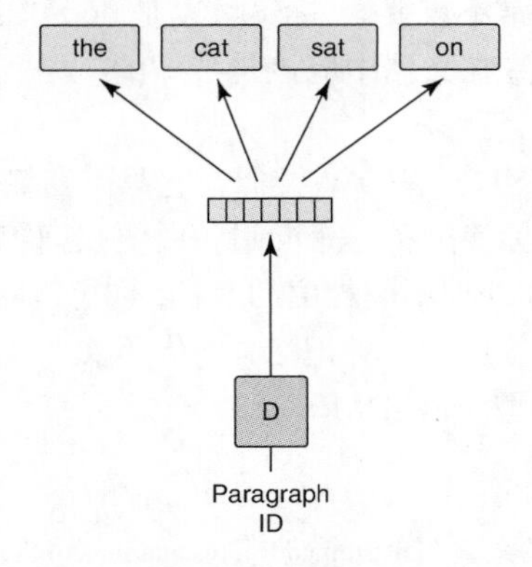

图 6-3　含段向量的 DBOW 模型

PV-DBOW 和 PV-DM 模型都可以用来计算标记过的文档的相似度。就像在 word2vec 中一样，在用于捕获文档语义时，它们获得的结果好得惊人。现在，尝试基于 DL4J `ParagraphVectors` 实现，在示例中使用段向量。

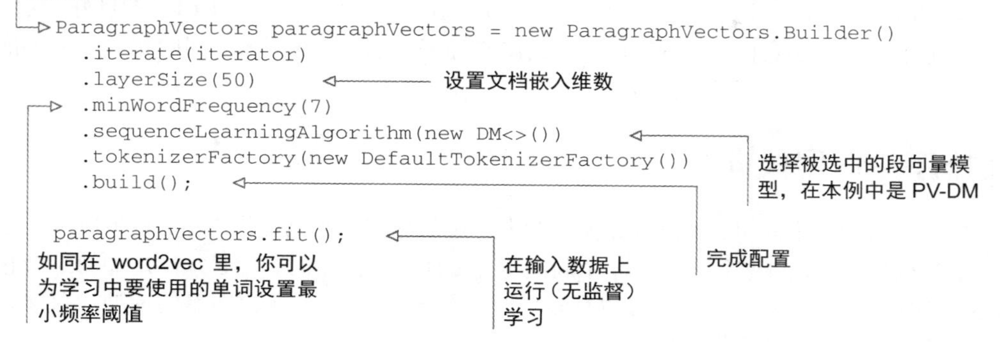
配置段向量
设置文档嵌入维数
选择被选中的段向量模型，在本例中是 PV-DM
完成配置
如同在 word2vec 里，你可以为学习中要使用的单词设置最小频率阈值
在输入数据上运行（无监督）学习

```
ParagraphVectors paragraphVectors = new ParagraphVectors.Builder()
    .iterate(iterator)
    .layerSize(50)
    .minWordFrequency(7)
    .sequenceLearningAlgorithm(new DM<>())
    .tokenizerFactory(new DefaultTokenizerFactory())
    .build();

paragraphVectors.fit();
```

与 word2vec 类似，可以询问段向量模型如下问题。

- 距离标签 xyz 最近的标签是什么？这将有助于找到最相似的文档（因为每个文档都有标签）。
- 给定一段新文本，最近的标签是什么？这让在不属于训练集的文档或查询上使用段向量成为可能。

如果使用维基百科页面中的标题来训练段向量，则可以查找那些标题在语义上与输入文本相似的维基百科页面。假设你想了解到南美洲长途旅行的信息，你可以从刚刚训练过的段向量模型中获取与句子“Travelling in South America”最接近的 3 个文档。

```
Collection<String> strings = paragraphVectors
    .nearestLabels("Travelling in South America"
    , 3);
for (String s : strings) {
  int docId = Integer.parseInt(s.substring(4));

  Document document = reader.document(docId);

  System.out.println(document.get(fieldName));
}
```

得到与所给输入字符串最近的标签

每个标签的形式都是“doc_” + documentId，因此要从索引中获取文档，你只需要文档标识符部分

检索具有给定 ID 的 Lucene 文档

在控制台上打印文档标题

输出如下。

```
Transport in São Tomé and Príncipe
Transport in South Africa
Telecommunications in São Tomé and Príncipe
```

关于圣多美和普林西比的交通及电信的信息

不太相关

如果使用整个维基百科页面的文本（而不仅是标题）来训练段向量，你会得到更相关的结果。这主要是因为像 word2vec 这样的段向量通过查看上下文来学习文本表示，而在短文本（标题）上比在长文本（整个维基百科页面）上更难。

使用整个维基百科页面的文本进行训练时的输出如下。

```
Latin America   (拉丁美洲)
Crime and violence in Latin America   (拉丁美洲的犯罪和暴力)
Overseas Adventure Travel   (海外探险旅游)
```

像这些由段向量生成的文档嵌入，旨在以向量的形式提供一个对整个文本语义的良好表示。你可以在搜索上下文中使用它们，以解决排序中的语义理解问题。这些嵌入之间的相似度更多依赖于文本的意义，而较少依赖于简单的词项匹配。

6.2 在排序中使用段向量

在排序中使用段向量很简单，既可以让模型为训练过的标签或文档提供向量，也可以为一段新文本（比如未见过的文档或查询）训练一个新向量。在使用词向量时，你必须决定如何组合它们（之前你在排序时完成该步，但你也可以在索引时进行该步），但基于段向量的模型让获取查询和文档嵌入变得简单，从而方便了比较和排序。

在开始使用段向量进行排序之前，先后退一步。6.1 节谈到使用 Lucene 中索引的数据来训练段向量模型。这可以通过实现 `LabelAwareIterator` 来完成，`LabelAwareIterator` 是一个文档内容迭代器，它为每个 Lucene 文档分配一个标签。用 Lucene 内部文档标识符标记每个 Lucene 文档，生成一个 `doc_1234` 这样的标签。

`FieldValuesLabelAwareIterator` 从 `IndexReader`（搜索引擎上的读取视图）上获取序列

内容将从单个字段获取，而不是从 Lucene 文档中的所有可能字段获取

```
public class FieldValuesLabelAwareIterator implements LabelAwareIterator {

  private final IndexReader reader;
  private final String field;
  private int currentId = 0;

  @Override
  public boolean hasNextDocument() {
    return currentId < reader.numDocs();
  }

  @Override
  public LabelledDocument nextDocument() {
    if (!hasNextDocument()) {
      return null;
    }
    try {
      Document document = reader.document(currentId,
        Collections.singleton(field));

      LabelledDocument labelledDocument = new
        LabelledDocument();
      labelledDocument.addLabel("doc_"
        + currentId);
```

将正在获取的当前文档的标识符初始化为 0

如果当前标识符小于索引中的文档总数，则需要读取更多文档

从 Lucene 索引获取上下文

创建一个新的 `LabelledDocument`，用于训练 DL4J 的 `ParagraphVector`（段向量）。内部 Lucene 标识符用作标签

```
        labelledDocument.setContent(document
          .getField(field).stringValue());      <-- 在 LabelledDocument 中设置
        return labelledDocument;                    指定的 Lucene 字段的内容
      } catch (IOException e) {
        throw new RuntimeException(e);
      } finally {
        currentId++;
      }
    }
    ...
}
```

以下面的方式初始化段向量的迭代器。

```
IndexReader reader = DirectoryReader.open(writer);   <-- 创建一个 IndexReader
String fieldName = "title";     <-- 定义将要使用的字段
FieldValuesLabelAwareIterator iterator = new
    FieldValuesLabelAwareIterator(reader, fieldName);    <-- 创建迭代器
ParagraphVectors paragraphVectors = new ParagraphVectors.Builder()
  .iterate(iterator)     <-- 在 ParagraphVector 中设置迭代器
  .build();     <-- 构建一个段向量模型（有待训练）

paragraphVectors.fit();     <-- 让段向量进行（无监督）学习
```

一旦模型完成训练，就可以在检索后使用段向量重新给文档评分。

```
创建 IndexSearcher 来执行第一个查询，得到结果集
IndexSearcher searcher = new IndexSearcher(reader);

INDArray queryParagraphVector = paragraphVectors
    .getLookupTable().vector(queryString);    <-- 尝试为当前查询获取已有的向量表示。这可能会失败，因为你对模型的训练是基于搜索引擎内容，而不是查询
if (queryParagraphVector == null) {
  queryParagraphVector = paragraphVectors
    .inferVector(queryString);    <-- 如果查询向量不存在，则让底层神经网络在那段新文本上训练并推断向量（其标签将是字符串的整个文本）
}

QueryParser parser = new QueryParser(fieldName, new WhitespaceAnalyzer());
Query query = parser.parse(queryString);
TopDocs hits = searcher.search(query, 10);     <-- 执行搜索
for (int i = 0; i < hits.scoreDocs.length; i++) {
  ScoreDoc scoreDoc = hits.scoreDocs[i];
  Document doc = searcher.doc(scoreDoc.doc);

  String label = "doc_" + scoreDoc.doc;     <-- 为当前文档创建标签

  INDArray documentParagraphVector = paragraphVectors
    .getLookupTable().vector(label);     <-- 为有指定标签的文档获取现存的向量
  double score = Transforms.cosineSim(
```

```
    queryParagraphVector, documentParagraphVector);

  String title = doc.get(fieldName);
  System.out.println(title + " : " + score);
}
```

在控制台上打印结果

计算查询与文档向量的余弦相似度分数

这段代码说明，在不使用词嵌入的情况下，获取查询和文档的分布式表示有多容易。为方便阅读，结果按分数从高到低排列（代码示例不包含这一步骤）。这个排序与返回文档的实际相关性非常吻合，且分数与文档相关性一致。

```
riemann hypothesis - a deep dive into a mathematical mystery : 0.77497977
riemann bernhard - life and works of bernhard riemann : 0.76711642
thomas bernhard biography - bio and influence in literature : 0.32464843
bernhard bernhard bernhard bernhard bernhard bernhard ... : 0.03593694
```

最相关的两份文档分数较高（且非常接近），第三份文档分数明显较低。这是正常的，因为它是个不相关的文档。最后，伪文档的分数接近 0。

基于段向量的相似度

你可以引入 ParagraphVectorsSimilarity（段向量相似度）。它使用段向量度量查询和文档之间的相似度。这种相似度的有趣之处在于 SimScorer#score API 的实现。

提取查询文本的段向量。如果以前从未见过该查询，则意味着要为段向量网络执行一次训练

```
@Override
public float score(int docId, float freq) throws IOException {
  INDArray denseQueryVector = paragraphVectors
    .inferVector(query);
  String label = "doc_" + docId;
  INDArray documentParagraphVector = paragraphVectors
    .getLookupTable().vector(label);
  if (documentParagraphVector == null) {
    LabelledDocument document = new LabelledDocument();
    document.setLabels(Collections.singletonList(label));
    document.setContent(reader.document(docId).getField(fieldName)
        .stringValue());
    documentParagraphVector = paragraphVectors
        .inferVector(document);
  }
  return (float) Transforms.cosineSim(
    denseQueryVector, documentParagraphVector);
}
```

为文档提取段向量，文档标签等于其文档标识符

如果找不到具有给定标签（docId）的向量，则在段向量网络上执行一次训练以提取新向量

计算查询和文档段向量之间的余弦相似度，并将其用作给定文档的分数

6.3 文档嵌入及相关内容

用户可能经历过这样的情况：某个搜索结果很好，但因为某些原因，它又不够好。想想在一个零售网站搜索“a book about implementing neural network algorithms”，你得到的第一条搜索结果是一本名为 *Learning to Program Neural Nets*（学习神经网络编程）的书。你点击这个结果，进入一个包含这本书更多细节的页面。你意识到自己喜欢该书中的内容。该书作者是这方面公认的权威，但是他的教学示例使用的编程语言是 Python，而你并不太熟悉这门语言。你可能想知道：“有没有主题类似，但是用 Java 来教授神经网络编程的书？”零售网站可能会向你展示一个相关图书列表，并希望你如果不想买上面那本用 Python 写示例的书，可以购买其他内容类似的书（其中可能包括用 Java 写示例的书）。

本节将展示如何在搜索引擎中找到额外的文档，以提供这些相似的内容。这些文档之所以相似，不仅是因为它们来自同一位作者或使用了一些相同的单词，还因为两个文档之间在语义上有关联。这应该让你回想起了之前在使用基于段向量的文档嵌入对函数进行排序时，本书讨论过的语义理解问题。

6.3.1 搜索、推荐和相关内容

为了说明在搜索引擎中指出合适的相关内容有多么重要，先来考虑用户在视频共享平台（如 YouTube）上执行的动作流。此时，主要（甚至是唯一）的界面是用户输入查询的搜索框。假设用户在搜索框中输入 `lucene tutorial`，并点击搜索按钮。然后，界面显示搜索结果列表，而用户最终选择一个他们感兴趣的条目。之后，用户通常会停止搜索，转而点击“Related”（相关）框或列中的视频。对标题为“Lucene tutorial”的视频而言，典型的相关推荐可以是标题为“Lucene for beginners”“Intro to search engines”和“Building recommender systems with Lucene”的视频。用户可以任意点击这些推荐视频。例如，如果他们从“Lucene tutorial”视频中学到了足够多的知识，可能会跳到一个更高级的视频。相反，如果他们意识到要了解如何使用 Lucene 还需要额外的基础知识，那么他们可能希望观看另一个入门视频，或者一个介绍搜索引擎的视频。这个处理检索内容，然后导航到相关内容的过程可以无限地进行。因此，提供相关内容对于最大限度地满足用户需求至关重要。

“Related”框的内容甚至可以将用户意图转移到与最初的查询相去甚远的地方。在前面的例子中，用户希望学习如何使用 Lucene。搜索引擎提供了一个相关条目，其主题并非与 Lucene 直接相关，而是关于基于 Lucene 构建一个用于生成推荐的机器学习系统。这是一个很大的转变：从需要关于运用 Lucene 的信息，到学习基于 Lucene 的推荐系统（一个更高级的主题）。

这个简单的例子也适用于电子商务网站。这类网站的主要目的是销售商品，因此尽管用户被鼓励去搜索（可能）需要的产品，但是他们也被大量“为你推荐”的项目淹没。这些推荐基于以下因素：

- 用户曾经搜索过哪些产品；

❑ 用户搜索哪个主题最频繁；
❑ 新产品；
❑ 用户最近看过（浏览或点击过）哪些产品。

这些海量推荐的关键在于**用户驻留**（user retention）：电子商务网站希望用户尽可能长时间地浏览页面和执行搜索，并希望销售的产品引起用户的兴趣并被用户购买。

这已超出了买与卖的范畴。这种能力对许多应用来说非常重要，例如医疗保健领域的应用。医生在看病时，若能查看其他病人的类似医疗记录（和他们的病史），就可以做出更好的诊断。现在，我们专注于实现根据一个输入文档的内容检索相关或类似文档的算法。首先看看如何让搜索引擎提取相关内容。接下来了解如何使用不同方法来构建文档嵌入，以克服第一种方法的局限性（见图6-4）。之后讨论如何使用段向量进行文档分类，这在提供语义上相关的建议中很有用。

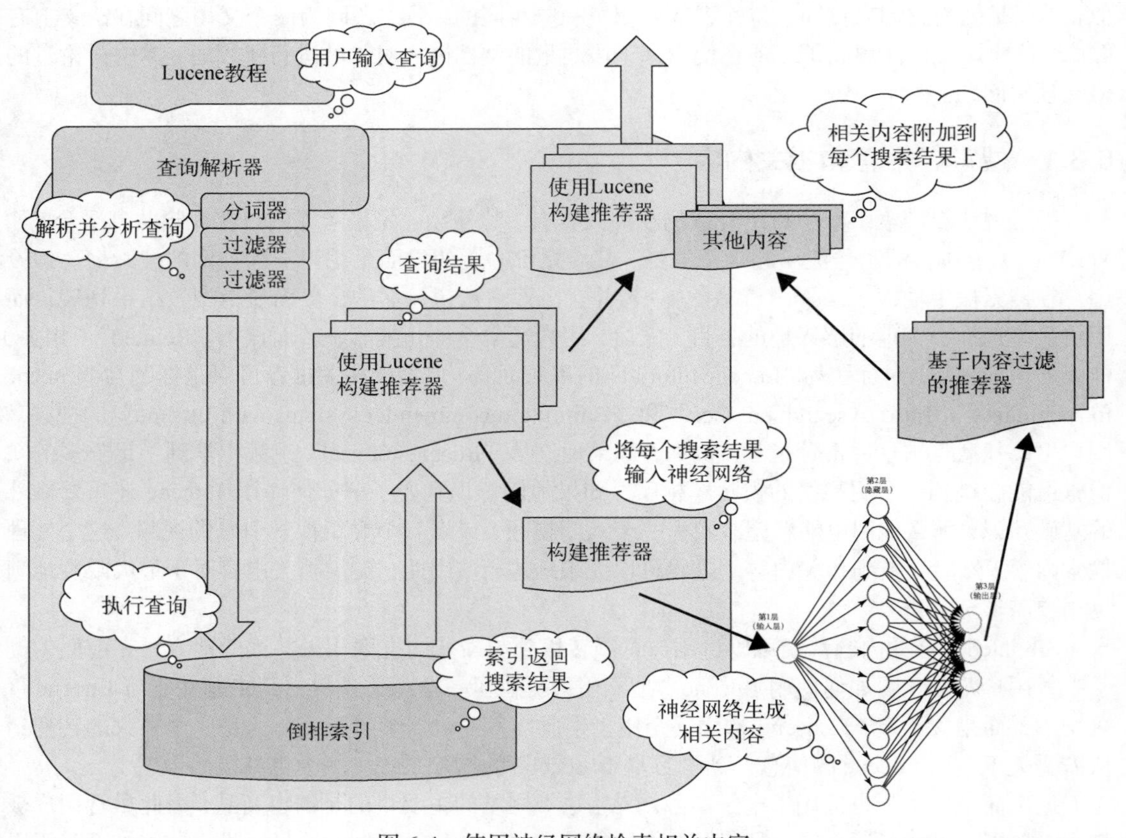

图6-4　使用神经网络检索相关内容

6.3.2 使用高频词项查找相似内容

第 5 章介绍了用于排序的 TF-IDF 权重方案是如何依赖于词项和文档频率来提供文档重要性度量的。TF-IDF 排序背后的基本原理是，对于输入的查询，文档的重要性随词项本地频率和全局稀有性的增长而增长。在这些假设的基础上，仅基于搜索引擎的检索功能，就可以定义一个算法来找出与输入文档相似的文档。

维基百科转储（Wikipedia dumps）是一个很好的集合，可以用来评价用于检索相关内容的算法的有效性。每个维基百科页面都包含内容和有用的元数据（标题、类别、引用，甚至“参见”一节中指向相关内容的链接）。你可以借助几个可用的工具将维基百科转储索引到 Lucene，例如 `lucene-benchmark` 模块。假设你已经将每个维基百科页面及其标题和文本编入两个独立的 Lucene 索引。根据查询返回的搜索结果，你想获取 5 个最相似的文档作为相关内容呈现给用户。要做到这一点，就要选择每一个搜索结果，再从它的内容中（本例中是从 `text` 字段）提取出最重要的词项，并使用提取出的词项执行另一个查询（见图 6-5）。前 5 个结果文档可以用作相关内容。

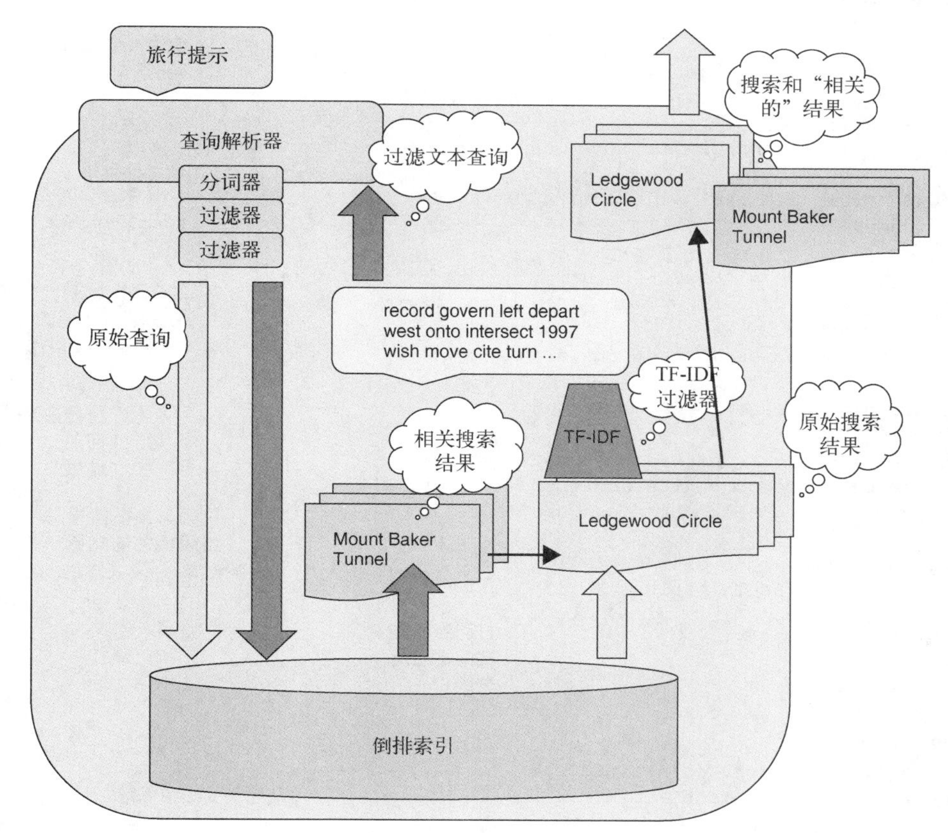

图 6-5 用文档中最重要的词项（使用 TF-IDF 权重方案）检索相关内容

假设你运行查询“travel hints”并获得一条关于美国新泽西州“利奇伍德环岛”（Ledgewood Circle）的搜索结果。你可以获取维基百科相关页面中包含的所有词项，并提取那些词项频率至少为 2，文档频率至少为 5 的文档。通过这种方式，你可以获取以下词项列表。

```
record govern left depart west onto intersect 1997 wish move cite turn
    township signal 10 lane travel westbound new eastbound us tree 46
    traffic ref
```

然后用这些词项进行查询，得到的文档作为相关内容呈现给最终用户。

Lucene 允许你使用名为 `MoreLikeThis`（MLT）的组件来执行此操作，该组件可以从 `Document` 中提取出最重要的词项，并创建一个 `Query` 对象。该对象将通过用于运行原始查询的 `IndexSearcher` 来运行，如代码清单 6-1 所示。

代码清单 6-1　搜索并通过 MLT 获取相关内容

```
EnglishAnalyzer analyzer = new EnglishAnalyzer();
MoreLikeThis moreLikeThis = new MoreLikeThis(
    reader);
moreLikeThis.setAnalyzer(analyzer);

IndexSearcher searcher = new IndexSearcher(
    reader);

String fieldName = "text";
QueryParser parser = new QueryParser(fieldName,
    analyzer);
Query query = parser.parse("travel hints");

TopDocs hits = searcher.search(query, 10);

for (int i = 0; i < hits.scoreDocs.length; i++) {
  ScoreDoc scoreDoc = hits.scoreDocs[i];
  Document doc = searcher.doc(scoreDoc.doc);

  String title = doc.get("title");
  System.out.println(title + " : " +
    scoreDoc.score);

  String text = doc.get(fieldName);
  Query simQuery = moreLikeThis.like(fieldName,
```

- 定义在搜索和从搜索结果内容中提取词项时使用的分析器
- 创建一个 MLT 实例
- 指定 MLT 使用的分析器
- 创建一个 `IndexSearcher`
- 定义在执行第一个查询和通过 MLT 生成的查询查找相关内容时使用哪个字段
- 创建一个 `QueryParser`
- 解析用户输入的查询
- 执行查询并返回前 10 个搜索结果
- 检索与当前搜索结果相关的文档对象
- 打印当前文档的标题及分数
- 从当前文档中提取 `text` 字段的内容

```
      new StringReader(text));

    TopDocs related = searcher.search(simQuery, 5);
    for (ScoreDoc rd : related.scoreDocs) {
      Document document = reader.document(rd.doc);
      System.out.println("-> " + document.get(
          "title"));
    }
  }
```

基于检索到的文档内容，提取最重要的词项（TF-IDF 智能排序），使用 MLT 生成查询

运行由 MLT 生成的查询

打印由 MLT 生成的查询所找到的文档的标题

提取相关内容不涉及机器学习。借助搜索引擎的能力，就能从搜索结果中返回包含最重要词项的相关文档。下面是“travel hints”查询的一些示例输出以及“Ledgewood Circle”的搜索结果。

```
Ledgewood Circle : 7.880041
-> Ledgewood Circle
-> Mount Baker Tunnel
-> K-5 (Kansas highway)
-> Interstate 80 in Illinois
-> Modal dispersion
```

前 3 个相关文档（不包括“Ledgewood Circle”文档）与原始文档相似。它们的内容都与环岛（如隧道、高速公路或州际公路）有关。不过，第 4 份文档完全无关，它的内容涉及光纤。现在，请更深入地研究一下为什么会有这样的结果。为此，可以打开 Lucene 的 `Explanation`（说明）。

```
Query simQuery = moreLikeThis.like(fieldName, new StringReader(text));
TopDocs related = searcher.search(simQuery, 5);
for (ScoreDoc rd : related.scoreDocs) {
  Document document = reader.document(rd.doc);
  Explanation e = searcher.explain(simQuery, rd.doc);
  System.out.println(document.get("title") + " : " + e);
}
```

获取 MLT 查询的说明

借助 `Explanation`，你可以检查词项 `signal`、`10`、`travel` 和 `new` 是如何匹配的。

```
Modal dispersion :
20.007288 = sum of:
  7.978141 = weight(text:signal in 1972) [BM25Similarity], result of:
    ...
  2.600343 = weight(text:10 in 1972) [BM25Similarity], result of:
    ...
  7.5186286 = weight(text:travel in 1972) [BM25Similarity], result of:
    ...
  1.9101752 = weight(text:new in 1972) [BM25Similarity], result of:
    ...
```

这种方法的问题在于，`MoreLinkeThis` 根据 TF-IDF 权重提取了最重要的词项。如第 5 章所示，这时词项出现的频率会产生影响。请看从“Ledgewood Circle”文档文本中提取出的重要词项。词项“record”“govern”“left”“depart”“west”“onto”“intersect”“1997”“wish”“move”

等似乎并不能体现文档与环岛有关。如果把它们作为一个句子来读，它并没有任何意义。

Explanation 使用默认的 Lucene BM25Similarity。第 5 章提到，可以使用不同的排序函数来测试是否可以得到更好的结果。如果采用 ClassicSimility（基于 TF-IDF 的向量空间模型），则可以得到以下信息。

```
Query simQuery = moreLikeThis.like(fieldName, new StringReader(text));
searcher.setSimilarity(new ClassicSimilarity());   <-- 使用 ClassicSimility 而不是默认的 Simility（仅限于相似内容搜索）
TopDocs related = searcher.search(simQuery, 5);
for (ScoreDoc rd : related.scoreDocs) {
  Document document = reader.document(rd.doc);
  System.out.println(searcher.getSimilarity() +
    " -> " + document.get("title"));
}
```

结果如下。

```
ClassicSimilarity -> Ledgewood Circle
ClassicSimilarity -> Mount Baker Tunnel
ClassicSimilarity -> Cherry Tree
ClassicSimilarity -> K-5 (Kansas highway)
ClassicSimilarity -> Category:Speech processing
```

这甚至更糟糕："Cherry Tree"和"Speech processing"都与原始"Ledgewood Circle"文档无关。再尝试用一个基于语言模型的相似度，LMDirichletsimilarity[①]。

```
Query simQuery = moreLikeThis.like(fieldName, new StringReader(text));
searcher.setSimilarity(
    new LMDirichletSimilarity());
TopDocs related = searcher.search(simQuery, 5);
for (ScoreDoc rd : related.scoreDocs) {
  Document document = reader.document(rd.doc);
  System.out.println(searcher.getSimilarity() +
    " -> " + document.get("title"));
}
```

结果如下。

```
LM Dirichlet(2000.000000) -> Ledgewood Circle
LM Dirichlet(2000.000000) -> Mount Baker Tunnel
LM Dirichlet(2000.000000) -> K-5 (Kansas highway)
LM Dirichlet(2000.000000) -> Interstate 80 in Illinois
LM Dirichlet(2000.000000) -> Creek Turnpike
```

很有趣的是，这些结果看起来都很好，它们都与交通基础设施有关，如高速公路或隧道。

使用分类度量相关内容的质量

第 5 章强调了不要只做单一实验的重要性。尽管单一实验有助于细致地理解检索模型在某些

① 参见 Chengxiang Zhai 和 John Lafferty 的文章"A Study of Smoothing Methods for Language Models Applied to Ad Hoc Information Retrieval"。

情况下的工作方式，但无法全面度量模型在更多数据上的工作效果。因为维基百科页面带有类别，所以你可以利用它们对相关内容的准确率进行第一次评价。如果相关内容算法（在这里是 Lucene 的 `MoreLikeThis`）找到的文档被归入任一原始文档类别中，就可以认为它们是相关的。在现实生活中，人们可能希望以略微不同的方式进行此评价。例如，如果一个推荐文档的类别是原始文档类别的子类别，那么也可以认为它是相关的。可以通过构建分类法、从维基百科中提取分类法或者使用 DBpedia 项目（一个众包项目，目的是建立结构化的维基百科内容信息）来实现这一点（以及更多目的）。但是，针对本章的实验，可以定义一个准确率度量，即一段相关内容与原始文档共享一个或多个类别的总次数除以被检索到的相关文档数量。

请看足球运动员 Radadmel Falcao 的维基百科页面，该页面有很多类别（1986 年出生、摩纳哥体育协会足球俱乐部队员，等等）。用 `BM25Similarity` 对 MLT 生成的 `Query` 进行排序，得出以下前 5 个相关文档，括号中是共享的类别（如果有的话）。

```
Bacary Sagna (*Expatriate footballers in England*)
Steffen Hagen (*1986 births*)
Andrés Scotti (*Living people*)
Iyseden Christie (*Association football forwards*)
Pelé ()
```

前 4 个结果与 Radamel Falcao 的维基百科有一个共同的类别，但是“Pelé”没有。因此，准确率是 4（与 Radamel Falcao 页面共享一个类别的结果数量）除以 5（返回的相似结果数量），即 0.8。

要评价此算法，可以生成许多随机查询，并在返回的相关内容上（按预定义的平均准确率计算方法）度量平均准确率。（为了确保至少返回一个搜索返回）使用索引中存在的单词生成 100 个查询，然后使用段向量和余弦相似度检索出 10 个最相似的文档。针对这些相关文档中的每一个，要检查它的每一个类别是否出现在搜索结果中，如代码清单 6-2 所示。

代码清单 6-2　获取相关文档并计算准确率

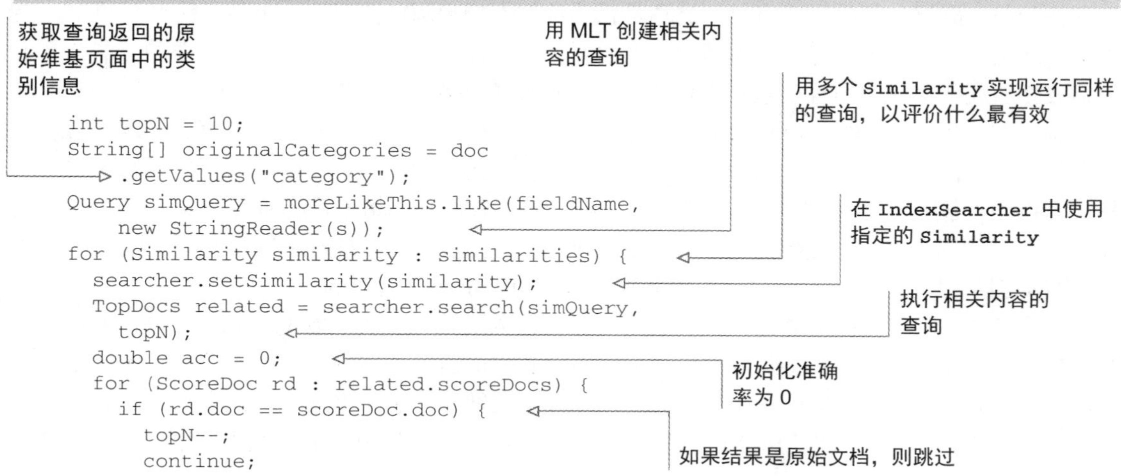


```
int topN = 10;
String[] originalCategories = doc
    .getValues("category");
Query simQuery = moreLikeThis.like(fieldName,
    new StringReader(s));
for (Similarity similarity : similarities) {
  searcher.setSimilarity(similarity);
  TopDocs related = searcher.search(simQuery,
    topN);
  double acc = 0;
  for (ScoreDoc rd : related.scoreDocs) {
    if (rd.doc == scoreDoc.doc) {
      topN--;
      continue;
```

```
    }
    Document document = reader.document(rd.doc);          <—— 检索相关文档
    String[] categories = document.getValues("category");
    if (categories != null && originalCategories != null) {
      if (find(categories, originalCategories)) {         <——
        acc += 1d;                                              如果相关内容的任何类别信息
      }                                                         在原始文档中也有，则增加准
    }                                准确率除以返回相           确率
  }                                  关文档的总数
  acc /= topN;    <——
  System.out.println(similarity + " accuracy : " + acc);
}
```

使用 `BM25Similarity`、`ClassicMilarity` 和 `LMDirichletSimilarity` 的相应输出如下所示。

```
BM25(k1=1.2,b=0.75) accuracy : 0.2
ClassicSimilarity accuracy : 0.2
LM Dirichlet(2000.000000) accuracy : 0.1
```

在 100 多个随机生成的查询中运行，前 10 个结果的平均准确率如下所示。

```
BM25(k1=1.2,b=0.75) average accuracy : 0.09
ClassicSimilarity average accuracy : 0.07
LM Dirichlet(2000.000000) average accuracy : 0.07
```

考虑到最佳的准确率是 1.0，上面这些准确率值都很低。最好的一个准确率只有 0.09。

尽管这是一个次优的结果，但是它对分析结果本身以及每个文档中类别信息的可用性有帮助。首先，你是否选择了一个好的指标来度量用这种方法检索到的相关内容的“相关性”？维基百科页面附加的类别通常质量很好，而“Ledgewood Circle”页面的类别是“Transportation in Morris County”和“Traffic circles in New Jersey”。像“Traffic circles”这样的类别也较合适，但是过于普通。因此，在选择这些文章附加的相关类别时，详细程度应有所不同，而这会影响你计算的准确率估计值。需要分析的另一点是，类别是否是从文本中提取的关键字。虽然在维基百科中，类别不是从文本中提取的关键字，但情况并非总是如此。你可以考虑扩展度量准确率的方法，不仅包括文档所属的类别，而且还包括文档中提到的重要单词或概念。例如，“Ledgewood Circle”页面中有一部分提到 20 世纪 90 年代的一个争议，它与种植在环岛中间的一棵树有关。这种信息没有以任何方式出现在类别中。如果你希望能够提取页面上讨论的概念，可以将其作为附加类别添加（本例中可能是通用的“争议”类别），也可以将其看作用一组通用标签标记每个文档。这些标签可以是类别、文本中提到的概念、重要的单词等。其底线是，准确率度量和附加到文档上的标签或类别一样好。另外，构建和使用类别的方式对评价有重大影响。

其次，你使用度量标准的方式是否恰当？提取输入文档和相关内容的类别，查看是否有类别同时属于这两者。“Ledgewood Circle”页面没有“Traffic Circle”类别，但可以将其类别“Traffic circles in New Jersey”视为更通用的“Traffic circle”类别的一个子类别。把这个推理扩展到维基百科的所有类别中，你可以想象构建一棵树，如图 6-6 所示。其中，节点代表类别，节点越深，

它代表的类别就越具体，粒度越细。

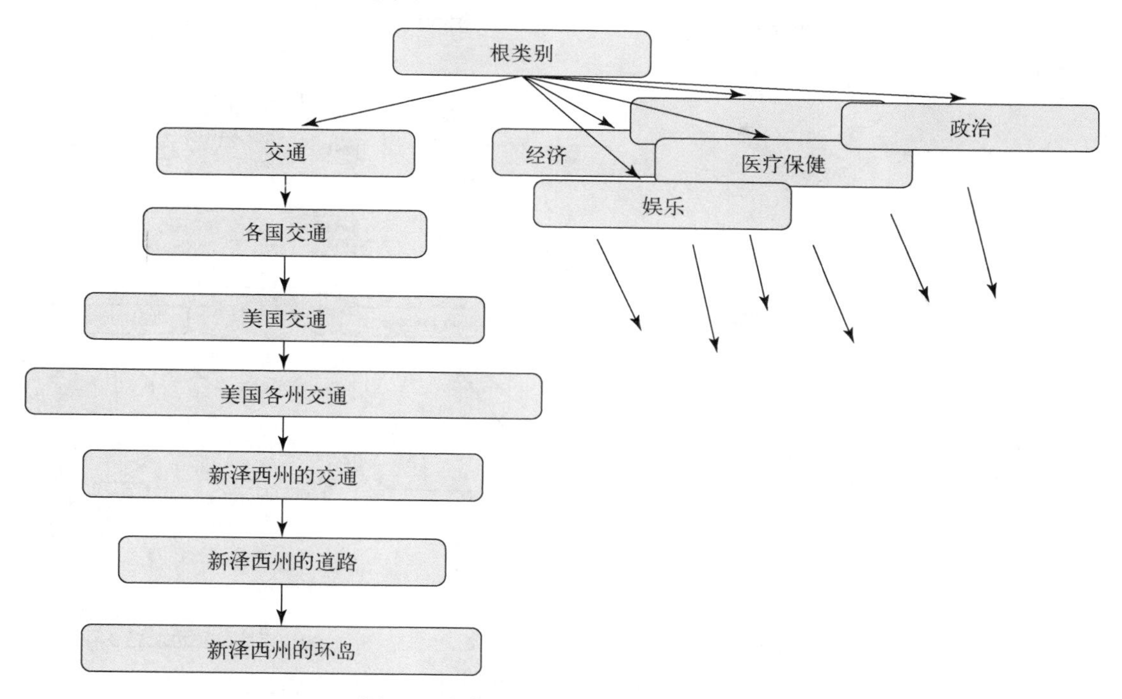

图 6-6 根据维基百科类别构建分类法

在这个实验中，你可以将匹配类别的规则从“输入和相关内容之间至少共享一个类别”改为“输入和相关内容之间至少共享一个类别，或某个文档的一个类别是另一个文档某个类别的子类别”。如果知道更多有关类别（通常也包括标签）之间关系的信息，你也可以使用该信息。DBpedia可以用作页面之间的关系的信息源。假设算法返回“New Jersey”（新泽西州）作为与“Ledgewood Circle”相关的内容，而它们的主要共同点是 Ledgewood Circle 位于新泽西州，具体地点是罗克斯伯里镇（Roxbury Township）。如果能得到这样的信息，那么该信息会是一个很好的链接，能指引你找到度量相关内容的相关性的方法。例如，你可以将任何与输入文档有关联的文档标记为相关，也可以仅在文档通过现有关系的任意子集相关联时，才将其标记为相关。

DBpedia 项目记录了维基百科页面之间许多这样的关系。你可以把它看作一幅图，其中节点代表页面，弧线代表相互之间的关系（并附有名字）。图 6-7 使用 Relfinder 展示了 Ledgewood Circle 和 New Jersey 之间的关系。

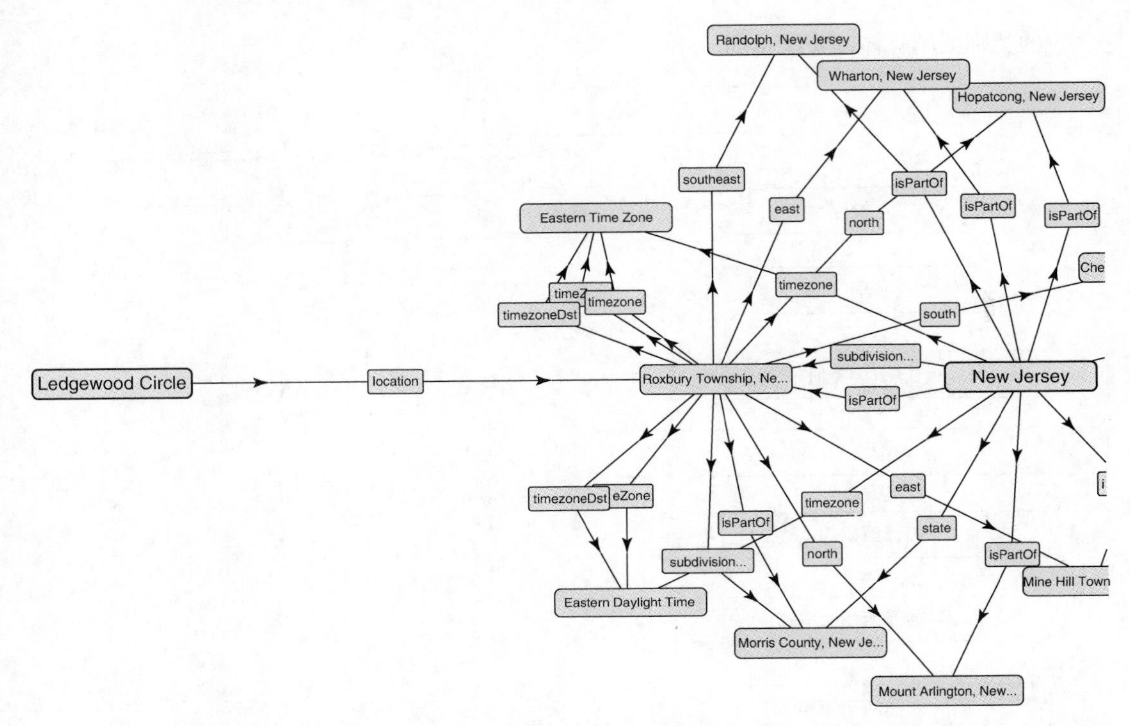

图 6-7　DBpedia 中“Ledgewood Circle”和“New Jersey”页面之间的关系导航

在度量来自 `MoreLinkeThis` 和其他相关内容算法的结果的准确率时，使用有层次的分类体系很重要。另外，关于类别及其关系的信息在实践中常常是不可用的。这种情况下，基于无监督学习的方法有助于确定两个文档是否相似。请考虑学习文本的向量表示的算法，如 word2vec（用于单词）或段向量（用于单词序列）。在图形上绘制它们时，相似的单词或者文档会落在彼此附近。这种情况下，可以将最近的向量聚在一起，组成簇（cluster；有多种方法可以做到这一点，这里不予讨论），并将相关单词或文档归入同一个簇。6.3.3 节将研究文档嵌入的一个更直接的用法：查找相似的内容。

6.3.3　使用段向量检索相似内容

针对输入神经网络结构的每一个单词序列，段向量都会学习一个固定的（分布式）向量表示。你可以将整个文档或部分文档（如文章的一部分、段落或句子）输入网络。粒度由你来定义。例如，如果将整个文档输入网络，你可以要求网络返回检索到的最相似的文档。每个文档（和所生成的向量）都由一个标签标识。

下面回到在维基百科页面上为搜索引擎查找相关内容的问题。在 6.3.2 节中，你使用 Lucene 的 `MoreLikeThis` 工具提取最重要的词项，然后将它们作为查询以获取相关内容。遗憾的是，这样做准确率较低，主要原因如下：

- ❑ `MoreLikeThis` 提取的最重要的词项虽然不错，但是可以更好；
- ❑ 如果查看来自某文档的重要词项，你可能不能区分它们来自哪类文档。

下面回到“Ledgewood Circle”页面。根据 MLT 算法，最重要的词项如下。

```
record govern left depart west onto intersect 1997 wish move cite turn
    township signal 10 lane travel westbound new eastbound us tree 46
    traffic ref
```

很难说上面这些词项来自“Ledgewood Circle”页面，因此不能指望据此得到很准确的相关内容建议。文档嵌入不提供可供查看的显式信息（这是深度学习中的常见问题，黑箱中发生的事往往难以理解）。一个段向量的神经网络在训练期间调整每个文档的向量值，如第 5 章所述。

请使用余弦相似度，通过找到与表示输入文档的向量最近的向量，来提取相关内容。为此，首先运行用户输入的查询，例如“Ledgewood circle”，运行后返回搜索结果。针对每一个这样的结果，提取它的向量表示并查看嵌入空间中离它最近的词。这就像在一个根据语义相似度绘制所有文档的图或地图上导航。当走到代表“Ledgewood Circle”的点时，找到最近的点，看看它们代表了哪些文档。你会注意到，“Ledgewood circle”向量的近邻代表处理交通和运输主题的文档，如果选择（例如）一些关于音乐的文档的向量，你会发现它们在嵌入空间中远离“Ledgewood Circle”及其近邻（见图 6-8[1]）。

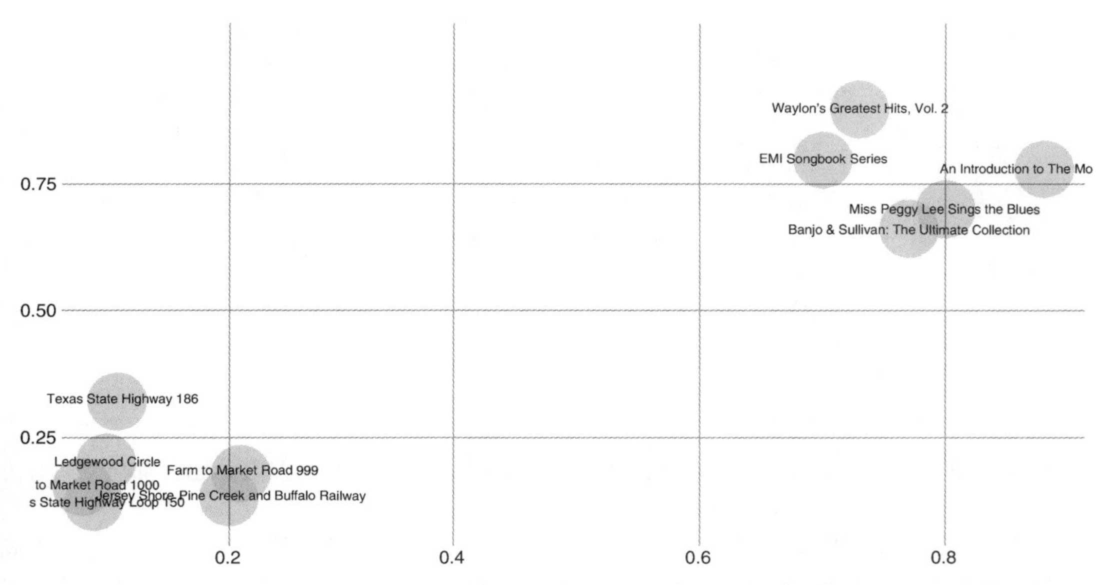

图 6-8 “Ledgewood Circle”的段向量及其近邻，与音乐相关的段向量进行比较

① Mo...应是作者图中未显示完整，本图及其他图中也有类似情况，有时因缺失太多而未译，请读者注意。
——译者注

与排序时类似，首先为段向量网络输入索引数据。

```
File dump = new File("/path/to/wikipedia-dump.xml");
WikipediaImport wikipediaImport = new WikipediaImport(dump,
    languageCode, true);
wikipediaImport.importWikipedia(writer, ft);
IndexReader reader = DirectoryReader.open(writer);
FieldValuesLabelAwareIterator iterator = new
    FieldValuesLabelAwareIterator(reader, fieldName);
ParagraphVectors paragraphVectors = new ParagraphVectors.Builder()
  .iterate(iterator)
  .build();
paragraphVectors.fit();
```

完成后，可以使用 DL4J 内置的 `nearestLabels` 方法查找最接近“Ledgewood Circle”向量的文档向量。在内部，此方法使用余弦相似度度量两个向量之间的距离。

```
TopDocs hits = searcher.search(query, 10);        <—— 运行原始查询
for (int i = 0; i < hits.scoreDocs.length; i++) {
  ScoreDoc scoreDoc = hits.scoreDocs[i];
  Document doc = searcher.doc(scoreDoc.doc);
  String label = "doc_" + scoreDoc.doc;        <—— 为每个结果创建一个标签
  INDArray labelVector = paragraphVectors
    .getLookupTable().vector(label);        <—— 获取搜索结果的文档嵌入
  Collection<String> docIds = paragraphVectors
    .nearestLabels(labelVector, topN);        <—— 查找与搜索结果向量最近的向量的标签
  for (String docId : docIds) {
    int docId = Integer.parseInt(docId.substring(4));
    Document document = reader.document(docId);        <—— 对于每个最邻近的向量，解析其标签并获取相应的 Lucene 文档
    System.out.println(document.get("title"));
  }
}
```

结果如下。

```
Texas State Highway 186
Texas State Highway Loop 150
Farm to Market Road 1000
Jersey Shore, Pine Creek and Buffalo Railway
Farm to Market Road 999
```

从这个简单的例子来看，结果似乎比 MLT 提供的结果好。它们都没有跑题：都与交通有关（然而 MLT 返回了“Modal dispersion”页面，它是一个光学术语）。

为了确认这种良好感觉，可以像度量 `MoreLikeThis` 的有效性时那样，通过计算平均准确率来度量这种方法的有效性。为了进行公平比较，你需要使用同样的检查方法，即检查搜索结果包含的任何类别（如“Ledgewood Circle”）是否也出现在相关内容的类别中。在使用与评价 MLT 时同样的随机生成的查询时，段向量的平均准确率如下。

```
paragraph vectors average accuracy : 0.37
```

MLT 的最佳平均准确率为 0.09，而这里的 0.37 更优。

可以找到语义相近的相似文档是使用文档嵌入的关键优势之一，也是它们在自然语言处理和搜索中如此有用的原因。如你所见，它们有多种应用场景，包括排序和检索相似的内容。不过段向量不是学习文档嵌入的唯一方法。第 5 章介绍过平均词嵌入，但是研究人员一直在研究更先进的提取单词和文档嵌入的方法。

6.3.4 从编码器-解码器模型用向量检索相似内容

第 3 章和第 4 章介绍了一种被称为**编码器-解码器** [encoder-decoder，也称序列到序列 (seq2seq)] 模型的深度神经网络结构。前文提到，这个模型由一个编码器 LSTM 网络和一个解码器 LSTM 网络组成。编码器将输入的单词序列转换为固定长度的稠密向量作为输出，此输出又作为解码器的输入。解码器将该输入转换回一个单词序列并作为最终输出 (见图 6-9)。你曾使用这样的架构来产生可选查询表示，帮助用户输入查询。这里，你反而对使用编码器网络的输出感兴趣，该输出即所谓的**思维向量** (thought vector)。

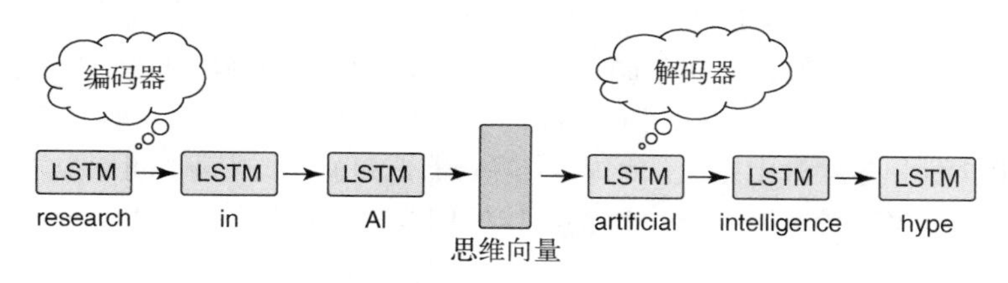

图 6-9 编码器–解码器模型

之所以称之为思维向量，是因为它是输入文本序列的压缩表示。在正确解码时，它会生成所需的输出序列。第 7 章将展示 seq2seq 模型也能用于机器翻译，它们可以将句子从输入语言转换为翻译后的输出序列。此时，你的目的是为输入序列 (文档、句子等) 提取这样的思维向量，并像使用段向量一样，使用它们度量文档之间的相似度。

首先，你需要介入训练阶段，以便“保存”嵌入，因为它们是一次一步地生成的。把它们放在 `WeightLookupTable` 中，`WeightLookupTable` 是负责存储 word2vec 中词向量和 `ParagraphVectors` 中段向量的实体。使用 DL4J，你可以用 `TrainingListener` 介入训练阶段，`TrainingListener` 可以捕获当编码器 LSTM 生成思维向量时的前馈过程。从原始语料库中一次检索一个单词，提取输入向量并将其转换回一个序列。然后，提取思维向量，并将序列及其思维向量放入 `WeightLookupTable`，如代码清单 6-3 所示。

代码清单 6-3 在编码器-解码器训练中提取思维向量

```
public class ThoughtVectorsListener implements TrainingListener {
  @Override
  public void onForwardPass(Model model,
        Map<String, INDArray> activations) {
    INDArray input = activations.get(
        inputLayerName);   <-- 从输入层获取网络输入(转换为向量的单词序列)
    INDArray thoughtVector = activations.get(
```

```
      thoughtVectorLayerName);                          从思维向量层
    for (int i = 0; i < input.size(0); i++) {           获取思维向量
      for (int j = 0; j < input.size(1); j++) {
        int size = input.size(2);
        String[] words = new String[size];              从输入向量一次
        for (int s = 0; s < size; s++) {                一个单词地重建
          words[s] = revDict.get(input.getDouble(i, j, s));  序列
        }
        String sequence = Joiner.on(' ')
            .join(words);
        lookupTable.putVector(sequence, thoughtVector    将单词合并为一个序列
            .tensorAlongDimension(i, j));                （作为一个字符串）
      }
    }                                记录与输入文本序列
  }                                  关联的思维向量
}
```

使用这些向量，可以达到与段向量相同的准确率。不同之处在于，你可以决定如何影响它们。这些思维向量是编码器-解码器 LSTM 网络的中间产物。你可以决定在训练阶段，编码器输入和解码器输出包括哪些内容。如果把属于同一个类别的文档放在网络的边缘，生成的思维向量将学习输出相同类别的文档。由此，可以得到更高的准确率。

如果采用第 3 章和第 4 章中定义的编码器-解码器 LSTM，并用属于同一类别的文档对其进行训练，得到的平均准确率为 0.77。这个值甚至比使用段向量得到的还高！

6.4 总结

- 段向量模型为句子和文档提供分布式表示，并且允许配置粒度（句子、段落或文档）。
- 基于段向量的排序函数比传统的统计模型和基于词嵌入的排序函数更有效，因为它们能在句子或文档级别捕获语义。
- 段向量也可基于文档语义有效地检索相关内容和装饰搜索结果。
- 可以从 seq2seq 模型中提取思维向量，以基于文档语义检索相关内容和装饰搜索结果。

Part 3 第三部分

延 伸

在本书的第一部分中，你基本了解了搜索引擎和深度神经网络及其工作原理，以及它们如何共同创造更智能的搜索引擎。第二部分深入研究了深度神经网络在搜索引擎中的主要应用，主要使用了循环神经网络和词（文档）嵌入，为用户提供相关性更好的结果。这一部分将神经网络的应用扩展到两个新领域来处理更高级的主题和挑战：使用机器翻译搜索多语言文本（第 7 章），以及使用卷积神经网络搜索图像（第 8 章）。最后，第 9 章将介绍在生产环境中影响最大的因素：性能。这涉及是在训练和预测时保持合理的速度，还是保证结果的准确率。你将看到一个关于如何调整神经网络模型，以在合理的训练时间内达到良好准确率的例子。另外，你还会了解在使用神经搜索时如何处理连续数据流。

第7章

跨语言搜索

7

本章内容

- 跨语言信息检索
- 统计机器翻译
- 用于机器翻译的 seq2seq 模型
- 用于机器翻译的词嵌入
- 用于搜索的机器翻译方法的有效性比较

本章将着重扩展你的能力，为使用不同于被检索文档语言来说、读、写查询的用户提供服务。具体来说，本章将介绍如何使用机器翻译来构建可以自动翻译查询的搜索引擎，以便使用这些查询从多种语言中搜索并提供内容。本章将花些时间来研究这种翻译能力在不同的上下文中是如何发挥作用的，从普通的网络搜索到特定情况下（不因语言障碍而遗漏搜索结果很重要）的网络搜索。能够自动翻译查询的好处是，搜索引擎能够接触到更多的用户，而无须为每个文本文档存储多个语言的副本。

7.1 为讲多种语言的用户提供服务

前面几章介绍的许多场景集中在垂直搜索引擎，或者专注于小范围、确定领域的搜索引擎，如搜索电影评论的搜索引擎。本章将面对的挑战是为讲不同语言的用户检索有用的信息。在这方面，没有比网络搜索——即从万维网上搜索任意来源的数据——更合适的了。我们每天都在使用谷歌搜索、必应搜索、百度搜索这样的搜索引擎进行网络搜索。尽管许多在线内容是由大语种（如英语）编写的，但仍有许多用户需要用他们的母语来检索信息，并希望检索到的信息的语言也是他们的母语。

你可能想知道以上讨论的重点是什么。如果有一个意大利语的维基百科页面，它肯定会被（例如）谷歌搜索索引，用户可以用意大利语在谷歌搜索上填写一个查询来搜索它，如图 7-1 所示。

图 7-1　搜索“rete neurale”，即意大利语的“neural network”

在实际搜索时，尤其是在搜索与技术相关的主题时，用英语编写查询通常比较方便。这是因为英语的可用信息总量，特别是在技术主题上，常常远超其他语言。第一语言是意大利语（或丹麦语、汉语等）的用户很可能会用英语编写一个查询，以便尽可能多地获得相关结果。这些结果将只包括英文文档。事实上对用户来说，用英语编写的搜索结果不一定总是比用他们母语编写的搜索结果有用。举一个例子，如图 7-2 所示，这是一位母语为意大利语的用户在用英语查询时发生的情况，用英语编写的查询也返回了一个意大利语的搜索结果（见图右侧）。在这种情况下，当已登录用户执行查询时，搜索引擎可以查看用户的母语，以便在匹配原始查询的语言（在本例中是英语）的结果之外，返回以用户母语编写的结果。

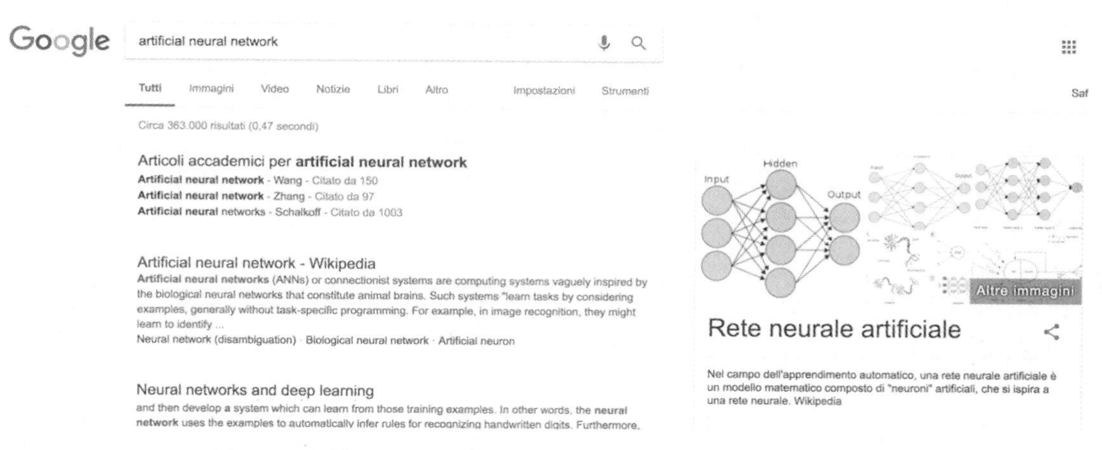

图 7-2　搜索“artificial neural network”，结果是意大利语和英语

这对用户有什么帮助？想象一下，你在阅读很喜欢的一本书，这本书是用你的母语写成的，而不是用在学校学习的外语写的。尽管你能理解这本书外语版本的内容，但这可能会花费额外的时间和精力，并且还可能错过某些细节或特别困难的部分。这同样适用于网络上的文档。例如，“artificial neural network”的维基百科条目有许多不同的语言版本，这使得它更容易被更多的用户

理解。如果一个搜索引擎不仅显示英文条目（与用英文编写的查询匹配），还高亮显示以用户的母语编写的条目，那么这个搜索引擎就能更好地满足更多用户的需求。

你可以将**机器翻译**（machine translation，MT）与搜索引擎相结合返回这两类结果。通过机器翻译，程序可以将一个句子从输入语言翻译成目标语言。本章的其余部分将展示在查询时使用机器翻译工具执行文本翻译的方法。采用这种方法，跨多种语言的搜索引擎查询的召回率和精确率会有所提高。

7.1.1　翻译文档与查询

想象一下，有一家为世界各地用户提供咨询服务的非营利组织。该组织必须构建一个搜索引擎，其功能与上节中概述的类似。这样一个组织的搜索引擎将帮助用户寻找适当的文档，例如填写申请。世界上的每个国家需要填写和签署的文档和表格都可能不同，对申请人的要求也可能根据其国籍而有所不同。这样一个平台的用户可能只会说他们的母语，而不会说要进入的国家的语言。所以如果来自冰岛的用户要去巴西，就需要检索用葡萄牙语书写的文档。如果用户不懂葡萄牙语，他们要怎样编辑搜索查询才能找到需要的信息？

无论如何，可以假设用户在任何情况下都希望尽可能用母语检索。有两种直接使用机器翻译的方法：

- 使用机器翻译程序翻译查询，以在多种语言中找到匹配；
- 只使用一种语言创建内容，并使用机器翻译程序创建文档的翻译副本，从而使查询能够匹配翻译后的版本。

这些选项并不是互斥的，你既可以选其一，也可以两者皆用。怎么选最合适取决于应用场景。

考虑像亚马逊和爱彼迎（Airbnb）这样的网站的客户评论。这样的评论通常使用评论者的母语，因此，为了方便处理搜索结果，在其他用户看到这些评论前，最好先翻译它们。

翻译搜索结果的另一个好例子是问答系统。问答系统使用信息检索系统来回答问题，用户以自然语言的形式详细描述他们的意图（比如“谁在 2012 年伦敦奥运会上获得男子百米冠军”），系统会给出对应的答案，通常是一段（很可能会提供有用信息的）与问题相关的文本（如“尤塞恩·博尔特”）。

另外，对于网络搜索而言，如前一节所述，翻译查询以得到不同语言的搜索结果更好，这样做可以让最终用户有更多选择。一旦选择该方法，就需要做一个关于排序的重要决策：如何对来自翻译查询的结果进行排序？

假设用户用母语输入查询，但返回的查询会被翻译成另一种语言。在这种情况下，将检索原始查询和翻译后的查询的结果。更具体点，如用户需要咨询，那么翻译后的查询返回的文档更重要，因为用户需要填写并提交给地方当局。

在网络搜索中，情况并非总是如此。回到维基百科“artificial neural network”页面的例子，英语版页面上的信息比意大利语版页面多得多。受各种因素（如用户的兴趣和和对主题的偏好）影响，搜索引擎可能会使翻译后的页面排序低于原始页面，因为前者信息量较少。如果一个深度学习的研究人员在网络上搜索“artificial neural network”，那么意大利语版的“artificial neural network”页面对他们就没有用处，因为与英语版页面相比，意大利语版的信息量更少。相反，如果用户在这个主题上是新手，阅读一个由其母语编写的页面可能会帮助他们理解这个主题。虽然这在很大程度上取决于应用场景，但是如果你决定在搜索引擎中使用机器翻译，那么使额外结果的排序等于或高于“正常”结果会是个好主意。

本章的其余部分将把重点放在翻译查询而不是翻译文档上。无论是翻译短文本还是翻译长文本，原理都是相似的。而且，从技术角度看，处理非常短的文本（例如搜索查询）或非常长的文本（如长文章）通常比处理句子困难。

7.1.2 跨语言搜索

首先，简要介绍一下如何将机器翻译融入搜索引擎中，用于翻译用户查询。在网络搜索中，机器翻译任务通常是在搜索引擎中执行的，用户对它一无所知。在其他应用场景下，用户可能希望指定搜索结果的语言。比如，需要咨询的用户知道他们需要的文档用什么语言最好，但搜索系统可能不知道。

接下来，假设你有一组机器翻译工具，可以将用户查询的语言翻译为其他语言，并且你的搜索引擎包含许多不同语言的文档——这是用于网络搜索的跨语言信息检索的常用设置。执行机器翻译的工具可以用很多不同的方法实现。继续浏览本章，就会看到一些机器翻译的不同方法。这些工具通常能将文本从**源**（source）语言翻译为**目标**（target）语言。假设有一条用冰岛语写的查询，如前文所述，你有三个模型，分别可以将冰岛语翻译成英语，英语翻译成冰岛语，意大利语翻译成英语。搜索引擎需要选择正确的工具来翻译查询。如果选择了意大利语到英语的工具，翻译可能没有结果，甚至会得到一个错误的翻译，进而导致检索到不想要的结果。这当然非常糟糕。即使用错的模型没有给出翻译，该过程也会占用 CPU 和内存资源，因此，这种尝试不仅无法返回有用的结果，还可能会对性能产生负面影响。

为了解决这些问题，最好将**语言检测器**（language detector）程序放在机器翻译模型之前。语言检测器接收输入文本并输出输入序列的语言种类。它可以被看作文本分类器，只是它的输出类别是语言代码（`en`、`it`、`ic`、`pt` 等）。在语言检测器检测出用户的查询语言之后，就能选择正确的机器翻译模型来翻译查询。所有机器翻译模型的输出文本将作为附加查询，和原始查询一起发送到搜索引擎。你可以将该过程看作在查询的原始版本和翻译版本之间使用布尔运算符 OR。图 7-3 显示了查询时使用机器翻译的示例流程。

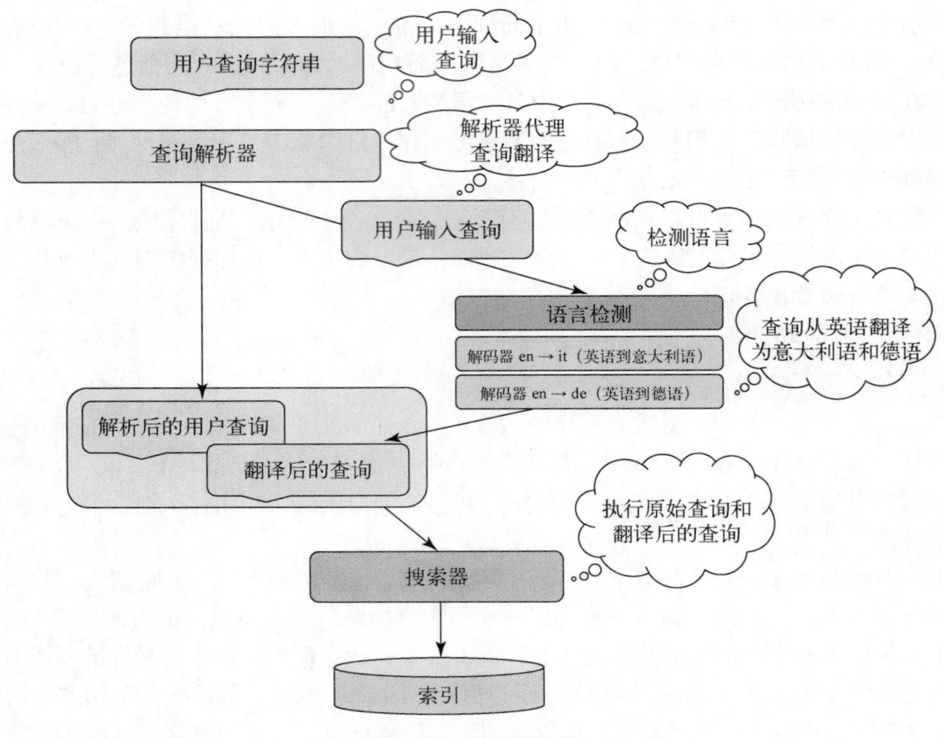

图 7-3　查询翻译流

请看如何在 Apache Lucene 上实现跨语言搜索。到目前为止，机器翻译这一概念有些抽象，7.1.3 节将展示不同类型的机器翻译模型，分析每一个的优缺点，其中将尤其关注为什么大多数研究和产业已经放弃了**统计机器翻译**（statistical machine translation，基于单词和短语概率分布的统计分析），转而使用神经网络的**神经机器翻译**（neural machine translation）。

7.1.3　在 Lucene 上进行多语言查询

继续以咨询为例。假设一位在美国的意大利人需要填写一些咨询文档。他用意大利语输入一个查询，查找进入美国所需的文档。以下是搜索引擎会做的。

```
> q: documenti per entrare negli Stati Uniti     <—— 输入查询
> detected language 'ita' for query     <—— 语言检测输出
> found 1 translation
> t: documents to enter in the US     <—— 翻译后的查询
> 'documenti per entrare negli ...' parsed as:
'(text:documenti text:per text:entrare text:negli text:Stati text:Uniti)'
OR
'(text:documents text:to text:enter text:in text:the text:US) '
```

增强的查询，包含由布尔或子句分隔的原始查询和翻译后的查询正如你猜到的，关键在于解析用户输入查询。以下是查询解析器执行的操作的简要顺序。

(1) 查询解析器读取输入查询。

(2) 查询解析器将输入查询传递给语言检测器。

(3) 语言检测器确定输入查询的语言。

(4) 查询解析器选择能翻译所识别语言的机器翻译模型。

(5) 每个选定的机器翻译模型将输入查询翻译成另一种语言。

(6) 查询解析器将输入和翻译后的文本汇总为布尔查询的“OR”（或）子句。

之后，Lucene `QueryParser` 将得到扩展，其主要方法`#parse` 是将 `String` 转换为 Lucene `Query` 对象，如代码清单 7-1 所示。

代码清单 7-1　创建包含原始查询的 `BooleanQuery`

```
@Override
public Query parse(String query) throws ParseException {

  BooleanQuery.Builder builder = new BooleanQuery
      .Builder();
  builder.add(new BooleanClause(super.parse(query),
      BooleanClause.Occur.SHOULD));
  ...
}
```

在 Lucene 中创建一个布尔查询

解析原始用户查询，并将其作为一个“OR”子句加入布尔查询

然后，用语言检测器工具提取输入查询语言。（有很多不同的方法可以完成该步骤，但现在重点不在于此。）你将使用 Apache OpenNLP 项目中的 `LanguageDetector` 工具，如代码清单 7-2 所示。

代码清单 7-2　检测查询的语言

```
Language language = languageDetector.
  predictLanguage(query);
String languageCode = language.getLang();
```

执行语言检测

获取语言代码（en、it 等）

这里假设你已经加载了执行机器翻译的模型，例如在一个 `Map`（映射）中，它的主键是语言代码（英语为 `en`，意大利语为 `it`，以此类推[①]），值是 `TranslatorTools` 的一个 `Collection`（集合），如代码清单 7-3 所示。目前，`TranslatorTool` 是如何实现的无关紧要，后面的小节将关注这个问题。

代码清单 7-3　选择正确的 `TranslatorTools`

```
private Map<String,Collection<TranslatorTool>> perLanguageTools;

@Override
public Query parse(String query) throws ParseException {
  ...
  Collection<TranslatorTool> tools =
```

① 此处语言代码为该语言英文名称的前两位字母（小写）。——编者注

```
    perLanguageTools.get(languageString);
  ...
}
```

获取能将检测到的语言翻译成其他语言的工具

现在已经加载了机器翻译工具，可以使用它们来创建要添加到最终查询中的其他布尔子句，如代码清单 7-4 所示。

代码清单 7-4　转换查询并用翻译后的文本构建查询

```
for (TranslatorTool tt : tools) {
  Collection<Translation> translations = tt.
    translate(query);

  for (Translation translation : translations) {
    String translationString = translation.
    getTranslationString();
    builder.add(new BooleanClause(super.parse(
      translationString), BooleanClause.Occur.SHOULD));
  }
}

return builder.build();
```

翻译输入查询

为所有输入查询遍历所有可能的翻译

得到翻译文本（每一个翻译由文本及其分数组成，它们表示了该翻译的质量）

解析已翻译的查询，并将其加入布尔查询以供返回

完成构建布尔查询的过程

有了这段代码，就可以使用一个查询解析器来创建多种语言的查询了，其中缺少的部分是用最可能的方法去实现 `TranslatorTool` 接口。要做到这一点，先要快速浏览处理机器翻译任务的不同方法。首先你将学习一个统计机器翻译工具，然后转换到基于神经网络的方法。这将帮助你了解翻译文本的主要挑战，以及基于神经网络的模型通常是如何提供更好的机器翻译模型的。

7.2　统计机器翻译

统计机器翻译（statistical machine translation，SMT）使用统计方法来预测什么样的目标单词（或句子）最可能是输入单词（或句子）翻译。例如，统计机器翻译程序应该能够回答这样一个问题："什么是'hombre'最可能的英语翻译？"要做到这一点，需要在并行语料库上训练一个统计模型。**并行语料库**（parallel corpus）是文本片段（文档、句子，甚至单词）的集合，其中每段内容都有两个版本：源语言（如西班牙语）版本和目标语言（如英语）版本。下面是一个例子。

```
s: un hombre con una maleta
t: a man with a suitcase
```

统计模型（statistical model）是一个可以计算源文本和目标文本片段概率的模型。一个经过正确训练的机器翻译统计模型在给出一个文本片段最可能的翻译时，会同时提供其概率。

```
hombre -> man (0.333)
```

翻译后的文本片段的概率有助于确定翻译好不好，以及能否用于搜索。统计机器翻译模型会

评价许多可能的翻译的概率，但是只返回概率最高的那个。如果要求统计机器翻译模型输出示例查询“hombre”的所有概率，那么好的翻译会对应高概率，而不相关的翻译则对应低概率。这个例子输出如下。

```
man     (0.333)
husband (0.238)
love    (0.123)
...
woman   (0.003)
truck   (0.001)
...
```

统计机器翻译模型会在后台计算每一个可能翻译的概率，并记录概率最高的翻译。这样的算法在伪代码中看起来是这样的[①]。

```
f = 'hombre'
for (each e in target language)
    p(e|f) = (p(f|e) * p(e)) / p(f)

    if (p(e|f) > pe~)

      e~ = e

      pe~ = p(e|f)

e~ = best translation, the one with highest probability
pe~ = the probability of the best translation
```

给出源单词“hombre”，计算其当前目标单词的概率

如果概率高于当前最高概率，则得到一个最佳翻译

记录最佳翻译的概率

记录最佳翻译

该算法不复杂，唯一缺少的部分是如何计算 $p(e)$和 $p(e|f)$这样的概率。在信息论和统计学中，$p(e|f)$是条件概率，即给定 f 时，e 的概率。一般来说，可以认为它是在事件 f 发生的条件下，事件 e 发生的概率。这个例子中，“事件”就是文本片段！你不必深入研究统计学，可以将单词概率设想为单词出现频率的计数。例如，p(man)等于 man 这个词在并行语料库中出现的次数。同样，你可以假设 p(man|hombre)等于在与包含 hombre 的西班牙语源语句相匹配的目标语言（本例中为英语）语句中，单词 man 出现的次数。下面有三组并行的语句，其中两个在源语句中包含 hombre，在目标语句中包含 man；另一个在源语句中不包含 hombre，但在目标语句中包含 man。

```
s: un hombre con una maleta
t: a man with a suitcase

s: un hombre con una pelota
t: a man with a ball

s: un senor trabajando
t: a working man
```

① 参见 Bayes' theorem 维基百科页面。

在这个例子中，p(man|hombre)等于 2。在另一组并行语句中，p(man|senor)等于 1，因为第三组并行语句在源语句中包含 senor 而在目标语句中包含 man。总而言之，hombre 被翻译成了 man。这是因为当一个西班牙语句子包含 hombre 时，在众多可能的选择中，man 是对应的英语句子中出现频率最高的单词。

目前，本章已经介绍了一些统计机器翻译的基础知识。之后，本章还将介绍一些挑战，这些挑战可能会使统计机器翻译比介绍的更难。了解这些挑战非常重要，因为神经机器翻译较少受到类似问题影响，这也是当前神经机器翻译（NMT）取代了统计机器翻译（SMT）的部分原因。

7.2.1　对齐

7.1 节提到，可以构建一个统计模型来翻译文本。这种模型根据单词的频率来估算概率，从而进行翻译。实际上，这里还有其他因素在起作用。例如，两个词 f 和 e 同时分别在源语句和目标语句中出现，但并不意味着其中一个可以翻译为另一个。在前面提到的句子中，a 和 hombre 共同出现的频率高于 man 和 hombre。

```
s: un hombre con una maleta
t: a man with a suitcase

s: un hombre con una pelota
t: a man with a ball

s: un senor trabajando
t: a working man
```

那么 p(a|hombre)=4、p(man|hombre)=2 是否意味着 a 是 hombre 的英文翻译？当然不是！在确定 hombre 的正确翻译是 a 还是 man 时，这个信息非常重要。

但是翻译后的单词并不总是一一对应的。请考虑第三组语句。在这个语境中，senor 的正确翻译是 man，但是 senor 在源语句中的词序排第二位，而 man 在目标语句中的词序排第三位。

```
s: un senor trabajando
t: a working man
```

处理在源语句和目标语句中位置不同的单词的任务被称为**单词对齐**（word alignment），它对统计机器翻译的有效性十分重要。统计机器翻译模型通常会定义一个**对齐函数**（alignment function），该函数会将位于 i 处的（例如）西班牙语源单词映射到位于 j 处的英语目标单词。源语句和目标语句中的单词用索引映射的方式表示对应关系，比如下面的例子中，源语句和目标语句中对应单词的索引映射为 1→1、2→3、3→2。

```
s: un senor trabajando   ◁── a 和 un 在相同位置
   ↓     ↙
t: a working man         ◁── man 和 senor 隔了一个位置
```

单词对齐起重要作用的另一个场景是不同语言中单词之间没有一一对应的关系，在这些语言不是源于同根语言时，尤其如此。再举一个西班牙语-英语的并行语句例子。

```
s: vivo en Estados Unidos
t: I live in the USA
```

这里有两种特殊情况。

- 西班牙语中的一个单词 vivo 被翻译为英语中的两个单词 I live。
- 西班牙语中的两个单词 Estados Unidos 被翻译为英语中的一个单词 USA。

```
s: vivo en Estados Unidos
    ↙ ↘           ↘ ↙
t: I live in the USA
```

单词对齐函数需要注意这些情况。

7.2.2 基于短语的翻译

到目前为止，本章已经讨论了如何翻译单个单词。但是，在自然语言处理的许多其他领域，在不知道语境的情况下翻译一个单词很困难。基于短语的翻译旨在减少翻译单个词时由信息缺乏导致的错误。通常，虽然基于短语的翻译需要用更多数据来训练好的统计模型，但它能更好地处理较长的句子，而且通常比基于单词的统计模型更准确。你在基于单词的统计机器翻译模型中学到的所有内容都适用于基于短语的模型。唯一的区别是，翻译单位不是单词，而是短语。

基于短语的模型在接收到输入文本时，会将文本分解为短语。每个短语都会被单独翻译，然后模型会使用短语对齐函数对每个短语翻译重新排序。在用于机器翻译的神经模型取得成功前，短语（和分层的）统计机器翻译模型是机器翻译的业界标准，被用在许多工具中，例如谷歌翻译。

7.3 使用并行语料库

很多人可能已经意识到，机器学习的关键之一在于拥有大量高质量的数据。机器翻译模型通常是在并行语料库上训练的。在并行语料库中，（文本）数据集有两种语言的版本，方便源语言中的单词、语句映射到目标语言中的单词、语句。

对机器翻译感兴趣的人可以了解一下开源并行语料库（Open Parallel Corpus，OPUS），它是一个非常有用的资源。OPUS 提供了许多并行资源。选择源语言和目标语言，你将看到不同格式的并行语料库清单。各个并行语料库通常有不同的 XML 格式，但是有的也会像 Moses 项目那样，提供专用于机器翻译的格式。有时，OPUS 还提供含有词频的翻译词典。

在这种情况下，可以配置一个小工具来解析 Translation Memory eXchange（TMX）格式。尽管 TMX 规范不是最新的，但 OPUS 项目上的许多现有并行语料库提供 TMX 格式，因此当训练第一个 NMT 模型时，能解析 TMX 格式非常有用。

TMX 文件格式对每个并行语句使用一个 `tu` XML 节点。每个 `tu` 节点有两个 `tuv` 子元素，一个用于源语句，另一个用于目标语句。每个节点都有一个包含实际文本的 `seg` 节点。

下面是一个从英语翻译成意大利语的 TMX 文件示例。

```
<?xml version="1.0" encoding="UTF-8" ?>
<tmx version="1.4">
<header creationdate="Wed Jul 30 13:12:22 2014"
          srclang="en"
          adminlang="en"
          o-tmf="unknown"
          segtype="sentence"
          creationtool="Uplug"
          creationtoolversion="unknown"
          datatype="PlainText" />
  <body>
    ...
    <tu>
      <tuv xml:lang="en">
        <seg>
            It contained a bookcase: I soon possessed myself of a volume.
        </seg>
      </tuv>
      <tuv xml:lang="it">
        <seg>
             Vi era una biblioteca e io m'impossessai di un libro.
          </seg>
        </tuv>
    </tu>
    ...
  </body>
</tmx>
```

最后，关注获取 tuv 和 seg XML 节点的内容，收集并行语句，以获得源文本和目标文本。为此，首先创建一个 ParallelSentence（并行语句）类，如代码清单 7-5 所示。

代码清单 7-5　一个 ParallelSentence 类

```
public class ParallelSentence {

  private final String source;
  private final String target;

  public ParallelSentence(String source, String target) {
    this.source = source;
    this.target = target;
  }

  public String getSource() {
    return source;
  }

  public String getTarget() {
    return target;
  }
}
```

接下来，创建一个 TMXparser 类，用于从 TMX 文件提取并行语句的 Collection，如代码清单 7-6 所示。

代码清单 7-6 解析和遍历并行语料库

```
TMXParser tmxParser = new TMXParser(Paths.get("/path/to/it-en-file.tmx")
    .toFile(), "it", "en");
Collection<ParallelSentence> parse = tmxParser.parse();
for (ParallelSentence ps : parse) {
  String source = ps.getSource();
  String target = ps.getTarget();
  ...
}
```

TMXparser 将查看所有 tu、tuv 和 seg 节点并构建 Collection。

```
public TMXParser(final File tmxFile, String
  sourceCode, String targetCode) {
  ...
}

public Collection<ParallelSentence> parse() throws IOException,
      XMLStreamException {
  try (final InputStream stream = new
      FileInputStream(tmxFile)) {
    final XMLEventReader reader = factory
        .createXMLEventReader(stream);
    while (reader.hasNext()) {
      final XMLEvent event = reader.nextEvent();
      if (event.isStartElement() && event.asStartElement().getName()
          .getLocalPart().equals("tu")) {
        parse(reader);
      }
    }
  }
  return parallelSentenceCollection;
}
```

创建一个 TMX 文件上的解析器，定义源语言及目标语言

读取文件

创建一个 **XMLEventReader**：一个工具类，它每读取到一个 TMX 元素就产生一个事件

在每一个 TMX 事件上迭代（节点、属性等）

截获 **tu** 节点

解析 **tu** 节点，读取所包含的并行语句

本章不会深入解析提取并行语句的代码，因为分析 XML 不是这里的主要关注点。为了完整起见，这里是 parseEvent 方法的要点。

```
if (event.isEndElement() && event.asEndElement()
    .getName().getLocalPart().equals("tu")) {
  if (source != null && target != null) {
    ParallelSentence sentence = new ParallelSentence(source, target);
    parallelSentenceCollection.add(sentence);
  }
  return;
}
if (event.isStartElement()) {
  final StartElement element = event.asStartElement();
  final String elementName = element.getName().getLocalPart();
  switch (elementName) {
    case "tuv":
      Iterator attributes = element.getAttributes();
      while(attributes.hasNext()) {
        Attribute next = (Attribute) attributes.next();
```

关闭 **tu** 元素。**ParallelSentence** 已就绪

从 **tuv** 元素中读取语言代码

```
        code = next.getValue();
      }
      break;
    case "seg":                                  从 seg 元素中
      if (sourceCode.equals(code)) {             读取文本
        source = reader.getElementText();
      } else if (targetCode.equals(code)) {
        target = reader.getElementText();
      }
      break;
  }
}
```

使用生成的并行语句，可以训练一个机器翻译模型。该模型既可以是如前文所述的统计模型，也可以是 7.4 节将要介绍的神经模型。

7.4 神经机器翻译

在了解所有关于统计机器翻译和并行语料库的背景知识后，你现在可以准备学习神经网络为什么及如何用在（应用于搜索的）机器翻译环境里了。想象有一位工程师，负责为一家非营利组织建立一个搜索引擎，用于为世界各地的用户提供咨询服务。他们需要机器翻译模型具有尽可能多的语言对（例如，西班牙语到英语、斯瓦希里语到英语、英语到西班牙语，等等）。基于显式概率估计的统计模型训练（如前面讨论的基于单词或短语的统计机器翻译模型）会因需要的人工工作量大而非常费时。例如，针对每一个语言对都需要进行大量的单词对齐工作。

当 NMT 模型最初被引入时，最吸引人的特性之一是，它们不需要太多的调整。当 Ilya Sutskever 展示他和共同作者们在一个 NMT 编码器-解码器架构上进行的工作[①]时，他说："我们用最小的创新得到最大的成果。"[②]这被认为是这类模型最好的特性之一。

这种方法使用一个深度的长短期记忆（LSTM）网络。这种网络会输出大向量（big vector），即第 3 章中提到的**思维向量**（thought vector）。然后，将输入序列（和思维向量）反馈到另一个解码器 LSTM，该解码器生成翻译好的序列。虽然随着时间的推移，逐渐有不同"风格"的 NMT 模型被提出，但是，使用编码器-解码器网络这一主要思想仍具有里程碑意义：这是第一个完全基于神经网络的模型，它在机器翻译任务中击败了统计机器翻译模型。

这种模型可以灵活地在不同领域中将序列映射到序列，而不仅仅是在机器翻译中。例如，第 3 章提到的 seq2seq 编码器-解码器模型可以用于执行查询扩展，第 6 章提到的思维向量可以用于检索相关内容。现在本章将更深入地探讨这些模型的工作原理，以及序列在这些模型中如何流入、流出。

7.4.1 编码器-解码器模型

在更高层次上，编码器 LSTM 读取源文本序列，并将其编码为一个固定长度的向量，即思维向量，然后此向量进入解码器 LSTM，由解码器 LSTM 输出源语句的翻译版本。编码器-解码器

① 参见 Ilya Sutskever、Oriol Vinyals 和 Quoc V. Le 的文章"Sequence to Sequence Learning with Neural Networks"。

② 参见 YouTube 网站上由 Microsoft Research 发布的视频"NIPS: Oral Session 4 - Ilya Sutskever"。

系统经过训练，可以将正确翻译给定源语句的概率最大化。因此在某种程度上，编码器-解码器网络就像许多其他基于深度学习的模型一样，是一个统计模型！它与“传统”统计机器翻译的区别在于，NMT 模型通过神经网络学习来最大化所生成翻译的正确性，它们以端到端的方式来翻译。例如，编码器-解码器网络不需要专门的单词对齐工具，它只需要包含大量源语句-目标语句对的集合。

编码器-解码器模型的主要特点如下：

- 它易于创建和理解，因为模型是直观的；
- 它可以处理长度可变的输入序列和输出序列；
- 它产生有不同用处的输入序列嵌入；
- 它能用于不同领域的 seq2seq 映射任务；
- 正如刚才所解释的，它是一种端到端的工具。

下面将图 7-4 进行分解，以便更好地理解模型各部分的内容，以及各部分如何协同工作。这个编码器由一个递归神经网络（RNN）构成，通常是 LSTM 或其他替代品，比如门循环单元（GRU[①]），这里不加详述。请记住，前馈网络与 RNN 的主要区别在于后者有循环层，能够轻松地处理无限的输入序列，并同时保持输入层大小固定。编码器 RNN 通常是深度网络，有不止一个隐藏的循环层。第 3 章介绍 RNN 时提到，在提供了大量训练数据，但翻译质量仍很差的情况下，可以增加隐藏层。一般来说，2~5 个循环层就足以训练几十吉字节大小的数据集合。编码器网络的输出是思维向量，它对应编码器网络最后一个隐藏层的最后一个时间步。例如，如果编码器有 4 个隐藏层，第 4 层的最后一个时间步将表示思维向量。

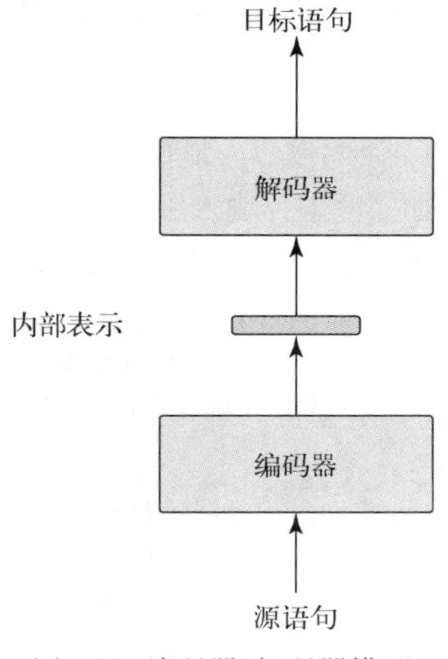

图 7-4 编码器-解码器模型

① 参见 Kyunghyun Cho 等人的一篇著名文章“Learning Phrase Representations Using RNN Encoder-Decoder for Statistical Machine Translation”。

为了简单起见，考虑翻译一个由意大利用户编写的有 4 个单词的句子，这个用户正在寻找持意大利身份证进入英国的相关信息。这时，源语句可能为“carta id per gb”。编码器网络在每一个时间步输入语句的一个单词。4 个时间步之后，编码器网络已经输入了输入语句中的所有 4 个单词，如图 7-5 所示。

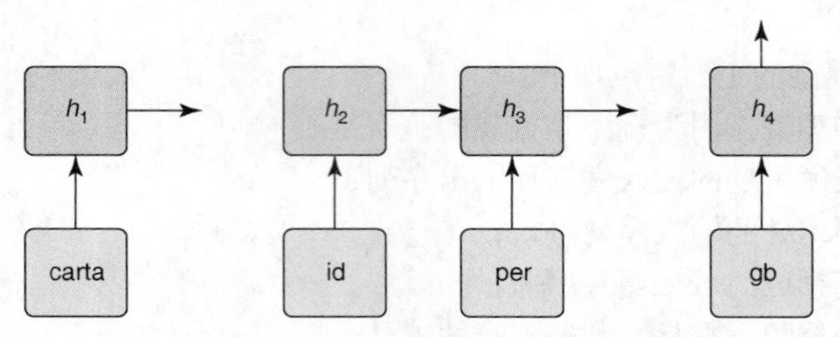

图 7-5　一个具有 4 个隐藏循环层的编码网络

说明　在实践中，输入序列通常是倒序的，因为在这种情况下神经网络通常会给出更好的结果。

第 2 章介绍 word2vec 时，提到单词经常被转换成一个一位有效编码向量，方便用于神经网络。词嵌入是 word2vec 算法的一个输出。编码器网络可以使用**嵌入层**（embedding layer）做类似的事。输入层的维数（神经元数量）等于源语句集合词汇表中单词的数量，每个输入单词对应一个一位有效编码向量。记住，某个单词的一位有效编码向量（如 `gb`）是一个表示该单词的位置为 1，其余所有位置为 0 的向量。在进入循环层之前，一位有效编码向量被转换为一个比输入层维数小的词嵌入层。这个嵌入层的输出是一个单词的向量表示（一个词嵌入），类似于使用 word2vec 获得的向量表示。

仔细观察编码网络层，会看到一个与图 7-6 类似的栈。这个输入层由 10 个神经元组成，这意味着源语言只包含 10 个单词。而实际上，输入层可能包含上万个神经元。嵌入层缩小了输入单词大小，并生成了一个向量，其值不仅包括 0 和 1，还包括实数。嵌入层输出的向量随后被传递给循环层。

在处理完输入序列的最后一个单词后，一个特殊的标记（例如`<EOS>`，句尾）被传递给网络，表示输入已经完成，应该开始解码。这使得处理可变长度的输入序列更加容易，因为在接收到`<EOS>`标记之前，解码不会开始。

解码部分就是编码部分的镜像，唯一的区别是解码器（见图 7-7）在每一时间步同时接收固定长度的向量和一个源单词。

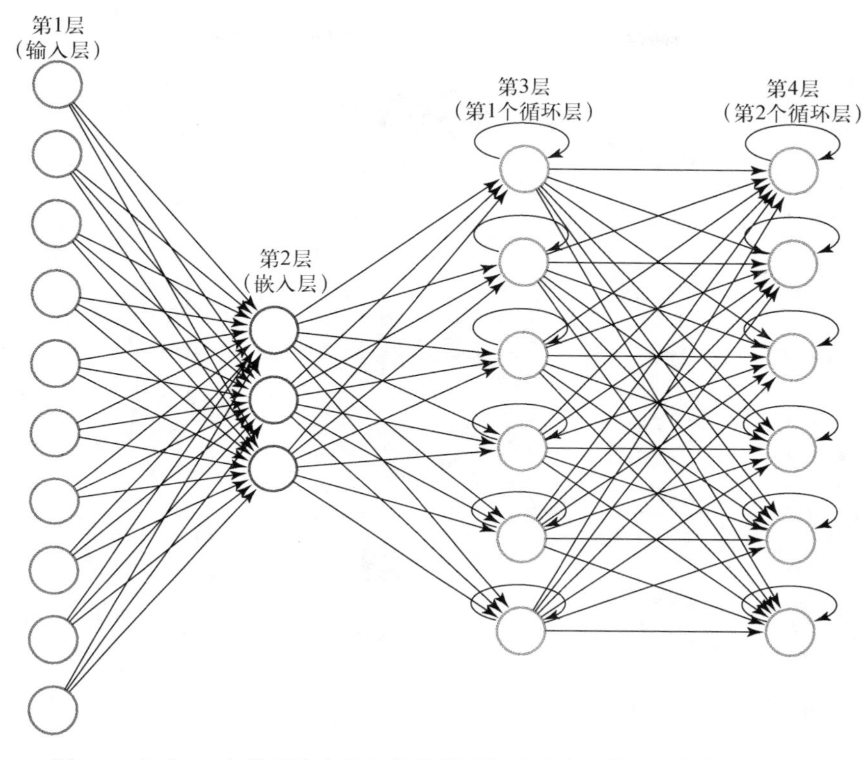

图 7-6 包含 10 个单词的字典的编码器网络层（直到第 2 个隐藏循环层）

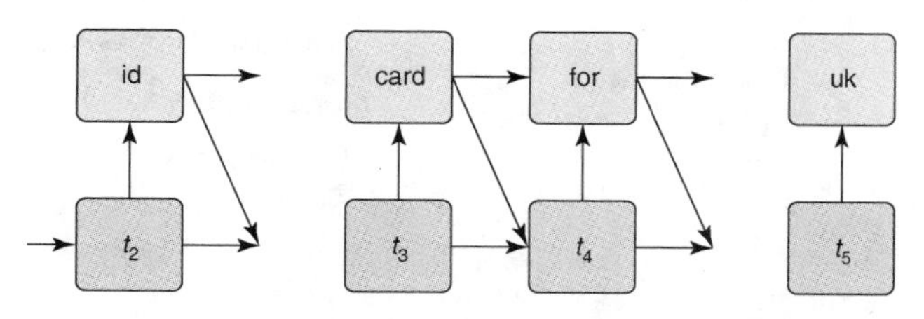

图 7-7 一个具有 4 个隐藏循环层的解码器网络

解码器中没有使用嵌入层。在每一个时间步，解码器网络输出层的概率值都被用来从字典中抽取一个单词。接下来请看一个使用 DL4J 的编码器-解码器 LSTM 实践。

7.4.2 DL4J 中用于机器翻译的编码器-解码器

DL4J 允许通过**计算图**（computational graph）声明神经网络的结构。这是一个深度学习框架中的常见范例。类似的模式也应用在其他流行的深度学习工具中，如 TensorFlow、Keras 等。借助神经网络的计算图，你可以声明存在的层以及它们是如何相互连接的。

考虑前一节中定义的编码器网络层。正如图 7-8 中用 DL4J UI 做的可视化展示，这里有一个输入层、一个嵌入层和两个循环（LSTM）层。编码器网络计算图如下。

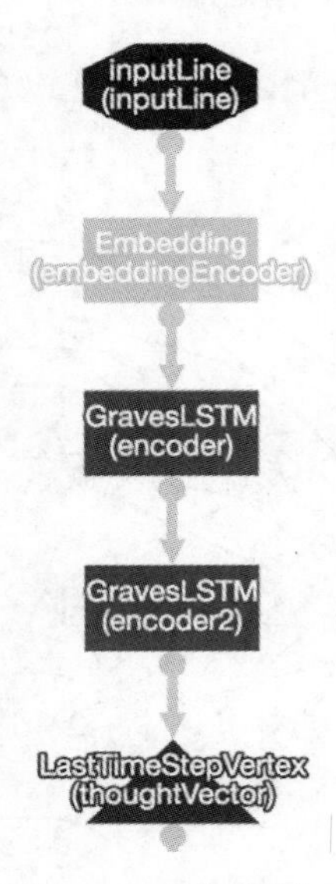

图 7-8　编码器层

```
ComputationGraphConfiguration.GraphBuilder graphBuilder =
        builder.graphBuilder()
    ...
    .addInputs("inputLine", ...)
    .setInputTypes(InputType.
        recurrent(dict.size()), ...)          ← 为 RNN 指定一个输入类型
    .addLayer("embeddingEncoder",
        new EmbeddingLayer.Builder()          ← 创建一个嵌入层
            .nIn(dict.size())                 ← 嵌入层期待的输入数量等于词典的大小
            .nOut(EMBEDDING_WIDTH)            ← 输出嵌入向量宽度
            .build(),
        "inputLine"                           ← 嵌入层输入
    .addLayer("encoder",                      ← 增加第一个编码器层
        new GravesLSTM.Builder()              ← 编码器的第一层是一个 LSTM 层
            .nIn(EMBEDDING_WIDTH)
            .nOut(HIDDEN_LAYER_WIDTH)
            .activation(Activation.TANH)      ← 在 LSTM 层中使用一个双曲正切函数
            .build(),
        "embeddingEncoder")                   ← 编码层从 embeddingEncoder 层中提取输入
    .addLayer("encoder2",                     ← 增加编码器的第二层（另一个 LSTM 层）
        new GravesLSTM.Builder()
            .nIn(HIDDEN_LAYER_WIDTH)
            .nOut(HIDDEN_LAYER_WIDTH)
            .activation(Activation.TANH)
            .build(),
        "encoder");                           ← 编码器的第二层从编码器层中提取输入
    ...
```

解码器部分包含两个 LSTM 层和一个输出层（见图 7-9）。输出层上的 softmax 函数产生输出值，对这些输出值进行采样，作为翻译后的单词。

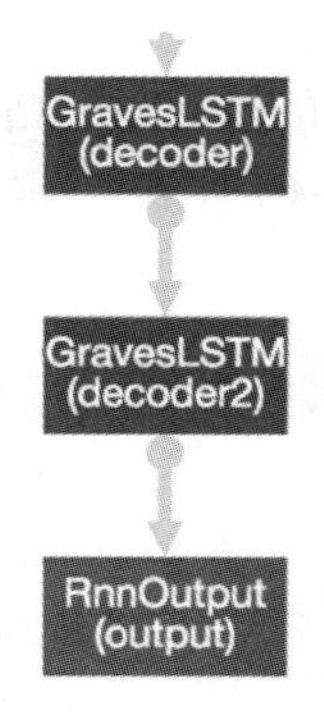

图 7-9 解码器层

```
...
.addLayer("decoder",
    new GravesLSTM.Builder()
        .nIn(dict.size() + HIDDEN_LAYER_WIDTH)
        .nOut(HIDDEN_LAYER_WIDTH)
        .activation(Activation.TANH)
        .build(),
    "merge")
.addLayer("decoder2",
    new GravesLSTM.Builder()
        .nIn(HIDDEN_LAYER_WIDTH)
        .nOut(HIDDEN_LAYER_WIDTH)
        .activation(Activation.TANH)
        .build(),
    "decoder")
.addLayer("output",
    new RnnOutputLayer.Builder()
        .nIn(HIDDEN_LAYER_WIDTH)
        .nOut(dict.size())
        .activation(Activation.SOFTMAX)
        .lossFunction(LossFunctions.
            LossFunction.MCXENT)
        .build(),
    "decoder2")
.setOutputs("output");
```

解码器循环层也是基于 LSTM 的

普通 RNN 输出层

输出是一个由 **softmax** 激活函数生成的概率分布

使用的损失函数是多类交叉熵（multiclass cross entropy）

此刻，你可能认为工作已经完成了，但是编码器和解码器还没有黏合在一起。这包括以下内容：

- 思维向量层，它捕获源单词的分布式表示，用于解码器生成正确的翻译单词；
- 一个旁路输入，被解码器用来跟踪它生成的单词。

这个图较为复杂，有些出乎意料，因为神经网络的解码端会在每个时间步同时使用思维向量和它生成的输出。解码器网络一旦在专用输入上接收到某个特定单词（如 go），就开始生成翻译后的单词。在那个时间步上，解码器同时得到由编码器生成的思维向量输出的值和这个特殊的单词，并生成第一个解码后的单词。在下一个时间步上，它使用刚生成的解码后的单词作为新输入，结合思想向量值生成后续单词，等等，直到它产生某个用于停止解码的特定词（如 EOS）。

总之，思维向量层被反馈到编码网络的最后一个循环层（LSTM），并在每个解码时间步与一个单词一起被用作解码器的输入，如图 7-10 所示。完整模型如图 7-11 所示。

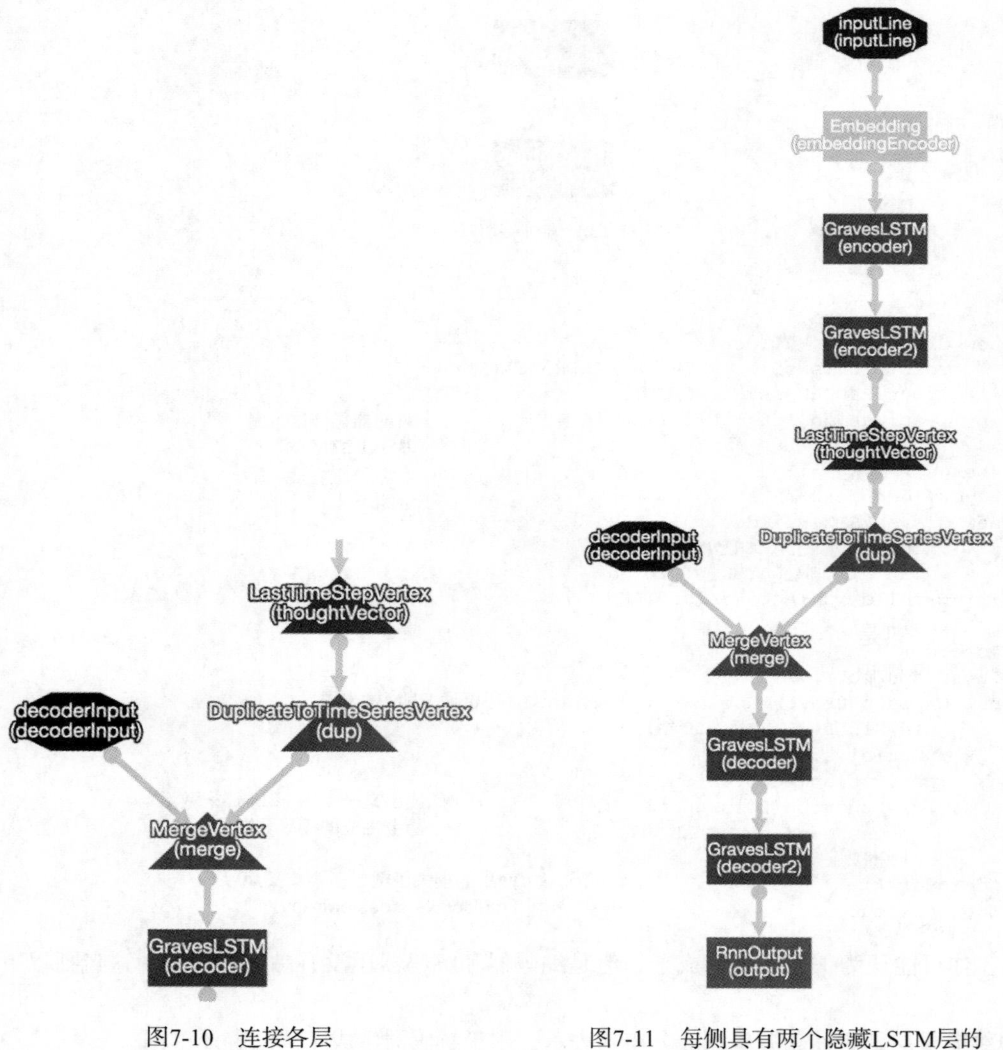

图7-10 连接各层

图7-11 每侧具有两个隐藏LSTM层的编码器–解码器模型

图 7-10 中编码器和解码器之间的连接由以下代码实现。

```
.addVertex("thoughtVector", new LastTimeStepVertex(
    "inputLine"), "encoder2")     <-- 只有编码器最后一个时间步的输出被记录到思维向量中

.addVertex("dup", new DuplicateToTimeSeriesVertex(
    "decoderInput"), "thoughtVector")     <-- 为解码器创建一个新的时间序列输入，这个时间序列输入的值是从思维向量初始化的

.addVertex("merge", new MergeVertex(), "decoderInput"
--> , "dup")     让解码器准备好接收来自思维向量和解码器侧的合并输入
```

建立了这幅计算图，你就准备好了用并行语料库训练网络。要做到这一点，就要构建一个 ParallelCorpusProcessor（并行语料库处理器）。ParallelCorpusProcessor 处理并行语料库，例如从 OPUS 项目下载的 TMX 格式的文件。处理器提取源语句和目标语句，并建立单词字典。然后，该词典将为训练编码器–解码器模型提供输入和输出序列。

```
包含并行语料库的 TMX 文件
-->File tmxFile = new File("/path/to/file.tmx");
ParallelCorpusProcessor corpusProcessor = new
    ParallelCorpusProcessor(tmxFile, "it", "en");     <-- 解析 TMX 文件，根据语言代码提取源语句和目标语句（例如，源语句为"it"，目标语句为"en"）
corpusProcessor.process();     <-- 处理语料库
Map<String, Double> dictionary =
    corpusProcessor.getDict();     <-- 检索语料库词典
Collection<ParallelSentence> sentences =
    corpusProcessor.getSentences();     <-- 检索并行语句
```

字典现在被用于建立网络，（对于一位有效编码向量而言）字典的大小定义了输入的数量。在这种情况下，字典是一个映射，其关键字是单词，值是一个数字，该数字用于对反馈到嵌入层时的每个单词进行标识。语句和字典对在并行语句上构建迭代器而言是必需的。然后，并行语料库上的 DataSetIterator 被用于在不同轮次（训练的一轮，是在训练集所有可用的训练样本上进行的一轮完整训练）上训练网络。

```
使用计算图构建网络
ComputationalGraph graph = createGraph(dictionary.
--> getSize());

ParallelCorpusIterator parallelCorpusIterator = new
    ParallelCorpusIterator(corpusProcessor);     <-- 构建并行语料库上的迭代
for (int epoch = 0; epoch < EPOCHS; epoch++) {
  while (parallelCorpusIterator.hasNext()) {     <-- 在语料库上迭代
    MultiDataSet multiDataSet = parallelCorpusIterator
        .next();     <-- 提取一批输入和输出序列
    graph.fit(multiDataSet);     <-- 在当前批（训练样本）上训练网络
  }
}
```

网络现在开始学习从意大利语序列生成英语序列。如图 7-12 所示，网络的误差减少了。

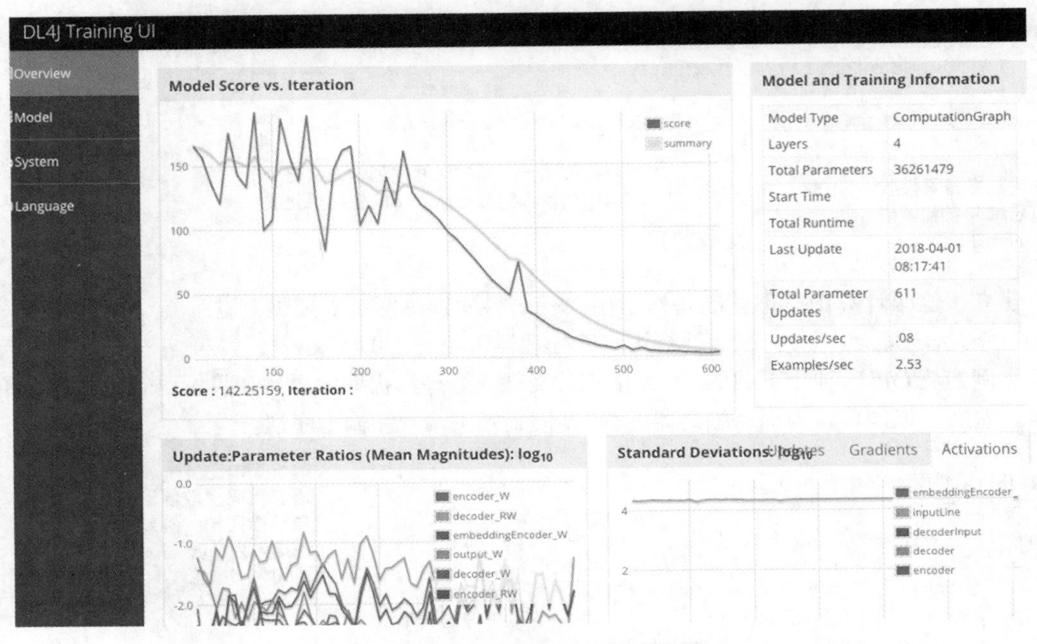

图 7-12　编码器-解码器网络的训练

网络执行的翻译由输入序列的所有单词在编码器、解码器网络中的前馈传递构成。这个编码器网络实现 `TranslatorTool` API，`output` 方法对神经网络进行前馈传递，并给出对源语句的翻译版本。

```
@Override
public Collection<Translation> translate(String text) {
  double score = 0d;
  String string = Joiner.on(' ').join(output(text, score));
  Translation translation = new Translation(string, score);
  return Collections.singletonList(translation);
}
```

`output` 方法将文本序列转换为向量，再沿着编码器和解码器网络传递这个向量。文本向量通过 `ParallelCorpusProcessor` 生成的单词索引被反馈进网络。然后，可以将一个 `String` 转换为 `List<double>`，后者是对应源语句中每个词素的单词索引有序列表。

```
Collection<String> tokens = corpusProcessor.tokenizeLine(text);
List<Double> rowIn = corpusProcessor.wordsToIndexes(tokens);
```

现在，准备好实际的向量，用于编码器（输入向量）和解码器（解码向量）的输入，并对编码器和解码器网络执行单独的前馈传递。编码器前馈传递如下所示。

```
net.rnnClearPreviousState();
Collections.reverse(rowIn);
Double[] array = rowIn.toArray(new Double[0]);
INDArray input = Nd4j.create(ArrayUtils.toPrimitive(array),
    new int[] {1, 1, rowIn.size()});
int size = corpusProcessor.getDict().size();
double[] decodeArr = new double[size];
decodeArr[2] = 1;
INDArray decode = Nd4j.create(decodeArr, new int[] {1, size, 1});
net.feedForward(new INDArray[] {input, decode}, false, false);
```

解码器的前馈传递稍微复杂一些，因为它希望使用由编码器传递生成的思维向量和源序列词素向量。因此，在给定一个思维向量和源序列词素向量时，解码器在每个时间步执行一次翻译。

```
Collection<String> result = new LinkedList<>();
GravesLSTM decoder = (GravesLSTM) net.getLayer("decoder");
Layer output = net.getLayer("output");
GraphVertex mergeVertex = net.getVertex("merge");
INDArray thoughtVector = mergeVertex.getInputs()[1];
for (int row = 0; row < rowIn.size(); row++) {
  mergeVertex.setInputs(decode, thoughtVector);
  INDArray merged = mergeVertex.doForward(false);
  INDArray activateDec = decoder.rnnTimeStep(merged);
  INDArray out = output.activate(activateDec, false);
  double idx = sampleFrom(output);
  result.add(corpusProcessor.getRevDict().get(idx));
  double[] newDecodeArr = new double[size];
  newDecodeArr[idx] = 1;
  decode = Nd4j.create(newDecodeArr, new int[] {1, size, 1});
}
return result;
```

最后，一切都设置好了，可以使用编码器-解码器网络开始翻译查询。（在实际中，你将在搜索工作流之外执行训练过程。）训练结束后，模型将被持久化到磁盘，然后由本章开头定义的查询解析器加载。

```
ComputationGraph net ...
File networkFile = new File("/path/to/file2save");
ModelSerializer.writeModel(net, networkFile, true);
```

查询解析器是由使用意大利语语句的编码器-解码器网络（以及语言检测器工具）创建的。

```
File modelFile = new File("/path/to/file2save");
ComputationGraph net = ModelSerializer.restoreComputationGraph(modelFile);
net.init();
TranslatorTool mtNetwork = new MTNetwork(modelFile);

Map<String, Collection<TranslatorTool>> mappings = new HashMap<>();
mappings.put("ita", Collections.singleton(mtNetwork));
LanguageDetector languageDetector = new LanguageDetectorME(new
    LanguageDetectorModel(new FileInputStream("/path/to/langdetect.bin")));
MTQueryParser MTQueryParser = new MTQueryParser("text",
    new StandardAnalyzer(), languageDetector, mappings);
```

查询解析器的内部日志将告诉你它如何翻译传入的查询。假设一个意大利用户想知道他们的身份证在英国是否有效，那么他们用意大利语编写的查询，将由编码器-解码器网络翻译成英语，如下所示。

```
> q: validità della carta d'identità in UK
> detected language 'ita' for query 'validità della carta d'identità in UK'
> found 1 translation
> t: identity card validity in the UK
> 'validità della carta d'identità in UK' was parsed as:
 '(text:validità text:della text:carta text:identità text:in text:UK)'
 OR
 '(text:identity text:card text:validity text:in text:the text:UK)'
```

这就为机器翻译（基于 LSTM 网络的编码器-解码器模型）提供了端到端的解决方案。许多机器翻译生产系统使用这样的模型或者它们的扩展模型。NMT 的一个关键好处是，如果提供足够的训练数据，得到的翻译通常十分准确。但是，这样的模型在训练时需要大量的计算资源。7.5 节将讨论使用单词和文档嵌入（word2vec、段向量等）实现机器翻译程序的另一种方法。与本节中实现的模型及类似模型相比，它虽然可能无法实现同样高的准确率，但需要的计算资源要少得多。因此，它可能是个不错的折中方案。

7.5　多语言的单词和文档嵌入

前几章使用了词嵌入（表示单词语义的稠密向量），特别是 word2vec 模型，即可以生成同义词来丰富受到索引文档的文本，又可以用来定义排序函数，更好地捕获搜索结果的相关性。第 6 章提到过一个段向量算法学习文本序列（文档的全部或一部分，如段落或句子）的稠密向量，你曾用它来推荐相似的内容并创建另一个（更强大的）排序函数。现在，这些神经网络算法都将应用到文本翻译任务中。

线性投影单语言嵌入

word2vec 模型生成的词向量的一个关键方面是，当这些向量被绘制成向量空间中的点时，具有类似含义的单词位置彼此靠近。在介绍 word2vec 的论文发表后不久，参与论文发表的研究人员想知道，如果词嵌入来自相同但是经过翻译的数据，它们会发生什么变化。在内容相同的情况下，一段英语文本的词向量和西班牙语文本的词向量之间有什么关系？他们发现，在不同语言中，表达相同意思的词之间的关系有极高的几何相似度。例如，如果绘制出数字和动物在英语和西班牙语中的分布图，就可以看到它们的分布是相似的，如图 7-13 所示。

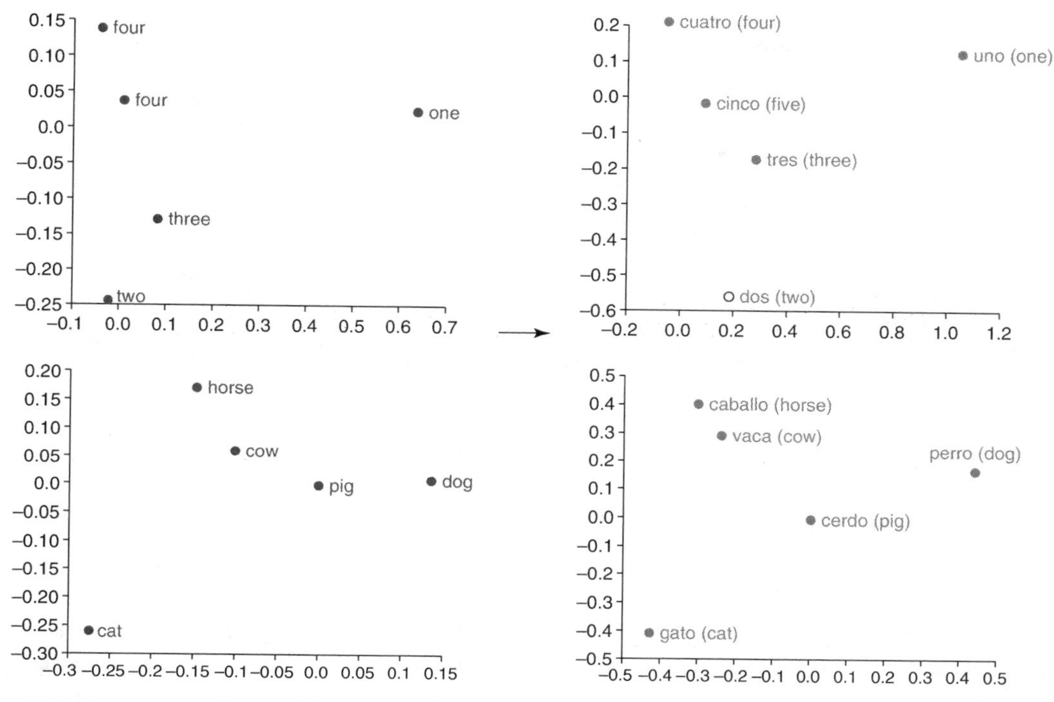

图 7-13 Mikolov 等人的论文"Exploiting Similarities among Languages for Machine Translation"中的英语和西班牙语嵌入

这些视觉上和几何上的相似度表明，如果有一个函数，可以将英语嵌入空间中的词向量转换为西班牙语嵌入空间中的词向量，那么它是翻译单词的良好候选方案。这样的函数被称为**线性投影**（linear projection），因为它能将源向量（对于英语单词）乘以某个**翻译向量**（translation vector），把源词投影到目标单词（西班牙语）上去。假设对来自英语文本的 word2vec 模型的单词 cat，有一个二维的小向量<0.1, 0.2>（在实践中，这种情况永远不会发生，词嵌入的实际维度通常成百上千）。你可以学习一个转换矩阵。cat 这个源向量，在乘以该转换矩阵后，能够与向量<0.07, 0.22>近似。<0.07, 0.22>是单词 gato 在西班牙语嵌入空间中的向量。这里的转换矩阵是指将输入向量乘以转换矩阵权重，并输出一个投影向量。

为了使它更实用，需要在 DL4J 中设置它，并使用英语-意大利语并行语料库（与用于编码器-解码器的相同）。你将得到一个并行语料库，构建两个独立的 word2vec 模型，一个用于源语言，一个用于目标语言，如代码清单 7-7 所示。

代码清单 7-7　构建两个独立的 word2vec 模型

```
Collection<ParallelSentence> parallelSentences = new
    TMXParser(tmxFile, source, target).parse();     <—— 解析并行语料库文件

Collection<String> sources = new LinkedList<>();    | 为源语句和目标语句分
Collection<String> targets = new LinkedList<>();    | 别创建两个集合
```

```
for (ParallelSentence sentence : parallelSentences) {
    sources.add(sentence.getSource());
    targets.add(sentence.getTarget());
}

int layerSize = 100;
Word2Vec sourceWord2Vec = new Word2Vec.Builder()
        .iterate(new CollectionSentenceIterator(sources))
        .tokenizerFactory(new DefaultTokenizerFactory())
        .layerSize(layerSize)
        .build();
sourceWord2Vec.fit();
Word2Vec targetWord2vec = new Word2Vec.Builder()
        .iterate(new CollectionSentenceIterator(targets))
        .tokenizerFactory(new DefaultTokenizerFactory())
        .layerSize(layerSize)
        .build();
targetWord2vec.fit();
```

训练两个 word2vec 模型，一个来自源语句，一个来自目标语句

嵌入维度等于 word2vec 模型的隐藏层的大小，且必须在两个模型之间保持一致。

训练两个 word2vec 模型，一个来自源语句，一个来自目标语句

嵌入维度等于 word2vec 模型的隐藏层的大小，且必须在两个模型之间保持一致

在这种情况下，你不仅需要原始的源文本和目标文本，还需要有关单词翻译的信息。你要能说出并行语料库中每个英语单词对应的意大利语单词翻译。你也可以通过字典（包含诸如 cat=gato 之类的信息）或单词对齐的语料库来获取此信息。在语料库中，可以获取每一组并行语句的源单词和目标单词的位置信息。在 OPUS 门户中，很容易找到每行一个单词翻译的字典文件。

```
...
Transferring trasferimento
Transformation Trasformazione
Transient transitori
...
```

你可以使用以下代码解析字典。

```
List<String> strings = FileUtils.readLines(dictionaryFile,
    Charset.forName("utf-8"));
int dictionaryLength = strings.size() - 1;
```

现在，你已经学习了英语语句和意大利语句的词嵌入，下一步需要建立一个翻译矩阵。为此，需要把英语和意大利语的词嵌入放到两个独立的矩阵中。在每个矩阵中，每个单词占一行，每行包含给出的单词和对应的嵌入单词，如代码清单 7-8 所示。从这些矩阵中，你可以学习投影矩阵。

代码清单 7-8　将每个 word2vec 模型的嵌入放在单独的矩阵中

```
INDArray sourceVectors = Nd4j.zeros(dictionaryLength, layerSize);
INDArray targetVectors = Nd4j.zeros(dictionaryLength, layerSize);
int count = 0;
for (String line : strings) {
    String[] pair = line.split(" ");
    String sourceWord = pair[0];
    String targetWord = pair[1];
```

```
        if (sourceWord2Vec.hasWord(sourceWord) &&
                targetWord2Vec.hasWord(targetWord)) {
            sourceVectors.putRow(count, sourceWord2Vec
                .getWordVectorMatrix(sourceWord));
            targetVectors.putRow(count, targetWord2Vec
                .getWordVectorMatrix(targetWord));
            count++;
        }
    }
```

有了这两个矩阵，就可以用不同的方法学习投影矩阵。此时，目标是使每个目标单词向量与其对应的源单词向量乘以转换矩阵后的距离最小。这个例子使用了一种称为**正规方程**（normal equation）的线性回归算法。长话短说，关键在于，这种方法可以在投影矩阵中找到值的组合，从而获得最佳的翻译结果，如代码清单 7-9 所示。

代码清单 7-9 查找投影矩阵

```
INDArray pseudoInverseSourceMatrix = InvertMatrix.pinvert(
    sourceVectors, false);          <——— 逆转源向量矩阵
INDArray projectionMatrix = pseudoInverseSourceMatrix.mmul(
    targetVectors).transpose();     <——— 计算转换矩阵
```

此时训练阶段结束。这些现在都封装在称为 `LinearProjectionMTEmbeddings`（线性投影嵌入）的 `TranslatorTool`（翻译工具）中。训练步骤可以在构造函数中执行，也可以在专用方法（例如 `linearprojectMTembeddedings#train`）中执行。

从现在起，可以使用两个 word2vec 模型配合投影矩阵翻译单词。针对每个源单词，检查它的词嵌入，然后将该向量乘以投影矩阵。这样的候选向量表示目标单词向量的近似值。最后，在目标嵌入空间中查找候选向量的最近邻，与找到的结果向量关联的单词就是你想要的翻译，如代码清单 7-10 所示。

代码清单 7-10 将源单词解码为目标单词

```
public List<Translation> decodeWord(int n, String sourceWord) {
    if (sourceWord2Vec.hasWord(sourceWord)) {          <——— 对源单词检查源 word2vec 模型是否有一个词向量
        INDArray sourceWordVector = sourceWord2Vec
            .getWordVectorMatrix(sourceWord);          <——— 检索词嵌入
        INDArray targetVector = sourceWordVector
            .mmul(projectionMatrix.transpose());        <——— 将源向量与投影矩阵相乘
        Collection<String> strings = targetWord2Vec
            .wordsNearest(targetVector, n);            <——— 找到最近邻的候选单词
        List<Translation> translations = new ArrayList<>(strings.size());
        for (String s : strings) {
            Translation t = new Translation(s,
                targetWord2Vec.similarity(s,
                sourceWord));          <——— 将翻译结果添加到最终结果中，包括基于源单词和目标单词之间距离的分数
            translations.add(t);
            log.info("added translation {} for {}", t, sourceWord);
        }
        return translations;
    } else {
```

7

```
        return Collections.emptyList();
    }
}
```

你可以在更长的文本序列上提取输入文本序列的词素，进行逐字翻译，并将 decodeWord 方法应用于每个源单词，如代码清单 7-11 所示。

代码清单 7-11　使用 LinearProjectionMTEmbeddings 翻译文本

```
public Collection<Translation> translate(String text) {
    StringBuilder stringBuilder = new StringBuilder();
    double score = 0;
    List<String> tokens = tokenizerFactory.create(
        text).getTokens();                          <-- 将输入文本切分为词素（单词）
    for (String t : tokens) {
        if (stringBuilder.length() > 0) {
            stringBuilder.append(' ');
        }
        List<Translation> translations = decodeWord(
            1, t);                                  <-- 一次翻译一个单词，并每次获得一个准确的翻译
        Translation translation = translations.get(0);
        score += translation.getScore();            <-- 累计翻译分数
        stringBuilder.append(translation);          <-- 在 StringBuilder 中累计翻译的单词
    }
    String string = stringBuilder.toString();
    Translation translation = new Translation(string,
        score / (double) tokens.size());            <-- 生成翻译结果，包括翻译后的文本和分数
    log.info("{} translated into {}", text, translation);
    return Collections.singletonList(translation);
}
```

现在，终于准备好运行测试翻译了，如代码清单 7-12 所示。

代码清单 7-12　测试 LinearProjectionMTEmbeddings

```
String[] ts = new String[]{"disease", "cure",
    "current", "latest", "day", "delivery", "destroy",
     "design", "enoxacine", "other", "validity",
    "other ingredients", "absorption profile",
    "container must not be refilled"};                  <-- 测试输入单词和句子
File tmxFile = new File("en-it_emea.tmx");              <-- 并行语料库文件
File dictionaryFile = new File("en-it_emea.dic");       <-- 并行字典文件
LinearProjectionMTEmbeddings lpe = new
    LinearProjectionMTEmbeddings(tmxFile,
    dictionaryFile, "en", "it");                        <-- 为 LinearProjectionMTEmbeddings 训练模型与投影矩阵

for (String t : ts) {
  Collection<TranslatorTool.Translation> translations =
      linearProjectionMTEmbeddings.transalate(t);       <-- 为每一个输入文本返回最好的翻译结果
  System.out.println(t + " -> " + translations);
}
```

结果可能不错，值得期待，对于单个单词的翻译而言更是如此。这种方法单独执行每个翻译，而不使用周边的单词，因此它还有改进的空间。下面的输出中，每个翻译都被手动添加了一个精

确的标记（尖括号），用于帮助不懂意大利语的读者。

```
disease -> malattia <PERFECT>
cure -> curativa <AVERAGE>
current -> stanti <BAD>
day -> giorno <PERFECT>
destroy -> distruggere <PERFECT>
design -> disegno <PERFECT>
enoxacine -> tioridazina <BAD>
other -> altri <PERFECT>
validity -> affinare <BAD>
other ingredients -> altri eccipienti <PERFECT>
absorption profile -> assorbimento profilo <GOOD>
container must not be refilled -> sterile deve non essere usarla <BAD>
```

输出尽管不完美，但是还不错。一个经过适当训练的编码器-解码器模型工作效果可能更好。但是，线性投影机器翻译嵌入需要的时间和计算资源总量通常很低，因此使用低资源系统的人可能愿意妥协。此外，word2vec 模型可以在其他上下文中重用。例如，使用这些投影嵌入进行机器翻译可以使搜索更有效。word2vec 模型还可以在排序或同义词扩展中使用。借助语言检测工具，你可以选择在搜索时使用哪个 word2vec 模型，就像之前进行查询扩展时一样。

7.6 总结

- 在搜索环境中，机器翻译可以为讲不同语言的用户改进用户体验。
- 统计模型可以达到较高的翻译准确率，但是，对每种语言进行调优工作量不小。
- 神经机器翻译模型提供了一种不那么清晰但更强大的途径，可以学习将文本序列翻译为不同语言。

第 8 章

基于内容的图像搜索

本章内容

- 基于内容搜索图像
- 使用卷积神经网络
- 使用示例查询搜索相似图像

传统上，大多数用户使用搜索引擎时，会编写文本查询并得到（阅读）文本结果。鉴于此，本书大部分内容的重点在于展示神经网络帮助用户搜索文本文档的方法。到目前为止，已经介绍的方法如下。

- 使用 word2vec 从搜索引擎接收到的数据中生成同义词，这使得用户更容易找到他们因某种原因错过的文档。
- 在后台借助 RNN 扩展搜索查询，使搜索引擎能够以更多的方式表达查询，而无须用户编写完整的查询。
- 使用词嵌入和文档嵌入对文本搜索结果进行排序，从而为最终用户提供更相关的搜索结果。
- 使用 seq2seq 模型翻译文本查询，以改进搜索引擎，使其能够处理用多语言编写的文本，进而更好地为讲不同语言的用户服务。

但是，用户越来越迫切地期望搜索引擎变得"更聪明"，希望它能够处理的内容不仅限于用户编写的文本查询。用户希望搜索引擎能够使用语音查询（就像智能手机的内置麦克风一样），并且不仅可以返回文本文档，还可以返回图像、视频和其他格式的相关内容。除网络搜索之外，这也正在成为其他类型的搜索引擎索引图像、视频和文本的标准。例如，一个报纸网站包含的不仅仅是文本文章。在任何一家报纸的主页上，除文字外，人们还可以找到多媒体内容。因此，这些网站的搜索引擎需要能够索引图片、视频和文本。

一段时间以来，数据库使用**元数据**来为图像编制索引，将图像的标题或内容描述等信息附加到图像上。传统的信息检索技术，以及本书中描述的较新的方法，可以使用元数据标签帮助用户找到他们想要的图片。但为需要索引的每一幅图片手动制作并输入描述和标签不但乏味、费时，而且容易产生主观错误——毕竟对同一幅图像，不同的人可能有不同的认识。比如，一个索引者可能将图片内容描述为睡椅，其他人却可能将相同的内容描述为沙发。如果能够索引图像并以图像的本来面目进行搜索，且不需要任何人工干预，那不是很好吗？

本章将讨论如何做到这一点：为搜索引擎配备图像搜索功能，使用户可以基于图片内容，而不是其内容的文本描述搜索图片。要建立这种图像搜索，就要利用卷积神经网络。卷积神经网络是一种特殊的深度神经网络。

图像搜索引擎需要索引图像特征。在讨论机器学习时，**特征**（feature）代表语义上相关的数据，人们需要捕获这些数据，以解决特定的任务。更具体地说，在处理图像时，图像特征可以由特定的图像点或区域（例如，高对比度区域、形状、边缘等）表示。本章将首先介绍从图像中提取重要语义的传统方法，因为我们可以使用这些技术为从图像中提取特征提供指导。这是一个关键步骤，因为提取的特征可以用来进行图像比较、生成查询和回答查询，以及执行搜索引擎的其他任务。

然后，本章将展示使用深度神经网络提取图像特征的一种不同但效果更好的方法，它只要很少的人工操作，且不需要手动特征提取器。最后，本章将研究如何把提取的特征整合到搜索引擎中，同时考虑管理此类图像搜索所需的时间和空间性能。

说明　为了简单起见，本章讨论的是图像而不是视频。因为视频本质上是一系列带有附加音频字节的图像，所以你完全可以将本章中的方法应用到视频搜索场景和图像搜索场景。

8.1　图像内容和搜索

第 1 章简要介绍了深度学习最有前途的一个方面：**表示学习**（representation learning）。表示学习的任务是获取输入数据（如图像）并自动提取特征，使程序解决特定的问题更容易（如识别哪个对象出现在一幅图像中，两幅图像有多相似，等等）。对某幅图像而言，好的表示应该是有表现力的，这意味着表示应该提供这幅图像不同方面的相关信息（包含的对象、灯光、曝光等），同时也应该方便比较单个方面（例如，人们可能希望通过比较学习后的表示，确定两幅图像是否包含蝴蝶）。在高层次上，使用深度神经网络学习图像表示通常遵循图 8-1 所示的简单流程，其中像素被转换为边缘，边缘转换为形状，形状转换为对象。

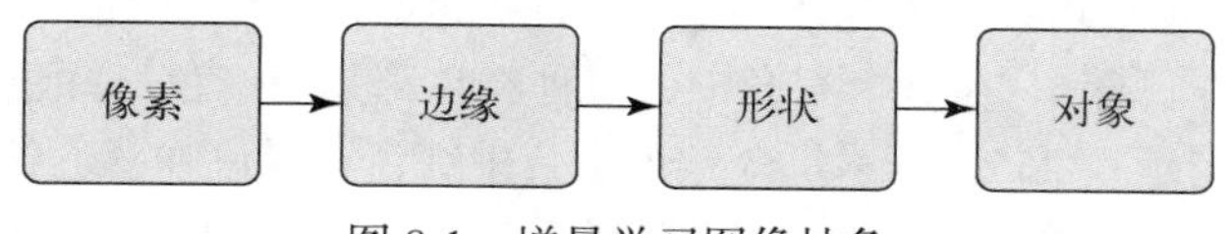

图 8-1　增量学习图像抽象

考虑一个存储在计算机硬盘上的图像，看看这样的二进制表示可以体现关于图像内容的什么信息。你能像打开一个文本文件一样快速打开一个图像文件，并立即识别出图像显示的内容吗？答案是“不能”。如果你查看一个图像文件的原始内容（例如，使用 Linux 的 `cat` 命令），那么你无法从内容中看出图像中有什么——比如一只蝴蝶。

```
$ cat butterfly.jpg
????m,ExifII*
          ???(2?;??i?h%??*?1HH2018:07:01
```

```
    08:37:38&??6??>"?'??0?2???0230?F?Z??
n?v?
~? ?
??|?
?)2?*4?5.*5?9??59?0100??p????)??)??)?????0?1?
```

当使用合适的程序打开它时，图像文件会显示一只蝴蝶。尽管你可以使用工具“查看”图像，但计算机无法自动识别图像包含的内容，也不能分辨图片是关于一位老太太、一只风景中的野生动物，或者其他什么事物。图像的二进制内容表示无法告诉人们图中有只蝴蝶。

然而，深度学习（deep learning，DL）能够帮助你学习一种表示方法，在使用正确时，该方法可以告诉人们更多关于图像内容的信息。本例中，深度神经网络可以告诉人们这张图片内容具有蝴蝶的特征。DL 算法通常可以在深度网络的每一层上学习越来越多的信息，从而完成这种识别。例如，在第一层，它学习边缘；在后续的层中，它学习形状；在最后一层，它学习对象（如蝴蝶或蝴蝶的一部分），以便分辨图像包含的内容。此外，针对每幅图像，这种来自所有层的信息通常被编码为一个稠密向量表示。本章稍后会快速介绍这个过程，并最终介绍能学习图像表示的深度神经网络。

如果你曾经尝试用在互联网上找到的图片（当然是免版税的）制作明信片，那么你可能在搜索与某个感兴趣的主题相关的图片时遇到过如下问题。比如，你给侄子或侄女买了一辆模型车，想打印一张汽车图案的明信片，在上面写点什么，一起寄给他或她，因此你打开了一个图片搜索引擎（可能是 Google Images 或者 Adobe Stock），在查询框中输入类似“跑车”这样的内容。这个过程的重点是，用户在寻找包含特定对象或具体特征的图像。例如，你可能想要一辆“红色跑车”或一辆“老式跑车”。图像搜索引擎通常使用一种被称为**按例查询**（query by example，QBE）的机制，即你上传图片或拍摄照片作为查询的输入，然后，搜索引擎返回与输入图像相似的图像。

暂停正在运行的查询，看看这个 QBE 是如何工作的。先从思考图像是如何产生的（即数码相机或图形应用程序如何创建并存储图片）开始。用相机拍一张照片，生成的文件会存储在某处，它包含二进制数据（由很多 0 和 1 组成）。可以认为这幅图像以一定宽度和高度的网格形式存储在计算机中，每一个网格称为**像素**（pixel），每个像素都有特定的颜色。彩色像素可以用不同的方式表示，有几种色彩模型可以用来描述颜色。为简单起见，本章采用最常见的方案：RGB（red、green、blue，即红、绿、蓝）。在这个方案中，每种颜色都是由红色、绿色和蓝色混合而成的。这 3 种颜色的取值范围是 0~255，表示每个颜色组合中红色、绿色和蓝色各有多少。每个这样的值可以用 8 位二进制值（$2^8=256$）表示，因此值的范围是 0~255。RGB 图像是一个网格，它的每个像素由代表其颜色的二进制值表示[①]。例如：**红色**是 R:255、G:0、B:0；**蓝色**是 R:0、G:0、B:255；等等。

了解完这一点后，继续之前的查询。当图像只是一系列二进制位时，如何匹配“跑车”这个查询？8.2 节将介绍一些匹配查询和图像的方法，还将介绍一些可以用于查找特定跑车的技术。

---

① 尽管在实践中，图像可以有很多不同的格式和颜色方案，但核心问题是图像通常作为普通的二进制文件存储。图像可选择性地附有元数据（metadata），但元数据通常也不会说明关于其内容的任何信息。

8.2 回顾：基于文本的图像检索

用户倾向于根据图像所包含的对象（比如跑车）来考虑图像，而不是根据它们的 RGB 值，这是理所当然的。而形状和颜色更适用于具体指明信息需求，比如用户在搜索跑车时，可以指明要找的是红色跑车、一级方程式赛车，还是其他类型的跑车。

要为文本查询找到匹配的二进制图像，一个不太智能但比较常用的方法是在索引时给图像添加元数据。如果在对图像进行索引时，每幅图像都有相关的文本标题或描述，你就可以使用文本查询进行常规搜索。搜索将返回图像元数据文本与查询文本匹配的图像。从概念上讲，这与常规的全文搜索没有太大区别，只是搜索结果是图像，而不是文档标题或摘录。

继续使用跑车这个查询示例。假设有 4 幅图像可以匹配该查询，在索引过程中，你可以提取图像数据和描述每幅图像的小标题，见图 8-2。图像数据用于将实际的图像内容返回给最终用户（显示在搜索结果列表中），图像的文本描述用于索引，以匹配查询和图像（见图 8-3）。

图 8-2 手工加上标题的跑车图像

如果你搜索“跑车”，搜索引擎将返回图 8-2 中的所有图像。如果搜索“Black Sports Car”，结果列表中只会出现其中的两个（记住，在查询中使用双引号会强制匹配整个短语“Black Sports Car”，而不是单个单词“Black”“Sports”和“Car”）。

在 Lucene 中可以直接执行这种检索方法。图像二进制文件按原样存储，但是图像描述需要手动输入（搜索结果中不会返回描述）。

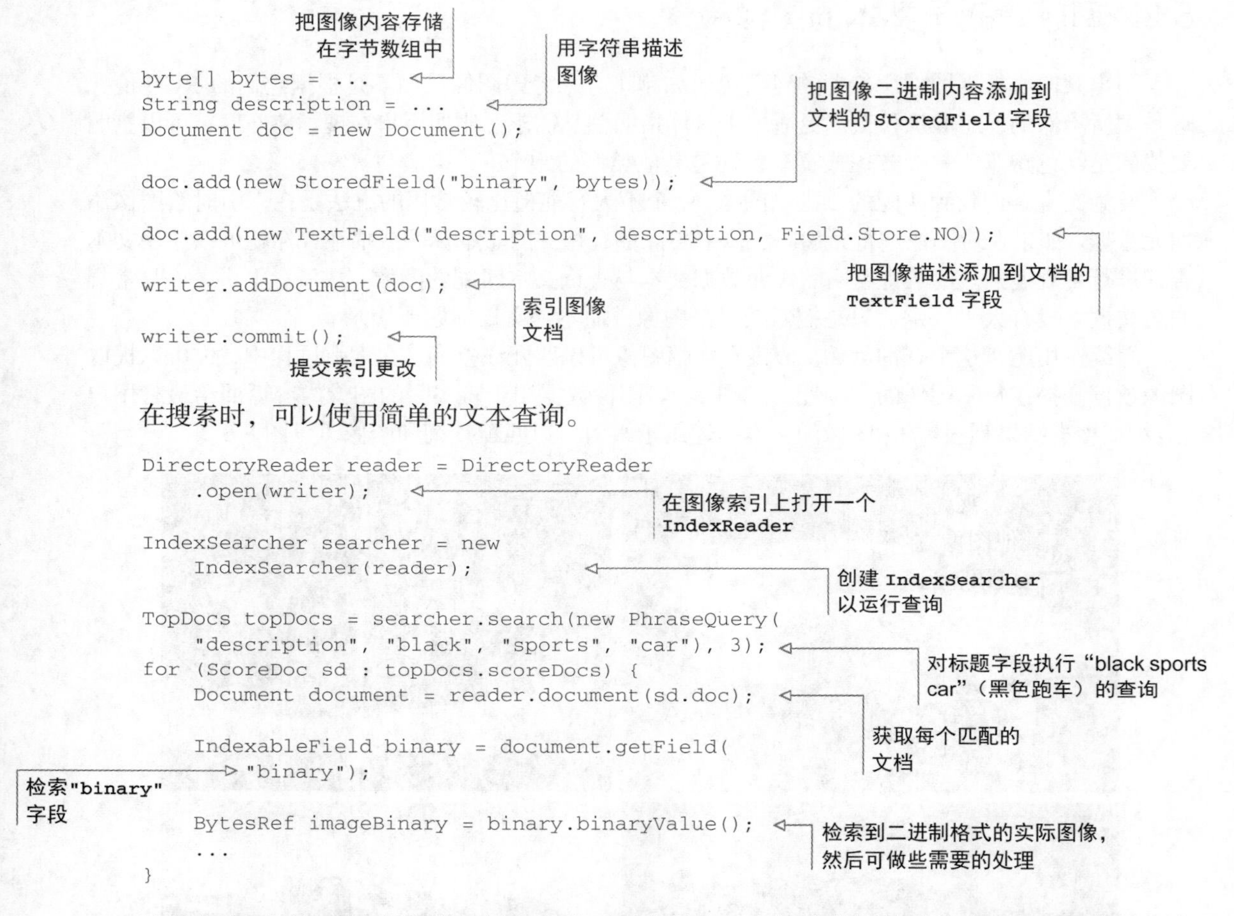


```
byte[] bytes = ...
String description = ...
Document doc = new Document();

doc.add(new StoredField("binary", bytes));

doc.add(new TextField("description", description, Field.Store.NO));

writer.addDocument(doc);

writer.commit();
```

在搜索时，可以使用简单的文本查询。

```
DirectoryReader reader = DirectoryReader
    .open(writer);

IndexSearcher searcher = new
    IndexSearcher(reader);

TopDocs topDocs = searcher.search(new PhraseQuery(
    "description", "black", "sports", "car"), 3);
for (ScoreDoc sd : topDocs.scoreDocs) {
    Document document = reader.document(sd.doc);

    IndexableField binary = document.getField(
        "binary");

    BytesRef imageBinary = binary.binaryValue();
    ...
}
```

这种方法可以处理少量图像，但拥有数百万或数十亿文档的数据是非常常见的，即使是一家制作明信片的小网店也可能有成百上千张图片。在很多情况下，要求人们查看每一幅图像（这会令人烦躁），并写出好的文本描述是不可能的。并且，这样的文本有时候对于一些搜索不够好。（在生产系统中，像“为什么查询‘黑色跑车’不返回黑色荧光跑车？请更改描述，以便匹配这样的查询”这样的问题并不罕见。）总之，这种方法无法推广，因为它与描述的质量紧密相关：描述不佳将导致结果中出现不相关的搜索结果。

8.3　理解图像

之前本章提到，一幅图像可以用多种方式描述，最常见的是指明它所包含的人、物品、动物和其他可识别的对象，例如“这是一张男人的照片”。此外，还可以提到描述性的细节，例如“这幅图像显示的是一个高个子男人”。但是，如图 8-3 所示，这种简短的描述容易模糊不清。这种模糊性来自一个简单的事实，即一个对象或实体有多种描述方式。

图 8-3 一些被描述为“高个子男人”的图片

“高个子男人”这一描述可以用作文本查询，而图 8-3 中的 3 幅图像都符合该描述。然而，中间的图像与其他图像有所不同。这的确是一张高个子男人的照片，但也是一张 NBA 球员的照片。因此，其他短语，包括“篮球运动员”和“穿 35 号球衣的篮球运动员”也描述了这一形象。一名负责编写简短元标签的人不可能想到一幅图像所有可能的描述方法。

同样，像“穿 35 号球衣的篮球运动员”这样的描述不仅完美地符合图 8-3 中间的图像，而且也与图 8-4 中的完全不同的球员和球队的图像相匹配。这种情况下，用户可能正在寻找某一类图像，却得到了完全不同的类型，而两者具有相同的描述性元标签，并且会出现在搜索结果中。

图 8-4 一些被描述为“穿 35 号球衣的篮球运动员”的图片

这些简单的例子说明，文本极易出现误匹配，因为单个实体（人、动物、物品等）可以用多种方式进行描述。这使得搜索结果的质量依赖于如下方式：

- 用户定义查询的方式；
- 文档的书写方式。

你已经在搜索这一语境中见过这样的问题，这也是人们使用同义词、查询扩展等的原因之一。搜索引擎必须有足够的智能来增强查询和索引文档。

相反，图像从视觉上看通常很少受这种模糊性的影响。再去看第一幅被描述为“高个子男人”

的图像，找到与之视觉上相似的图像，例子如图 8-5 所示。

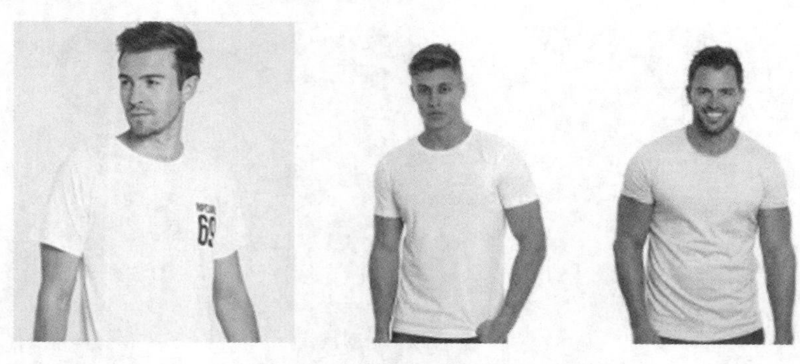

图 8-5 一些视觉上相似的图像

输入图像可以更好地定义图像中的内容，而不必考虑文本描述的不同方式。同时，分辨一幅图像是否与输入图像不相似非常容易。例如，从图中人物衣服的颜色和类型来看，图 8-3 中篮球运动员的图像明显不同于图 8-5 中的图像。

用示例图像代替文本作为输入查询（也称为**按例查询**，querying by example）在图像搜索平台中非常常见。在平台中，系统试图从图像中提取语义信息以进行准确检索，而不是用文本元数据描述每幅图像，因此用户得以通过可视化的查询来表达查询意图。和文本查询一样，查询的质量也会影响结果的相关性。思考一下文字查询中的相似情况，可能会对此有所帮助。查询“红色的车”的返回结果可能包含任何红色的车，范围可以从玩具车到一级方程式赛车。如果查询是“红色跑车”或“红色一级方程式赛车”，那么相关结果的范围可能不会那么宽泛和模糊。这同样适用于视觉查询和搜索结果：查询（所需信息的可视化描述）越准确，搜索结果越好。对于图像搜索而言，最重要的不再是用户编写一个“好”查询的能力，而是负责提取索引信息和搜索图像的算法。例如，捕捉图像中的对象和它们的特征（颜色、光线、形状等）就是这一领域的挑战之一。

现在，有了所需的知识，你就可以开始研究从图像中提取信息，并以某种方式表示它们，从而让运行查询并返回有意义结果成为可能。

8.3.1 图像表示

现在最大的挑战是，如何描述图像才能通过它找到相似的图像。在本例中，你希望制作一张明信片，同礼物放在一起。如果能用相机拍下礼物的照片，并用其在图像搜索引擎中进行查询，那就太好了。这样，明信片上就会有一张好看的图片。当你把它送给收件人的时候，它就能提示礼品盒里有什么东西。

虽然图像是由像素组成的，但是进行单纯的像素比较是不可能的。针对图像内容，单独的像素值不能提供足够的信息。问题在于，像素仅代表图像极小的部分，不提供其语境信息。红色像素既可能是红色苹果的一部分，也可能是红色汽车的一部分，单独观察像素无法确定它来自哪一幅图像。即使像素本身给出了关于图像的有用全局信息，目前的高清图片可能包含数百万像素，因此执行像素与像素的比较在计算上没有效率。此外，即使在完全相同的条件下（光线、曝光等）为同一对象拍摄两张照片，只要角度稍微有所不同，就可能导致图像的二进制内容差异很大。

在本例中，你想在家里拍一张礼物的照片——一辆红色的跑车模型，而不关心照明条件和拍摄照片的精确角度。例如，你可以拍摄一张如图 8-6 所示的照片，并希望图像搜索引擎返回一辆真实的红色跑车的图片（最好和跑车模型一样），如图 8-7 所示。

图 8-6　作为礼品赠送的红色玩具跑车

图 8-7　根据玩具图片从搜索引擎检索到的一辆红色跑车的照片

为了解决像素提供不了什么信息的问题，创建可搜索图像时用得最广的技术之一是从图像中提取**视觉特征**（visual feature）并索引这些特征，而不是“只”提取像素。这些视觉特征有望提供可用于图像内容查找的信息。特征通常由一组数字或向量表示。

说明 8.3.2 节将讨论几个特征提取技术，那时你将看到这意味着什么。理解基于非神经网络方法的特征提取的工作原理，有助于为理解它们所能传达的语义种类、它们与基于深度学习技术的特征提取的不同之处（对人来说可读性更差）奠定基础。本章后文将提到，与设计精确的特征提取算法相比，使用深度学习技术需要的工程量要少得多。同样重要的是，在编写本书时，基于深度学习的特征提取击败了每个人工特征提取算法。

搜索引擎必须利用这些特征在 QBE 场景中找到相似图像。它会在索引时从图像中提取特征，在查询时从示例查询图像中提取特征。提取特征对理解图片内容十分重要。然而，另一个方面也非常重要，那就是如何有效地比较不同图像的特征。特征索引技术将影响存储这些倒排索引所需磁盘空间的大小，要在搜索时高效地检索图像，就要有能够快速搜索特征的搜索算法。

视觉特征可以有不同类型。

- 它们可以指向**全局特征**（global feature），如图像中用到的颜色、识别出的材质，或 RGB 和其他颜色模型（CMYK、HSV 等）的全局值或平均值。
- 它们可以指向**局部特征**（local feature，提取自图像的某部分），如图像单元中的边缘、角，或其他值得关注的关键点（例如尺度不变特征变换、加速稳健性特征、高斯差分函数等方法，本章后文将对它们进行讨论）。
- 归功于深度神经网络的使用，它们可以作为语义抽象，被端到端地学习，以接近人类的认知过程。

前两种类型通常被称为**手动**（handcrafted）特征，因为它们各自的算法基于启发式的目的进行了设计和调整。许多基于深度学习的图像表示模型向网络层反馈图像像素（作为神经网络的输入）并学习对图像进行分类（网络输出类别）。在训练期间，神经网络自动**学习**特征。这正是上述第三种类型的特征。

现在，本章将介绍一些提取局部的和全局的手动特征的方法。然后，本章将专注于基于深度学习的图像特征学习。

8.3.2 特征提取

许多相机具有即拍即看功能，其中一些还会提供图像中的颜色数值信息，即 3 个 RGB（红色、绿色、蓝色）通道中每一个通道的信息。以一幅蝴蝶的图片为例，如图 8-8 所示。拍摄该图片的相机提供了它的颜色直方图，如图 8-9 所示。

图8-8 蝴蝶图片

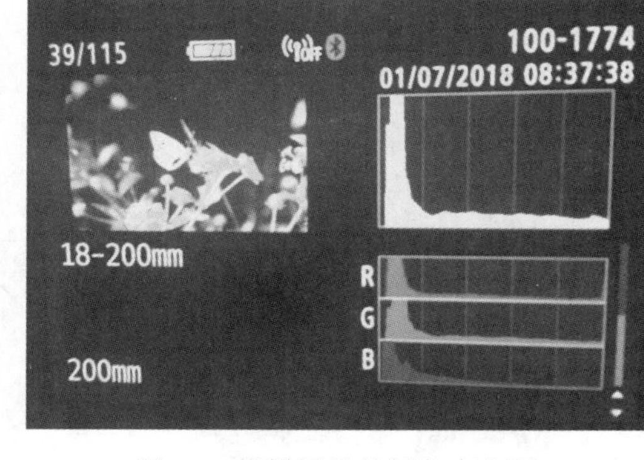

图8-9 蝴蝶图片的颜色直方图

颜色直方图可以展示像素中 3 个颜色通道的值（例如 0~255）的分布情况。例如，如果一幅图像中某个像素的红色通道值为 4，而另一个像素的值与之相同，则该图像红色通道的颜色直方图上，值为 4 时大小是 2（2 个像素具有值为 4 的红色通道）。将这个过程应用于某图像的所有通道和像素，会产生如图 8-9 所示的红色、绿色和蓝色直方图。颜色直方图作为一个例子，展示了一种非常简单直观的全局特征，而该特征可以用来描述图像。接下来本章将详细介绍全局和局部特征抽取器。

1. 全局特征

与其用标题或描述手动标记图像以索引它们，不如索引附有提取后特征的图像二进制文件，如图 8-10 所示。为此，你可以使用开源库 Lucene Image Retrieval（LIRE，按 GNU GPL 2 许可证进行许可）从图像中提取颜色直方图。LIRE 提供了许多有用的图像处理工具，这些工具适用于 Lucene。（在编写本书时，它还不支持任何基于深度学习的图像特征提取方法。）这里有一个例子。

```
File file = new File(imgPath);                  // 图像文件
SimpleColorHistogram simpleColorHistogram = new SimpleColorHistogram();  // 创建一个颜色直方图对象

BufferedImage bufferedImage = ImageIO.read(file);   // 从文件中读取图像

simpleColorHistogram.extract(bufferedImage);    // 从图像中提取颜色直方图

double[] features = simpleColorHistogram.getFeatureVector();  // 提取颜色直方图特征向量到一个双精度浮点数数组
```

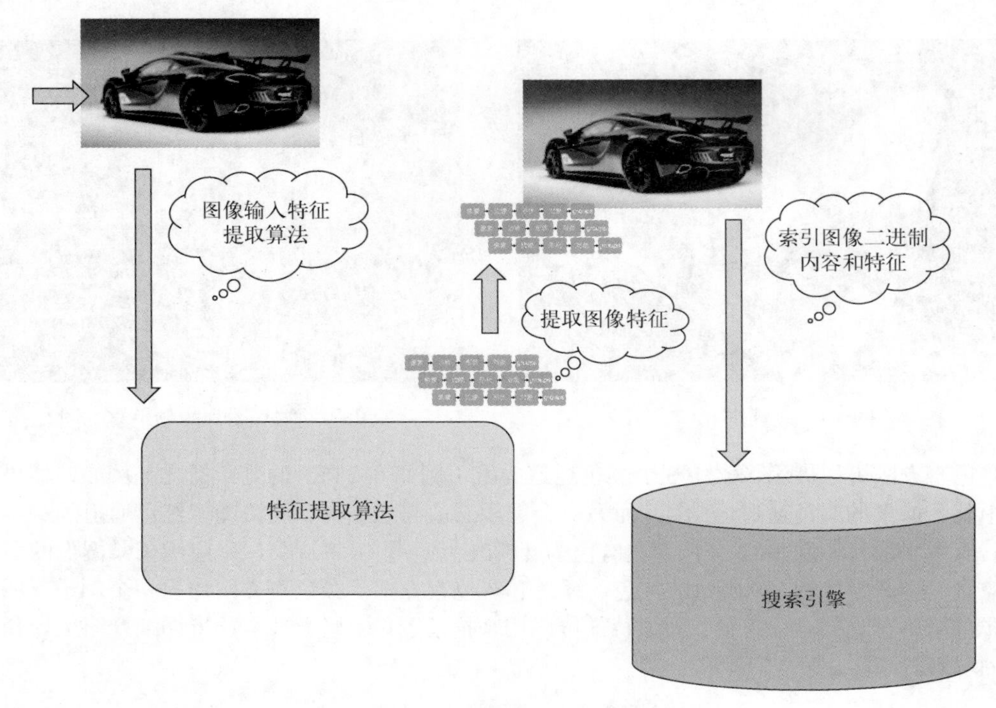

图 8-10 用特征索引图像

这样的全局图像表示具有人类可解释、性能高效的优点。但是，如果思考一下颜色直方图图像表示与图像上的颜色分布有关（而忽视了位置）这一事实，则不难认识到，具有相同主题（如蝴蝶）的两幅图像颜色分布可能大相径庭。请考虑前面显示的蝴蝶图像（如图 8-8 所示）、另一幅蝴蝶图像（如图 8-11 所示），以及两幅图的对比（如图 8-12 所示）。

图 8-11 另一幅蝴蝶图像

图 8-12　两幅蝴蝶图像的直方图对比

虽然这两幅图像的主题都是蝴蝶，但它们配色不同。图 8-8 的主色调是黄色和绿色，而图 8-11 的主色调是红色、蓝色和黄色。基于直方图的图像比较大多是基于颜色分布的。这些图像的直方图看起来非常不同（见图 8-12），因此搜索引擎不会认为这些图像相似。记住，此刻搜索还没开始运行，你正在分析直方图特征，试图了解它可以提供什么样的信息。

颜色直方图方案是提取全局特征的众多可能方法中的一种。总体来说，这样的方法存在难以捕捉图像细节的问题。例如，第一幅蝴蝶图像中不仅包含蝴蝶，还有花和叶。这些实体没有被颜色直方图捕获。粗略地说，这样的直方图告诉你：“这里有一定量的浅绿色、一定量的黄色、少量白色、一些黑色，等等。”在某些情况下，全局特征可以很好地工作，其中之一就是重复图像检测，即搜索者寻找与手头的图像非常相似（或完全一样）的图像。

有一个细节对解决上述问题非常有用，那就是区分照片的背景区域和中心图像。上述两幅蝴蝶图像可以在某种程度上说明包含蝴蝶的区域比背景部分更重要。

2. 局部特征

与全局特征相比，局部特征可以更准确地捕获图像局部的细节。因此，如果想让程序在图像中检测潜的兴趣对象（例如蝴蝶），人们通常会先将图像分割成更小的单元，然后在这些单元中查找相关的形状或对象。图 8-13 展示了该过程。此处使用了与图 8-12 中左图相同的蝴蝶图像，但是将其分割成更小的单元。

图 8-13　图像分割为更小的单元

一旦图像分割成更小的部分（如正方形），就可以提取局部特征，包括两个步骤：

(1) 找到识别兴趣点（interesting point）[①]而不是对象；

(2) 将关于局部区域的识别兴趣点编码到描述符中，该描述符稍后可用于匹配关注区域。

这里，找到**识别兴趣点**意味着什么？你要寻找能划定物体边界的点，或图像中包含物体的中心区域点。最终目标仍然是找出一种方法，用于找到对象，并用可比较的特征表示对象。如果有两幅包含蝴蝶的图像，人们会希望它们的特征都包含蝴蝶这个信息。每幅图像通常会表示为一个特征向量，即一些特征值。如果计算图像特征向量之间的距离（例如余弦距离），那么包含相同或相似对象的图像之间的距离应该较近（具有较低的距离值）。

典型的局部特征类型包括人类可理解的视觉特征，比如边缘和角。但是在实践中人们通常会使用局部特征提取技术，如**尺度不变特征变换**（scale-invariant feature transform，SIFT）和**加速稳健特征**（speeded-up robust feature，SURF）。

SIFT

找到边缘是一个相对简单的任务，可以使用数学工具，如傅里叶变换（Fourier transform）、拉普拉斯变换（Laplace transform），或加博变换（Gabor transform）来解决。相比之下，SIFT 和 SURF 算法更复杂，但也更强大。例如，SIFT 可以用于识别图像中的重要区域，使对象和同一对象的旋转版本生成相同或相似的局部特征。这意味着，使用基于 SIFT 的特征，包含相同旋转对象的图像可以被识别为相似的。

本书不会深入研究 SIFT 的细节，因为这不是本书关注的重点。但简单地说，它使用了一种叫作**高斯拉普拉斯**（Laplacian of Gaussian）的**过滤器**（filter）来识别图像中的识别兴趣点。你可以把过滤器看作应用于图像的**掩膜**（mask）。高斯拉普拉斯过滤器可以生成一幅图像，其中边缘和其他关键点被高亮显示，而其他点不再可见。应用过滤器的图像应该经过预处理，以便所得到的图像以尺度不变的方式表示。在应用这样的过滤器之后，应记录每个识别兴趣点的方向，使识别兴趣点的方向不再可变。由此，每次与其他点进行比较时，方向部分会被集成在每个计算或比较操作中。最后，所有找到的局部特征都被编码在一个单个的可比较的描述符（特征向量）中。

局部特征是图像某部分的表示。单幅图像有几个局部特征。但你需要一幅图像的单一表示，以便达成如下目标：

- 最后的图像表示包含所有局部识别兴趣点；
- 可以在查询时进行有效比较（一个特征向量比多个特征向量更便于比较）。

要做到这一点，就需要将局部特征聚合成单个表示（特征向量）。一种常见的方法是使用**视觉词袋**（bag-of-visual-words，BOVW）模型来聚集局部特征。本书前文曾经提到过词袋模型。在这样的模型中，文档被表示为一个向量，其大小等于所有现存文档中单词的数量。向量中的每个位置都绑定到某个单词。如果该值为 1（或任何大于 0 的值，例如使用 TF-IDF 计算出的值），则

① 其他常见翻译为兴趣点、感兴趣点。——译者注

相关文档包含该单词；如果该值为 0，则相关文档不包含该单词。

第 5 章中提到的一些文档的词袋表示的例子如表 8-1 所示。

表 8-1　词袋表示

词项	bernhard	bio	dive	hypothesis	in	influence	into	life	mathematical	riemann
doc1	1.28	0.0	0.0	0.0	0.0	0.0	0.0	1.0	0.0	1.28
doc2	1.0	1.0	0.0	0.0	1.0	1.0	0.0	0.0	0.0	0.0

在 BOVW 模型中，如果图像具有与该位置对应的局部特征，则向量的每个值都大于 0。因此，与之前文本例子中的“bernhard”或“bio”不同，BOVW 模型将是“局部特征 1”“局部特征 2”等。每幅图像按照相同的原理进行表示，但是使用聚类后的局部特征代替单词，见表 8-2。

表 8-2　BOVW 模型

特征	局部特征 1	局部特征 2	局部特征 3	局部特征 4	局部特征 5
image 1	0.3	0.0	0.0	0.4	0.0
image 2	0.5	0.7	0.0	0.8	1.0

如果使用局部特征抽取器（如 SIFT），那么每幅图像都会带有许多描述符，这些描述符可能会根据图像质量、图像大小和其他因素变化。

BOVW 模型包含一个额外的预处理步骤，该步骤可以识别固定数量的局部特征。假设在图像数据集中，SIFT 提取每幅图像的局部特征。但是，有些图像仅有数十个特征，而其他一些图像有数百个特征。为了创建一个共享的局部特征词汇表，所有的局部特征都被收集在一起，并对其执行 k 均值（k-means）这样的聚类算法，提取 n 个质心。在 BOVW 模型中，质心是词汇。

如果在没有云彩的夜晚看向天空，你会看到许多星星。每颗星星可以被认为是一个聚类点（cluster point），即一个局部特征。现在想象一下，星星越明亮，它们周围的星星就越多（实际上，星星的亮度取决于距离、大小、年龄、放射性和其他因素）。在这些条件下，那些最亮的星星就是星团的质心。你可以用星星来近似地代表所有的点。因此，需要考虑的不是数十亿颗星星（局部特征），而是几十颗或几百颗星星，即被虚线圈出来的质心。这就是聚类算法的工作原理（见图 8-14）。

图 8-14　星星、聚类、质心

现在可以使用 LIRE 了，并用 BOVW 模型创建图像特征向量。首先，用 SIFT 提取局部特征，并用 k 均值这样的聚类算法生成视觉词汇表。

```
for (String imgPath : imgPaths) {      <-- 在全部图像上迭代
    File file = new File(imgPath);
    SiftExtractor siftExtractor = new
        SiftExtractor();               <-- 创建一个基于 SIFT 算法的本地特征提取器

    BufferedImage bufferedImage = ImageIO
        .read(file);                   <-- 读取图像内容

    siftExtractor.extract(bufferedImage);   <-- 在给定图像上执行 SIFT 算法

    List<LocalFeature> localFeatures = siftExtractor
        .getFeatures();                <-- 提取所有的 SIFT 本地特征

    for (LocalFeature lf : localFeatures) {
      kMeans.addFeature(lf.getFeatureVector());   <-- 对当前图像将所有 SIFT 特征添加为点，以便进行聚类
    }
}
for (int k = 0; k < 15; k++) {
    kMeans.clusteringStep();           <-- 按预设好的步数执行 k 均值聚类
}
Cluster[] clusters = kMeans.getClusters();   <-- 提取生成的聚类
```

这段代码将所有视觉词汇计算为固定数量的聚类。有了视觉词汇表，就可以将每幅图像的局部特征与聚类质心进行比较，计算出每个视觉词汇的最终值。此任务由 BOVW 模型执行，该模型可以计算 SIFT 特征和聚类质心之间的欧几里得距离。

```
for (String imgPath : imgPaths) {      <-- 在所有图像上再次迭代
    File file = new File(imgPath);
    SiftExtractor siftExtractor = new SiftExtractor();
    BufferedImage bufferedImage = ImageIO.read(file);
    siftExtractor.extract(bufferedImage);
    List<LocalFeature> localFeatures = siftExtractor
        .getFeatures();                <-- 再次提取 SIFT 本地特征。每幅图像的 SIFT 特征可临时缓存，避免重复计算
    BOVW bovw = new BOVW();            <-- 创建 BOVW 实例
    bovw.createVectorRepresentation(localFeatures
        , clusters);                   <-- 给定局部特征和质心，计算当前图像的单个向量表示
    double[] featureVector = bovw
        .getVectorRepresentation();    <-- 提取特征向量
}
```

此代码为你能在图像搜索中使用的每幅图像提供一个单一的特征向量表示。

在示例中，全局特征提取使用了一个简单的颜色直方图提取器，而局部特征提取则采用 SIFT 和 BOVW 相结合的方法。这些只是可用于执行显式特征提取的几种算法的一部分。例如，对于全局特征提取，可选方案还包括模糊颜色（fuzzy-color）方法，这个方法更灵活一点。对于局部特征提取，还有 SIFT 的一个变种 SURF（前面提到过），它稳健性更好，速度通常也更快。

颜色直方图特征提取器的主要优点在于它的简单性和直观性，而 SIFT、SURF 和其他局部特征提取器的主要优点是，它们保持尺度不变和旋转不变，并在识别图像的部分对象方面表现良好。实际中，生产系统需要一种可以在准确率、速度、工程量和维护需求方面让整个系统运行良好的方法。本章后面将提到，在处理一个表示图像的固定维度特征向量时，索引和搜索策略对系统运行速度有很大影响。考虑到工程量、维护需求和准确率，本书到目前为止所讨论的全局特征抽取器和局部特征抽取器都已经被深度学习架构超越。重点在于，后者的特征不是人工提取的，而是通过深度神经网络学习到的。

8.4 节将介绍深度学习如何使特征提取变为一个端到端的、从像素到特征向量的简单学习过程。从对视觉对象语义的理解来看，这种由深度学习生成的特性通常更好。

8.4 图像表示的深度学习

到目前为止，你已经从图像中提取了特征。近年来，学习数据的表示方法使深度学习大获成功。在计算机视觉领域，深度学习第一次胜过了其他最先进的方法。在计算机视觉中，计算机的任务是识别图像或视频中的对象。这可以用于各种应用场景，包括视网膜扫描、违章驾驶识别（如识别车辆违规超车）、光学字符识别，等等。这项技术的成功促使深度学习的研究人员和工程师研究更加困难的项目，如无人驾驶汽车。

深度学习应用于图像取得了一些著名的结果，其中包括 LeNet，一种能识别手写数字和机器打印数字的神经网络，以及 AlexNet，一种能识别图像中对象的神经网络。AlexNet 在图像搜索场景中特别有意义，因为它能够根据 1000 个非常细粒度的不同类别对某幅图像进行分类（即为其分配一个类别）。例如，它可以区分长相非常相似的犬是否属于同一犬种，如图 8-15 所示。

恩特雷布赫山犬

阿彭策尔山犬

图 8-15 用 AlexNet 分类的犬的图像

LeNet 和 AlexNet 都使用一种特殊的前馈（人工）神经网络，名为**卷积神经网络**（CNN 或

ConvNet）。近年来，CNN 不仅被应用于图像和视频，还被应用于声音和文本。这种网络非常灵活，可以用于各种任务。

本章开头提到，人们可以使用深度学习在图像中找到越来越抽象的结构。研究人员发现，这就是 CNN 在训练阶段所做的。随着层数的增加，靠近输入的层会学习边缘和角等原始特征，而靠近深度神经网络末端的层会学习表示形状和对象的特征。接下来，你将学习 CNN 的体系结构、训练和设置 CNN 的方法，以及如何提取用于图像搜索的特征（如图 8-16 所示）。

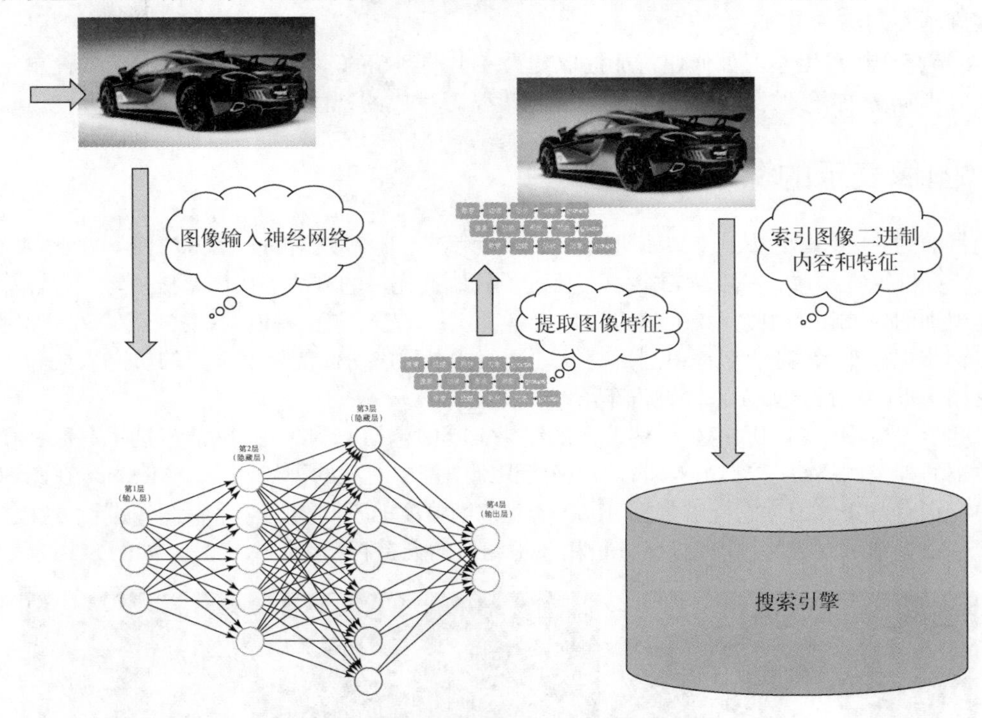

图 8-16　使用由神经网络提取的特征索引图像

8.4.1　卷积神经网络

除去名称，人工神经网络和人脑工作方式之间没有明显联系。大多数常见的神经网络有一个固定的结构：它们的神经元通常是完全连接的。而大脑中的神经元却没有这样固定（且简单）的结构。CNN 最初受到人脑视觉皮层的工作原理启发——专用细胞负责图像的某些部分，然后将信息传递给其他细胞，而后者以与 CNN 相似的流程（就如你将看到的）精心阐释信息。CNN 与其他类型的神经网络在工作方式上的一个根本区别是前者不处理**平面信号**（flat signal）输入（例如稠密向量、一位有效编码向量）。

之前为图像创建颜色直方图时，本章提到图像通常使用 RGB 表示：单个像素由红色、绿色和蓝色 3 个通道的不同的值来描述。如果将其扩展到具有许多不同像素的整幅图像，则会有一个

宽度为 *x*、高度为 *y* 的图像表示。该图像表示由 3 个不同的矩阵组成，分别对应 3 个 RGB 组件（每一个组件具有 *y* 行和 *x* 列）。例如，3 × 3 像素大小的图像将有 3 个矩阵，每个矩阵有 9 个值。R:31、G:39 和 B:201 的 RGB 代码将生成图 8-17 所示的颜色。

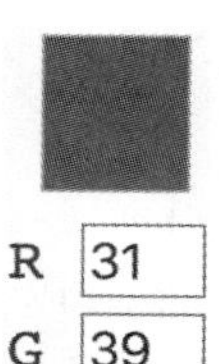

图 8-17　示例 RGB 像素值

如果将这样的值放在 3 像素 × 3 像素大小的图像第二行的第一个元素中，则 RGB 矩阵可能如表 8-3~表 8-5 所示（粗体值表示图 8-17 中的像素）。

表 8-3　红色通道

0	4	0
31	8	3
1	12	39

表 8-4　蓝色通道

10	40	31
39	0	0
87	101	18

表 8-5　绿色通道

37	46	1
201	8	53
0	0	10

与单词或字符向量的单一矩阵不同，神经网络需要为每个输入图像处理 3 个矩阵：每个颜色通道一个。如果用传统的前馈、全连接神经网络处理图像，那么将造成严重的性能问题。尺寸为 100 × 100 的非常小的图像，仅第一层就需要 100 × 100 × 3=30 000 个可学习权重；而中等大小的图像（1024 × 768）第一层需要超过 2 000 000 个参数（1024 × 768 × 3=2 359 296）!

CNN 在大输入上进行训练，并在各层和神经元连接上采用轻量级设计，由此解决了难题。连接更少意味着网络需要学习的权重更少。而权重更少使学习的计算复杂度更低，速度也更快。本层的所有神经元并非都与前一层中的神经元相连。这些神经元有一个在一定程度上可配置大小的**接收域**（receptive field）。接收域定义了神经元所连接的输入矩阵的局部区域。一些神经元没有连接到整个输入区域，因此没有附加的权重。这些层被称为**卷积层**（convolutional layer），是 CNN 的主要组成部分［**池化层**（pooling layer）也是］，如图 8-18 所示。

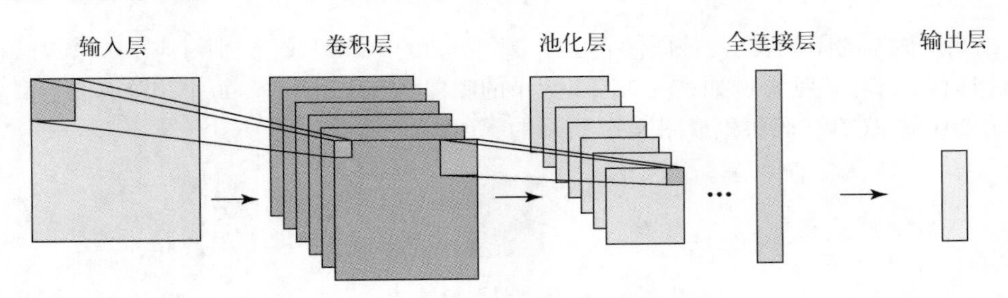

图 8-18　CNN 的构成（和数据流）

在简要介绍 SIFT 特征提取器时，本章提到了高斯拉普拉斯（LoG）过滤器。它可以识别图像中的识别兴趣点。卷积层也有同样的职责，但是与固定的 LoG 过滤器相比，卷积过滤器是在网络训练阶段习得，以在最大程度上适应训练集中的图像（见图 8-19）。

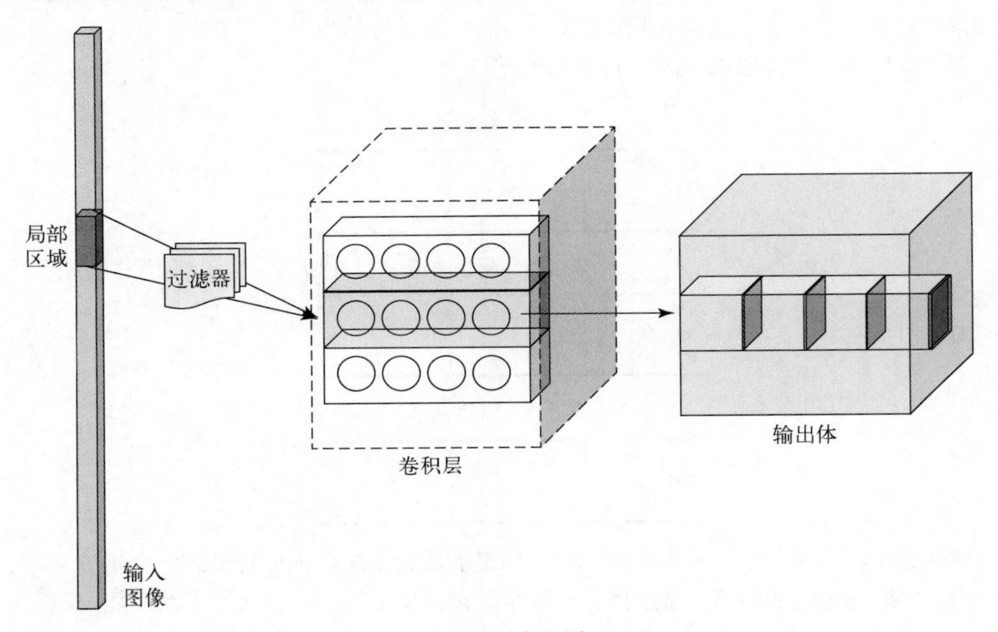

图 8-19　卷积层

卷积层的深度可配置（在图 8-19 中为 4），它还有若干过滤器和一些其他配置超参数（hyper parameters）。该层的过滤器包含网络在训练期间通过反向传播学习到的参数（权重）。过滤器可以被看作整幅图像上的小窗口，它可以更改当前“看到”的输入像素，还可以在整幅图像上滑动，以应用于所有输入值。这种滑动滤波是一种卷积运算，这就是这种类型的层（和网络）名字的来由。

一个 5×5 的过滤器有 25 个权重，所以它一次可以看到 25 个像素。从数学上讲，过滤器可以计算像素的 25 个值和过滤器的 25 个权重之间的点积。假设卷积层接收一个 100×100×3 的输入图像［因为它有 3 个维度，所以也叫**输入体**（input volume）］，如果该层有 10 个过滤器，则输出体值为 100 × 100 × 10。生成的 10 个 100 × 100 矩阵（每个过滤器 1 个）称为**激活映射**（activation map）。

当过滤器在输入值上滑动时，它通常一次滑动一个值（像素）。但有时，过滤器可以一次滑动两个或三个值（例如，在宽度轴上），以减少生成输出的数量。这个关于滑动大小的参数通常被称为**步长**（stride）。一次滑动一个值的步长为 1；一次滑动两个值的步长为 2；以此类推。

CNN 还通过控制要学习的权重数量来减少大输入体训练的计算负担。想象一下图 8-19 中的所有神经元都有一定的深度（例如，深度=2）。然后，它们将分享同样的权重。这种技术称为**参数共享**（parameter sharing）。

最后，卷积层与正常全连接神经网络层的主要区别在于，卷积神经元只连接到输入的局部区域，且卷积层中的一些神经元共享参数。

1. 池化层

池化层的职责是降低对输入体的采样，即在保留最重要信息的同时减少输入大小。这样做的优点是减少了计算复杂度和后续层（例如，其他卷积层）要学习的参数的数量。池化层与要学习的权重没有关联，它们查看输入体的一部分，并根据选择的函数提取一个或多个值。常用函数有 `max` 和 `average`。

与卷积层一样，池化层的接收域大小和步长可配置。例如，接收域大小为 2、步长为 2 且具有 `max` 函数的池化层将从输入体中获取 4 个值，并从这些输入值中输出最大值。

2. CNN 训练

本章已经介绍了 CNN 的主要组成部分，现在把它们叠加在一起，创建一个实际的 CNN，并看看如何训练这样的网络。记住，主要目标在于提取特征向量，而这些特征向量能捕捉语义上的图像相似概念。

典型的 CNN 结构通常至少包含一个（或多个）卷积层，以及如下组成部分：

- 一个密集的、完全连接的层，用于保存图像的特征向量；
- 一个输出层，包含图像可以被标为的所有类的分数。

CNN 通常是以有监督的方式进行训练的，训练样本的输入是一幅图像，而预期输出是图像所属的一组类。

现在来看看一个已知数据集。它在计算机视觉研究中被大量使用。CIFAR 数据集包含数千幅图像，而这些图像被标记为 10 个类别（见图 8-20）。来自 CIFAR 数据集的图像是彩色的，每幅图像尺寸都是 32 × 32（非常小）。因此，第一层将接收 32 × 32 × 3 = 3072 个值的输入。

图 8-20　来自 CIFAR 数据集的一些示例

创建一个包含两个卷积层及池化层、一个密集层和一个输出层的简单 CNN（见图 8-21）。你期望网络生成输入图像属于 10 个类别中任何一个类别的可能性估计。图 8-22 显示了一些示例输出（该图像是使用 ConvNetJs CIFAR-10 演示生成的）。

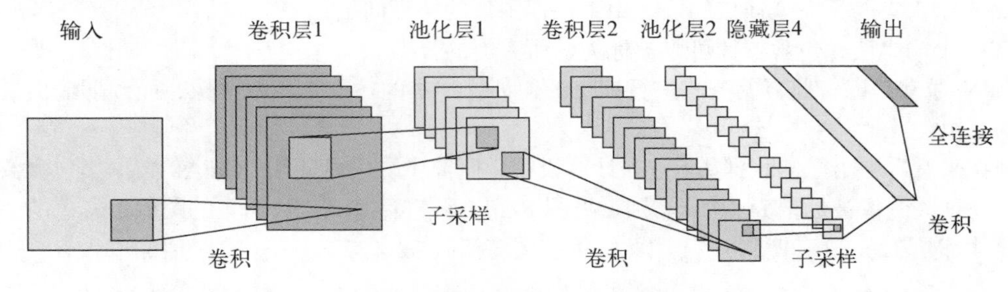

图 8-21　有两个卷积层及池化层的简单 CNN

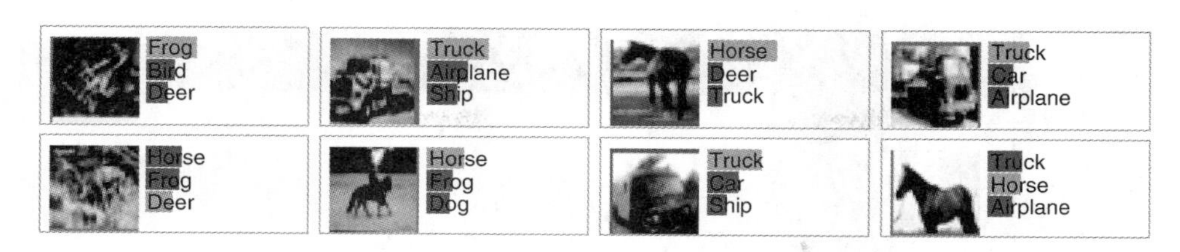

图 8-22　用 CIFAR 数据集测试 CNN

如你所见，在 CNN 训练期间，没有与特征相关的工作被执行，特征向量可以从最终密集层端到端地流出。你“仅仅”需要很多带标签的图片！

这个架构是 CNN 的一个简单例子。它的基本设计及许多超参数还有很大的提升空间。例如，增加卷积层已经被证明可以提高精度。接收域的大小、卷积层的深度或池化操作（`max`、`average` 等）都可以被调整改进，以提高准确率。

3. 用 DL4J 配置 CNN

上一节中的 CNN 可以很容易地在 DL4J 中实现。DL4J 附带了一个实用类，用于在 CIFAR 数据集上迭代和训练，因此下面使用它来训练 CNN，如代码清单 8-1 所示。

代码清单 8-1　在 DL4J 中为 CIFAR 配置 CNN

```
int height = 32;          <—— 输入图像高度

int width = 32;           <—— 输入图像宽度

int channels = 3;         <—— 使用的图像通道的数量

int numSamples = 50000;   <—— 从 CIFAR 数据集中提取的训练样本数量

int batchSize = 100;      <—— mini-batch 大小

int epochs = 10;          <—— 训练轮数

MultiLayerNetwork model = getSimpleCifarCNN();   <—— 设置网络架构
CifarDataSetIterator dsi = new CifarDataSetIterator(
    batchSize, numSamples, new int[] {height, width,
    channels}, false, true);   <—— 在 CIFAR 数据集上创建迭代器

for (int i = 0; i < epochs; ++i) {
  model.fit(dsi);          <—— 训练网络
}
cf.saveModel(model, "simpleCifarModel.json");   <—— 为后续使用保存模型
```

模型架构由 `getSimpleCIFARCNN` 方法定义，如代码清单 8-2 及图 8-23 所示。

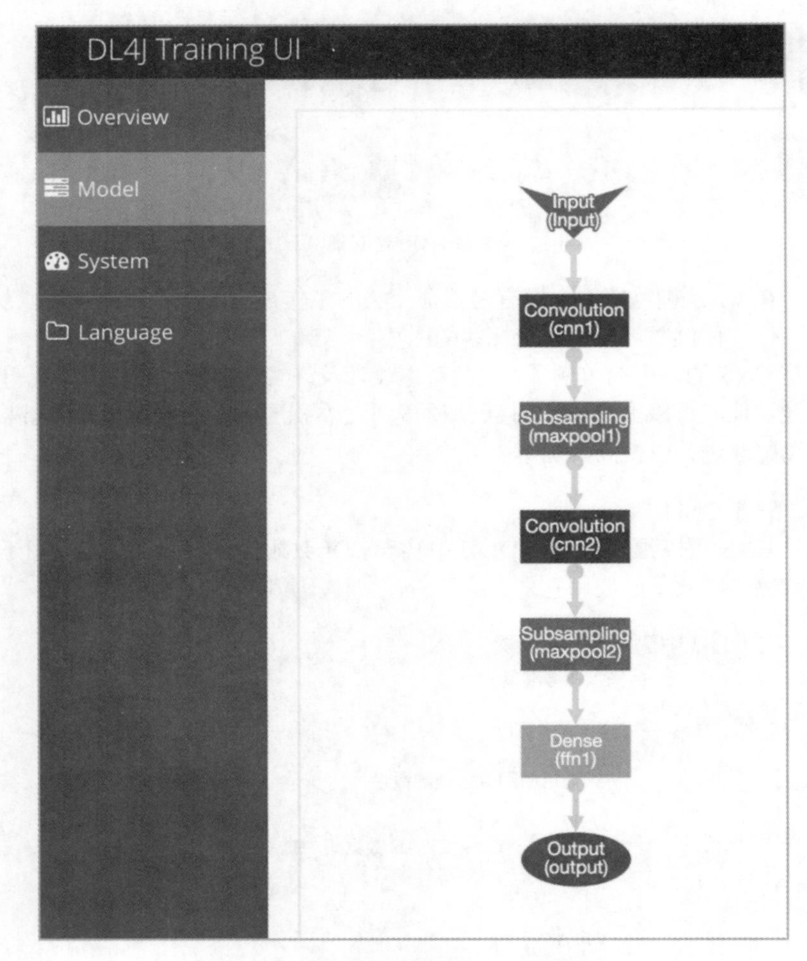

图 8-23　来自 DL4J UI 的结果模型

代码清单 8-2　配置 CNN

```
public MultiLayerNetwork getSimpleCifarCNN() {
  MultiLayerConfiguration conf = new NeuralNetConfiguration.Builder()
      .list()
      .layer(0, new ConvolutionLayer.Builder(
          new int[]{4, 4}, new int[]{1, 1},
          new int[]{0, 0}).name("cnn1")
          .convolutionMode(ConvolutionMode.Same)
          .nIn(3).nOut(64).weightInit(WeightInit.XAVIER_UNIFORM).activation(
            Activation.RELU)          // 首个卷积层

      .layer(1, new SubsamplingLayer.Builder(
          PoolingType.MAX, new int[]{2,2})
          .name("maxpool1").build())    <-- 首个池化层
```

```
        .layer(2, new ConvolutionLayer.Builder(
            new int[]{4,4}, new int[] {1,1},
            new int[]{0,0}).name("cnn2")
            .convolutionMode(ConvolutionMode.Same)
            .nOut(96).weightInit(WeightInit.XAVIER_UNIFORM)
            .activation(Activation.RELU).build())

        .layer(3, new SubsamplingLayer.Builder(
            PoolingType.MAX, new int[]{2,2}).name(
            "maxpool2").build())

        .layer(4, new DenseLayer.Builder().name(
            "ffn1").nOut(1024).build())

        .layer(5, new OutputLayer.Builder(LossFunctions
            .LossFunction.NEGATIVELOGLIKELIHOOD)

  .name("output").nOut(numLabels).activation(Activation.SOFTMAX).build())
        .backprop(true).pretrain(false)
        .setInputType(InputType.convolutional(height, width, channels))
        .build();

    MultiLayerNetwork model = new MultiLayerNetwork(conf);
    model.init();
    return model;
  }
```

第二个卷积层

第二个池化层

密集层（从这里可以提取特征）

输出层

一旦CNN完成了训练，你就可以使用网络输出了。

回想一下颜色直方图或BOVW模型，这两种方法可以使每幅图像获得一个特征向量。CNN能提供的却不止如此：靠近输出层的密集层包含特征向量，可以用来比较图像；训练过的CNN可以用来标记新的图像。

训练结束后，如果要用卷积神经网络为从每幅图像学习到的特征向量建立索引，就必须在图像数据集上再次迭代，对每幅图像执行前馈计算，并提取由CNN生成的特征向量，如代码清单8-3所示。

代码清单 8-3　提取特征向量

```
DataSetIterator iterator = ...
while (iterator.hasNext()) {

  DataSet batch = iterator.next(batchSize);
  for (int k = 0; k < batchSize; k++) {

    DataSet dataSet = batch.get(k);

    List<INDArray> activations = model.
        feedForward(dataSet.getFeatureMatrix(),
```

获取要处理的图像的迭代器

在数据集上迭代

在每一批次上迭代

在当前批次上迭代每幅图像

```
        false);          ◁── 不用训练，在当前图像上（以像
                             素作为输入）执行一个前向反馈
                             传递
    INDArray imageRepresentation = activations
        .get(activations.size() - 2);   ◁── 在最终的输出层前，提取
                                            存储在密集层中的图像
                                            表示
    INDArray classification = activations.get(
        activations.size() - 1);   ◁── 对当前图像提取各分类
                                       的类别分数
    ...  ◁── 处理（存储）图像
             特征向量表示
  }
}
```

现在你已经准备好学习如何高效地索引和搜索由 CNN 提取的特征向量（这通常适用于任何特征向量）。

8.4.2 图像搜索

回到本章开头的例子：借助一张用智能手机拍摄的照片，你希望找到一张专业水准的照片作为礼品卡使用。你需要执行以下操作：

(1) 将图像输入 CNN；

(2) 提取生成的特征向量；

(3) 使用特征向量进行查询，在搜索引擎中找到相似的图像。

8.4.1 节介绍了如何执行前两个步骤。本节将介绍如何有效地执行查询。

显而易见，执行查询的一种方法是，在输入图像特征向量和搜索引擎中的所有图像的特征向量之间进行比较。想象一下，如 8.4.1 节所述，从 CNN 中提取特征向量，然后将它们放在一张图上，表示相似图像的点会彼此接近。这与之前处理词嵌入和文档嵌入的思路相同。因此，可以计算输入图像的特征向量与所有其他图像的特征向量之间的距离，并返回具有最小特征向量距离的图像，例如前 10 幅。从计算的角度来看，这种方法不具有伸缩性，因为执行查询所需的时间会随着搜索引擎中图像数量的增多而线性增长。在现实中，这类最近邻算法得到的结果通常是近似的：它们表现好，但准确率有损失。这种近似最近邻搜索算法返回的图像可能不是与输入图像最接近的，但是它能够较快返回近邻。

在 Lucene 中，你可以使用（实验性的）`FloatPointNearestNeighbor` 类，该类提供接近最近邻函数。或者，你也可以使用局部敏感散列（locality-sensitive hashing，LSH）实现接近最近邻搜索。`FloatPointNearestNeighbor` 在搜索时花销更大，但是在索引上没有额外的空间占用；而 LSH 增加了索引的大小，因为它要存储的不仅仅是特征向量，但它在搜索时很快。后文将先介绍 `FloatPointNearestNeighbor` 类，然后介绍 LSH。

使用 `FloatPointNearestNeighbor`

要使用 `FloatPointNearestNeighbor`，就需要提取 CNN 特征向量，并将它们作为点在 Lucene 中索引。最新的 Lucene 版本支持基于 k 维树算法的 n 维点（另一种查看向量的方法）。因此，从 CNN 提取的特征向量由一个名为 `FloatPoint`（浮点数）的专用字段类型进行索引，如代码清单 8-4 所示。

代码清单 8-4 特征向量作为一个浮点数被索引

```
List<INDArray> activations = cnnModel.feedForward(currentImage, false);
INDArray imageRepresentation = activations
    .get(activations.size() - 2);          <-- 获取 CNN 生成的特征向量
float[] aFloat = imageRepresentation.data()
    .asFloat();                            <-- 转换成浮点数组
doc.add(new FloatPoint("features", floats));   <-- 特征向量作为一个 Lucene 浮点数被索引
```

遗憾的是，从 Lucene 7 开始，`FloatPoint` 可以索引的点维度最多为 8，而特征向量通常要比这大得多。例如，示例中 CIFAR 的 CNN 生成的特征向量的维数是 1024。你需要将用于实例化 `FloatPoint` 的 `float[]`从 1024 个值减少到最多 8 个值。

你可以尝试在保留最重要信息的同时减少向量的维数，这种技术也称为**降维**（dimensionality reduction）。降维算法有很多种，本章将介绍一种可以在其他场景中重用的算法。

主成分分析（principal component analysis，PCA）是一种常用的降维算法。顾名思义，PCA 从一个特征向量集中识别出最重要的特征，并丢弃其他特征。每个从 CNN 中提取的特征向量有 1024 个值，要使用 PCA 将每个特征向量的 1024 个值融合为最多 8 个值。PCA 可以将图上具有 1024 个坐标的点（向量）转换为图上具有 8 个坐标的点（向量）。

直观地说，PCA 算法遍历每个向量中每个特征的值，找出值相差最大（方差最大）的特征。这些特征被认为是最重要的。PCA 并没有丢弃其他特征，相反，它会从中构建新的特征，以避免丢失信息。方差最大的特征在构建新特征时具有更大的权重。PCA 将 CNN 提取的大小为 1024 个值的特征向量组合成 8 个新特征，这样你就可以将每个特征向量作为 Lucene 点进行索引。

PCA 可以通过几种方式实现。因为要处理的是向量，所以可以将它们放入一个大矩阵中，并使用矩阵分解算法，例如非负矩阵分解、截断奇异值分解等。因为本章关注的是特征向量索引，所以不会详细介绍这种 PCA 算法的工作原理，而这也不在本书的讨论范围内。DL4J 提供了实现 PCA 的工具，后文将使用它们。

CIFAR 有大约 50 000 个 1024 维的图像，因此你会有一个包含 50 000 行（特征向量的数目）和 1024 列（特征向量的维数）的巨大矩阵。你需要把它简化成 50 000 × 8 的矩阵，如代码清单 8-5 所示。

代码清单 8-5 建立图像特征向量矩阵

```
CifarDataSetIterator iterator ...
INDArray weights = Nd4j.zeros(50000, 1024);     <-- 创建权重矩阵
while (iterator.hasNext()) {
  DataSet batch = iterator.next(batchSize);     <-- 在全部（CIFAR）数据集上迭代
  for (int k = 0; k < batchSize; k++) {
    DataSet dataSet = batch.get(k);
    List<INDArray> activations = model
        .feedForward(dataSet.getFeatureMatrix(),
        false);                                 <-- 在 CNN 上执行前向反馈
    INDArray imageRepresentation = activations
        .get(activations.size() - 2);           <-- 从密集层提取特征向量
```

```
      float[] aFloat = imageRepresentation.data().asFloat();
      weights.putRow(idx, Nd4j.create(aFloat));  <-- 将特征向量存储在权重矩阵中
    }
  }
```

在整个特征向量矩阵构建好后，你可以运行 PCA 并获得足够小的向量，使其在 Lucene 中可以作为 `FloatPoints` 被索引。注意，由于这个矩阵太大，PCA 可能需要一段时间（例如，在现代笔记本计算机上需要几分钟）才能完成，如代码清单 8-6 所示。

代码清单 8-6 向量维度减少到 8

```
int d = 8;  <-- 目标向量大小
INDArray reduced = PCA.pca(weights, d, true);  <-- 在权重矩阵上执行 PCA
```

尽管这应该很有效，但是你可以进一步借鉴 *Simple and Effective Dimensionality Reduction for Word Embeddings*[①]一文中压缩词嵌入的技术，并将其用于图像向量，以生成更小、质量更好的特征向量。该技术基于 PCA 和后处理算法，它将两者相结合来突出嵌入的哪些特征比其他特征“更强”。更强嵌入的后处理算法在论文“All-but-the-Top—Simple and Effective Postprocessing for Word Representations”[②]中有描述。你可以在 DL4J 中实现后处理，如代码清单 8-7 所示。

代码清单 8-7 更强嵌入的后处理

```
  在权重矩阵中从每个嵌入移除均值            在结果权重矩阵上执行 PCA
private INDArray postProcess(INDArray weights, int d) {
  INDArray meanWeights = weights.sub(weights.meanNumber());
  INDArray pca = PCA.pca(meanWeights, d, true);
  for (int j = 0; j < weights.rows(); j++) {  <-- 加重每个向量的特定值
    INDArray v = meanWeights.getRow(j);
    for (int s = 0; s < d; s++) {
      INDArray u = pca.getColumn(s);
      INDArray mul = u.mmul(v).transpose().mmul(u);
      v.subi(mul.transpose());  <-- 减去每个向量的主成分值
    }
  }
  return weights;  <-- 返回修改后的权重矩阵
}
```

针对这个嵌入降维的改进版本，整个算法在权重矩阵上执行后处理，然后执行 PCA，最后在减少权重后的矩阵上执行后处理，如代码清单 8-8 所示。

代码清单 8-8 使用嵌入后处理降维

```
int d = 8;
INDArray x = postProcess(weights, d);  <-- 原始特征向量值后处理
```

① 作者为 Vikas Raunak。

② 作者为 Jiaqi Mu、Suma Bhat 和 Pramod Viswanath。

```
INDArray pcaX = PCA.pca(x, d, true);          <-- 执行 PCA 得到 8 维特征向量

INDArray reduced = postProcess(pcaX, d);      <-- 降维后的特征向量值后处理
```

现在可以在权重矩阵上迭代，并在 Lucene 中将每一行作为 `FloatPoint` 索引，如代码清单 8-9 所示。

代码清单 8-9　索引特征向量

```
IndexWriter writer = new IndexWriter(directory, config);   <-- 创建一个 IndexWriter

for (int k = 0; k < reduced.rows(); k++) {                 <-- 在降维后的权重矩阵行上迭代
    Document doc = new Document();

    doc.add(new FloatPoint("features", reduced.getRow(k)
    .toFloatVector()));                                    <-- 向量作为 FloatPoint 索引

    doc.add(new TextField("label", ..., Field.Store.YES)); <-- 索引与当前向量相关的标签

    writer.addDocument(doc);    <-- 索引文档
}
writer.commit();        <-- 提交更改
```

现在你已经通过图像的特征向量对图像进行了索引，可以通过示例图像进行查询，并在搜索引擎中找到最相似的图像。因此，如果要运行一些测试，可以随机获取一个被索引过的图像，提取其特征向量，然后使用 `FloatPointNearestNeighbor` 类执行搜索，如代码清单 8-10 所示。

代码清单 8-10　最近邻搜索

```
int rowId = random.nextInt(reader.numDocs());
Document document = reader.document(rowId);   <-- 获取与随机生成的 ID 相关联的文档
TopFieldDocs docs = FloatPointNearestNeighbor.nearest(searcher,
    "features", 3, reduced.getRow(rowId).toFloatVector());   <-- 提取输入图像特征，执行最近邻搜索，返回最前的 3 个结果
ScoreDoc[] scoreDocs = docs.scoreDocs;
System.out.println("query image of a : " + document.get("label"));
for (ScoreDoc sd : scoreDocs) {        <-- 在搜索结果上迭代
    System.out.println("-->" + sd.doc + " : " +
    reader.document(sd.doc).getField("label").stringValue());
}
```

例如，你希望 `dog` 的图像的最近邻也被标记为 `dog`。下面是一些示例输出。

```
query image of a : dog
--> 67 : dog
--> 644 : dog
--> 101 : cat
```

```
query image of a : automobile
--> 2 : automobile
--> 578 : automobile
--> 311 : truck

query image of a : deer
--> 124 : deer
--> 713 : dog
--> 838 : deer

query image of a : airplane
--> 412 : airplane
--> 370 : airplane
--> 239 : ship

query image of a : cat
--> 16 : cat
--> 854 : cat
--> 71 : cat
```

你已经完成了从提取特征到索引，最后搜索图像的流程。本节之前提到，可以采用一种被称为**局部敏感散列**的算法来提高搜索性能。8.4.3 节将介绍这种算法，及其在 Lucene 中的一种可能实现。

8.4.3　局部敏感散列

k 最近邻算法最简单的实现方法是遍历搜索引擎中的所有图像，并将输入图像特征向量与每个索引图像特征向量进行比较，仅保留 *k* 最近邻的图像。这些图像就是最接近输入的搜索结果。这是 8.4.2 节介绍的。

回想一下前文中关于星星和聚类的例子。如果在一个图上绘制图像特征向量并应用聚类算法，就会得到聚类和质心。每幅图像都属于一个聚类，并且每个聚类都有一个质心，这个质心就是聚类的中心。不必将输入图像的特征向量与所有图像的特征向量进行比较，只需将它们与质心的特征向量进行比较。聚类的数量通常比点（向量）的数量少得多，因此这可以加快比较的速度。找到最近的聚类后，可以决定是停止并将属于该聚类的所有其他向量作为最近邻，还是对属于最近聚类的其他特征向量进行第二轮最近邻搜索。

这个基本思想可以以多种方式实现。当然，你可以在特征向量上运行 *k* 均值聚类算法，并使用特殊标签索引质心（例如，添加仅质心才有的专用字段），以便在搜索期间执行初始查询获取质心。在质心可用的情况下，可以执行一次或两次精确的或近似的最近邻算法（首先在质心上执行，然后在最近的聚类点上执行）。

这里有一个问题，那就是你需要维护一个聚类并保持其不断更新。当新图像被索引时，聚类和质心可能会改变。这可能需要你多次运行聚类算法。索引小向量所需的降维算法也是如此。

一个轻量级的好方法是，使用散列函数和散列表来查找近邻重复。散列函数只是确定性函数的一种，它将一个输入转换为确定的输出（不可能从输出值复原输入值）。这个任务选择散列函数的原因是它们非常擅长检测近邻中的重复项。当两个值产生相同的输出时，它们会导致**散列冲突**（hash collision）。当一个散列函数应用于多个不同的输入时，如果希望快速检索这些输入，就可以将它们集中到散列表中。散列表的好处是，你可以用散列计算来检索一个项，而不必通过翻查所有项来查找它，散列函数会告诉你它在散列表中的位置。

使用局部敏感散列（LSH），输入图像特征向量会被传递到几个不同的散列函数，方便相似的项映射到相同的桶（bucket，也就是散列表）里。在内部，LSH 的目的是最大化两个相似项的散列冲突概率。当图像被输入 LSH 时，它通过几个散列函数传递其特征向量。输入图像特征向量最后存储在桶中，而桶指明输入图像需要与哪幅图像比较。这个操作和散列函数一样，通常很快。此外，利用特殊类型的散列函数，你通常可以将相似的输入映射到相同的桶中。

在 Lucene 中，这些操作可以通过创建一个专用的 `Analyzer`（分析器）来实现。你要构建的 LSH 分析器将执行一些步骤来生成散列值或桶，并存储在索引中，就像纯文本一样。因此，在运用特征向量时，不仅可以使用 `FloatPoint` 字段作为向量空间中的点，也可以使用 Lucene 针对 LSH 的文本功能，将 LSH 生成的散列值作为普通词素存储。

LSH 算法不仅会为整个特征向量生成散列值，也会为特征向量的局部生成散列值。这样做是为了最大化匹配的概率。首先，标记特征向量并提取每个特征及其位置。例如，从特征向量<0.1, 0.2, 0.3, 0.4, 0.5>，你将获得以下词素：0.1（位置 0）、0.2（位置 1）、0.3（位置 2）、0.4（位置 3）、0.5（位置 4）。你可以将每个词素的位置合并到词素文本中，用于计算词素文本的散列函数会根据每个词素的位置进行计算。整个特征向量也会得到保留。

然后，为每个单独的词素创建 *n*-gram：你不是对整个向量或单个特征进行散列计算，而是对整个向量和它的一部分进行散列计算。例如，特征向量<0.1, 0.2, 0.3, 0.4, 0.5>的二元组为 0.1_0.2, 0.2_0.3, 0.3_0.4, 0.4_0.5。

最后，通过 Lucene 内置的 `MinHash` 过滤器应用 LSH。`MinHash` 过滤器会将几个散列函数应用于词项，生成相应的散列值，如代码清单 8-11 所示。

代码清单 8-11 `LSHAnalyzer` 类

```
public class LSHAnalyzer extends Analyzer {
...
  @Override
  protected TokenStreamComponents createComponents(String fieldName) {
    Tokenizer source = new FeatureVectorsTokenizer();
    TokenFilter featurePos = new FeaturePositionTokenFilter(source);
    ShingleFilter shingleFilter = new ShingleFilter
        (featurePos, min, max);
        shingleFilter.setTokenSeparator(" ");
    shingleFilter.setOutputUnigrams(false);
    shingleFilter.setOutputUnigramsIfNoShingles(false);
    TokenStream filter = new MinHashFilter(shingleFilter, hashCount,
        bucketCount, hashSetSize, bucketCount > 1);
    return new TokenStreamComponents(source, filter);
  }
...
}
```

对特征向量的特征进行词素切分

给每个词素附加位置信息

创建特征 *n*-gram

使用 LSH 过滤器

要使用 LSH，就需要同时在索引时和搜索时在索引特征向量的字段上使用此分析器（如本书其他部分所述）。注意，使用 LSH 不需要像前一节中那样减少特征向量。你可以保持特征向量原样不变（例如 1024 个值），并将其传递给 LSHAnalyzer，而 LSHAnalyzer 会创建特征向量散列值。

和之前一样，为存储散列值的字段配置 LSHanalyzer，如代码清单 8-12 所示。

代码清单 8-12　为 lsh 字段配置 LSHAnalyzer

```
Map<String, Analyzer> mappings = new HashMap<>();    <-- 创建每个字段对应一个分析器的映射

mappings.put("lsh", new LSHAnalyzer());    <-- 只要文档包括 lsh 字段，就使用 LSHAnalyzer

Analyzer perFieldAnalyzer = new PerFieldAnalyzerWrapper(new
      WhitespaceAnalyzer(), mappings);    <-- 创建 perfield 分析器①

IndexWriterConfig config = new IndexWriterConfig(perFieldAnalyzer);    <-- 用定义好的分析器创建索引配置

IndexWriter writer = new IndexWriter(directory, config);    <-- 创建 IndexWriter 以索引 Lucene 文档
```

设置索引配置后，可以继续索引特征向量。假设在一个每行有 1024 列的矩阵（例如名为 weights）中针对每幅图像提取特征向量，那么你可以索引 lsh 的字段的每一行。这个 lsh 字段是由 LSHAnalyzer 处理过的，如代码清单 8-13 所示。

代码清单 8-13　在 lsh 字段中索引特征向量

```
int k = 0;
for (String sl : stringLabels) {    <-- 使用标签在图像上迭代（如在 CIFAR 数据集中的 dog、deer、car 等）
  Document doc = new Document();
  float[] fv = weights.getRow(k).toFloatVector();    <-- 从权重矩阵得到特征向量

  String fvString = toString(fv);    <-- 将特征向量的浮点数矩阵转换为字符串类型

  doc.add(new TextField("label", sl, Field.Store.YES));    <-- 索引当前的图像标签

  doc.add(new TextField("lsh", fvString, Field.Store.YES));    <-- 在 lsh 字段中索引当前图像特征向量

  writer.addDocument(doc);    <-- 索引文档
  k++;
}
writer.commit();    <-- 在磁盘上持久化更改
```

① 为便于理解此段代码，以下引用 Lucene 官方文档对 PerFieldAnalyzerWrapperr 类的说明："这个分析器用于不同字段需要不同分析技术的场景。用 PerFieldAnalyzerWrapper(Analyzer, java.util.Map) 中的 Map 参数为字段添加非默认分析器。"——译者注

要使用 LSH 查询相似的图像，可以检索查询图像的特征向量，提取其词素散列值，并用这些散列值运行简单的文本查询，如代码清单 8-14 所示。

代码清单 8-14 使用 LSHAnalyzer 查询

```
String fvString = reader.document(docId).get("lsh");        // 获取查询图像的特征向量字符串

Analyzer analyzer = new LSHAnalyzer();        // 创建 LSHAnalyzer

Collection<String> tokens = getTokens(analyzer, "lsh", fvString);        // 使用 LSHAnalyzer 得到特征向量的词素散列值

BooleanQuery.Builder booleanQuery = new BooleanQuery.Builder();        // 创建一个布尔查询

for (String token : tokens) {
  booleanQuery.add(new ConstantScoreQuery(new TermQuery(new Term(
  fieldName, token))), BooleanClause.Occur.SHOULD);        // 为每个词素散列，创建一个词项查询（具有固定分数）
}
Query lshQuery = booleanQuery.build();        // 完成查询创建

TopDocs topDocs = searcher.search(lshQuery, 3);        // 运行 LSH 查询，采用最好的 3 个结果
```

LSH 通常可以比最近邻搜索更快地获得相似的候选项，代价是 LSHAnalyzer 生成的特征向量词项占用了更多的索引空间。当索引中的图像数量很多时，LSH 的速度优势尤其明显。此外，将特征向量维数减少到一个较小值（如前一节中的 8）的计算量有时会非常大，而 LSH 不需要对特征向量进行这样的预处理。因此在这种情况下，且不考虑查询时间的话，它可能是比最近邻算法更好的选择。

8.5 处理未标记的图像

在本节中，你将接触这样的情况：有一组未标记的图像，并且你不能用适当的类别（如 CIFAR 数据集中的 deer、automobile、ship、track 等）标记其中的每幅图像，以创建一个训练集。

这可以是你自己的图集，你希望能搜索它。正如前几节所述，你需要为每幅图像提供一个向量表示，以便根据其内容进行搜索。但是如果图像没有标签，你就不能借助前面的 CNN 架构生成它们的特征向量。

为了解决这个问题，可以使用一种神经网络。该网络的任务是学习对输入数据进行编码（编码后的数据维数通常比原始数据更低），然后重构这些数据。这样的神经网络称为**自动编码器**（autocoder）。它们通常是这样建立的：网络的一部分将输入编码成具有固定大小的向量（也称为

隐含表示，latent representation），然后此向量被再次转换回原始输入数据①，作为目标输出。例如，这种自动编码器可以将图像向量转换为 8 维向量，使该向量可以作为 Lucene `FloatPoint` 受到索引。在自动编码器中，将输入数据转换为具有所需维度（在此例中是 8）的另一个向量的部分被称为**编码器**。网络中将隐含表示转换回原始数据的部分被称为**解码器**。通常情况下，编码器和解码器的结构相同，只是互为镜像，如图 8-24 中的自动编码器示例所示。

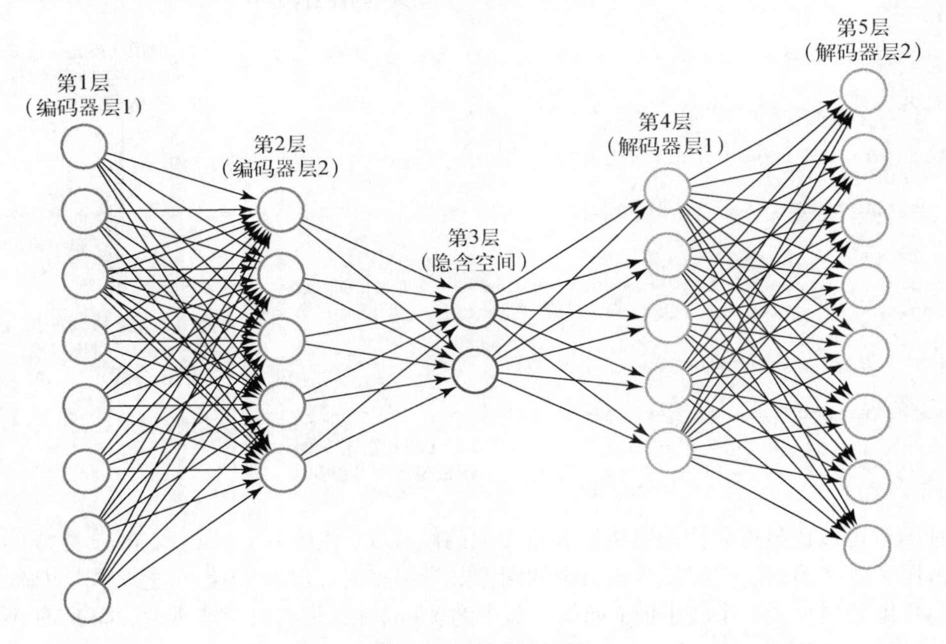

图 8-24　自动编码器

自动编码器有许多“变体”。在生成大型图像向量的紧凑隐含表示时，可以使用**变分自编码器**（variational autoencoder 或 VAE）。变分自编码器生成符合单位高斯分布的隐含表示。

要使用未标记的数据测试自动编码器的使用情况，仍可使用 CIFAR 数据集，但这回不使用附加到每幅图像的类别来训练网络。相反，在训练结束后，你可以使用它们来评价搜索结果好坏。这种方法的重点在于，即使图像没有标记，也能提供一种为图像生成稠密向量表示（就像特征向量一样）的方法。

在 DL4J 中构建一个 VAE，它的隐含表示大小为 8，编码器和解码器都有两个隐藏层。第一个隐藏层有 256 个神经元，第二个隐藏层有 128 个神经元，如代码清单 8-15 所示。

① 作者并未详细描述自动编码器，故在此对“转换回原始数据”做出如下解释。数据输入一个编码器得到一个向量，将这个向量输入解码器并输出一个数据（重构，也就是文中说的转换回原始数据），如果输出的数据和一开始输入的数据一致（理想情况下就是一样的），那就认为这个向量能表示输入数据。这里要做的是通过调整编码器和解码器的参数，使得重构误差最小（即编码器的输出和原始数据相像或一致），调整好后数据输入编码器后得到的向量，就是我们需要使用的特征。——译者注

代码清单 8-15 变分自编码器配置

```
int height = 32;
int width = 32;
int numSamples = 2000;

MultiLayerConfiguration conf = new NeuralNetConfiguration.Builder()
    .list()
    .layer(0, new VariationalAutoencoder.Builder()      <-- 使用 VAE 专用的构建类
            .activation(Activation.SOFTSIGN)
            .encoderLayerSizes(256, 128)                 <-- 为编码器定义每个隐藏层大小
            .decoderLayerSizes(256, 128)                 <-- 为解码器定义每个隐藏层大小
            .pzxActivationFunction(Activation.IDENTITY)
            .reconstructionDistribution(
                new BernoulliReconstructionDistribution(
                    Activation.SIGMOID.getActivationFunction()))
            .numSamples(numSamples)
            .nIn(height * width)    <-- 输入数据大小
            .nOut(8)                <-- 隐含表示大小
            .build())
    .pretrain(true).backprop(false).build();

MultiLayerNetwork model = new MultiLayerNetwork(conf);
model.init();
```

你希望使用 CIFAR 图像来训练 VAE。但如前几节所述，图像是由多个通道组成的。在 CIFAR 中，每幅图像与大小为 32 × 32 的 3 个矩阵相关联。即使使用一个单通道，自动编码器也需要向量，而不是矩阵。若要解决此问题，必须将 32 × 32 矩阵重塑为大小为 1024 的向量，这可以通过**重塑**（reshape）操作完成，如代码清单 8-16 所示。为了简单起见，假设使用灰度 CIFAR 图像，因此只有一个通道而不是 3 个通道。

代码清单 8-16 重塑 CIFAR 图像，以输入变分自编码器

```
int channels = 1;
int batchSize = 128;
CifarDataSetIterator dsi = new CifarDataSetIterator(
    batchSize, numSamples, new int[] {height, width,
    channels}, preProcessCifar, true);   <-- 读取 CIFAR 数据集

Collection<DataSet> reshapedData = new
    LinkedList<>();                      <-- 存储重塑数据到 Collection 中，用于训练 VAE
while (dsi.hasNext()) {                  <-- 在图像中迭代
  DataSet batch = dsi.next(batchSize);
  for (int k = 0; k < batchSize; k++) {
    DataSet current = batch.get(k);
    DataSet dataSet = current.reshape(1, height *
        width);                          <-- 重塑图像从 32×32 到 1
    reshapedData.add(dataSet);           <-- 重塑后的图像添加到 Collection
  }
}
dsi.reset();
```

一旦图像得到重塑，就可以将它们输入 VAE 进行训练，如代码清单 8-17 所示。

代码清单 8-17　预训练变分编码器

```
int epochs = 3;
DataSetIterator trainingSet = new
    ListDataSetIterator<>(reshapedData);    <-- 转换 Collection 到 DL4J DataSetIeterator
model.pretrain(trainingSet, epochs);    <-- 进行几轮 VAE 训练
```

训练结束后，将每幅图像的隐含表示索引到 Lucene 索引中。为了做一个简单的评价，还可以将每幅图像的标签索引到搜索引擎中。这样就可以将查询图像的标签与结果图像的标签进行比较，如代码清单 8-18 所示。

代码清单 8-18　索引从 VAE 中提取的图像向量

```
VariationalAutoencoder vae = model.getLayer(0);    <-- 获取 VAE，以提取图像向量

trainingSet.reset();
List<float[]> featureList = new LinkedList<>();
while (trainingSet.hasNext()) {    <-- 在 CIFAR 图像中迭代
  DataSet batch = trainingSet.next(batchSize);
  for (int k = 0; k < batchSize; k++) {
    DataSet dataSet = batch.get(k);
    INDArray labels = dataSet.getLabels();
    String label = cifarLabels.get(labels.argMax(1)
        .maxNumber().intValue());    <-- 获取附加在当前图像上的标签

    INDArray latentSpaceValues = vae.activate(dataSet
        .getFeatures(), false, LayerWorkspaceMgr
        .noWorkspaces());    <-- 以当前重塑图像为输入，让 VAE 执行前馈传递
    float[] aFloat = latentSpaceValues.data().asFloat();
    Document doc = new Document();
    doc.add(new FloatPoint("features", aFloat));
    doc.add(new TextField("label", label, Field.Store.YES));
    writer.addDocument(doc);    <-- 用文档的图像向量和标签索引文档
    featureList.add(aFloat);    <-- 将提取的每幅图像特征存储到列表中，用于后续查询
  }
}
writer.commit();
```

有了用隐含表示和标签索引的图像，就可以使用 Lucene 的 `FloatPointNearestNeighbor` 执行最近邻搜索，如代码清单 8-19 所示。要知道结果是否良好，不必查看每幅查询图像和结果图像的数据，可以检查查询图像和每幅结果图像是否共享相同的标签。

代码清单 8-19　使用最近邻搜索进行图像查询

```
DirectoryReader reader = DirectoryReader.open(writer);
IndexSearcher searcher = new IndexSearcher(reader);

Random r = new Random();
for (int counter = 0; counter < 10; counter++) {
    int idx = r.nextInt(reader.numDocs() - 1);    <-- 选取一个随机数
```

```
    Document document = reader.document(idx);
    TopFieldDocs docs = FloatPointNearestNeighbor
        .nearest(searcher, "features", 2, featureList
        .get(idx));
    ScoreDoc[] scoreDocs = docs.scoreDocs;
    System.out.println("query image of a : " +
        document.get("label"));
    for (ScoreDoc sd : scoreDocs) {
      System.out.println("-->" + sd.doc +" : " +
        reader.document(sd.doc).getField("label")
        .stringValue());
    }
    counter++;
}
```

获取以随机数为其标识的文档

使用与文档标识关联的图像向量执行最近邻搜索

打印查询图像标签

打印结果图像文档标识和标签

你希望查询图像和结果图像在大多数情况下共享相同的标签。可以在以下输出中进行检查。

```
query image of a : automobile
-->277 : automobile
-->1253 : automobile
query image of a : airplane
-->5250 : airplane
-->1750 : ship
query image of a : deer
-->7315 : deer
-->1261 : bird
query image of a : automobile
-->9983 : automobile
-->4239 : automobile
query image of a : airplane
-->6838 : airplane
-->4999 : airplane
```

正如预期的那样，大多数结果与查询共享标签。注意，你还可以使用 8.4.3 节中描述的局部敏感散列技术，而不是最近邻搜索。

8.6　总结

- 搜索像图像这样的二进制内容需要学习一种表示法，该表示法可以捕获能在图像间进行比较的视觉语义。
- 传统的特征提取技术有局限性，而且工程量过大。
- 卷积神经网络是最近兴起的深度学习技术的核心，因为它可以在网络训练过程中增量学习图像表示抽象（边缘、形状和对象）。
- CNN 能从图像中提取特征向量，用于搜索相似图像。
- 局部敏感散列技术可以替代最近邻方法，基于特征向量搜索图像。
- 如果图像没有标签，自动编码器可以帮助提取图像向量。

第 9 章

性能一瞥

本章内容

- ❑ 在生产环境中配置深度学习模型
- ❑ 优化性能和部署
- ❑ 让现实中的神经搜索系统处理数据流

在阅读了前 8 章后，你应该对深度学习和它如何改进搜索有了深入的理解。此时，你应该已经准备好最大限度地利用深度学习为用户成功配置搜索引擎系统。然而，在这一过程中，你可能想知道如何将这些理念应用到现实世界的生产系统中。

- ❑ 在生产场景中如何应用这些方法？
- ❑ 增加深度学习算法会对系统的时间限制和空间限制造成很大影响吗？
- ❑ 这个影响有多大？哪些部分或过程（如搜索时与索引时）会受到影响？

本章将解决这些实际问题，并讨论在搜索引擎中应用深度学习和神经网络时需要考虑的事项。本章还将探讨当搜索引擎和神经网络相结合时性能如何，并通过例子为在实践中应用深度学习技术提供一些建议。

前几章探索了深度学习可以帮助解决的几种搜索问题。回想 word2vec 模型在同义词扩展中的应用（第 2 章）或循环神经网络在扩展查询中的应用（第 3 章），可以回忆起数据流在神经网络和搜索引擎中的流入和流出。可以把搜索引擎和神经网络看作现实世界软件体系架构中的两个独立组件。神经网络需要进行训练才能准确预测输出。同时，搜索引擎必须能抓取数据，以便用户进行搜索。为了用深度学习来生成更有效的搜索结果，就需要有效的神经网络。这些相互矛盾的需求产生了几个逻辑上的问题，如下所示。

- ❑ 训练是否应在索引之前进行？
- ❑ 或者应该先进行索引？
- ❑ 你能组合这些数据输入任务吗？
- ❑ 如何处理数据更新？

当介绍在真实世界中部署基于神经网络的搜索引擎时需要考虑的注意事项时，我们会解答其中一些问题。

9.1 深度学习的性能与约定

为了解决各种越来越复杂的任务，新的深度学习架构不断发布。本书展示了其中一些任务，例如生成文本（第 3 章和第 4 章），将文本从一种语言翻译成另一种语言（第 7 章），基于内容对图像进行分类和表示（第 8 章），等等。不仅是整个模型，新类型的激活函数、代价函数、反向传播算法优化、权重初始化方案等，也正在不断地被研究和发布。

本书中介绍的深度学习概念适用于近期、当前和（希望）更新的神经网络架构。如果你负责构建一个搜索引擎的基础结构，你可能会寻找那些经过研究人员证实，在某些特定任务上工作良好（也称为**最先进**的）的方法。以机器翻译或图像搜索为例，在编写本书时，最好的机器翻译技术是序列到序列模型，如基于注意力机制的编码器-解码器网络[①]。因此，你希望实现最先进的模型，并期待它们能如论文所述，带来好的结果。在这种情况下，第一个挑战是重现论文中描述的模型，并让它在你的数据和基础结构上有效地工作。为此，需要做到：

- 神经网络提供的结果必须准确；
- 神经网络提供结果的速度必须快；
- 软件和硬件在时间上和空间上必须能充分满足计算负载的需求（同时记住，训练是需要代价的）。

下一节将介绍实现一个神经网络模型并解决特定任务的整个过程，并看看为了应对这些挑战，你需要遵循哪些常规步骤。

从模型设计到生产

第 8 章展示了卷积神经网络的实践应用：对图像进行分类。一旦训练完成，就可以使用网络提取特征向量供搜索引擎索引和搜索。但是这没有考虑神经网络分类的准确率。现在，在建立一个与搜索引擎结合使用的良好神经网络模型过程中，请跟踪一些关于准确率、训练和预测时间的数字。你将再次使用第 8 章中的 CIFAR 数据集，看看如何在保持训练时间合理的情况下，逐步调整神经网络模型以提高准确率。该项目将一步一步地进行，你在自己的项目中也应该这样做。

对现实世界中的数据进行索引通常是昂贵的。CIFAR 数据库只有几万幅图像，但许多实时部署必须索引数以十万、百万或十亿计的图像或文档。当对一亿幅图像进行特征向量索引时，如果特征向量不能准确地反映图像内容，那么不管你如何不情愿，你还是需要去重复该过程。这时用户体验不是很好。因此，在索引特征向量之前，通常会进行一些试验和评价。

首先介绍一种卷积神经网络（CNN）。这种 CNN 类似于最初的几种基于 CNN 的架构，它在图像分类方面取得了良好的效果。它就是 LeNet 架构。这是一个简单的 CNN，和第 8 章中配置的类似，但是在卷积深度、接收域大小、步长和密集层维度的配置参数方面略有不同（见图 9-1、代码清单 9-1）。

① 这个最近的研究甚至放弃了 RNN：参见 Ashish Vaswani 等人的文章“Attention Is All You Need”。

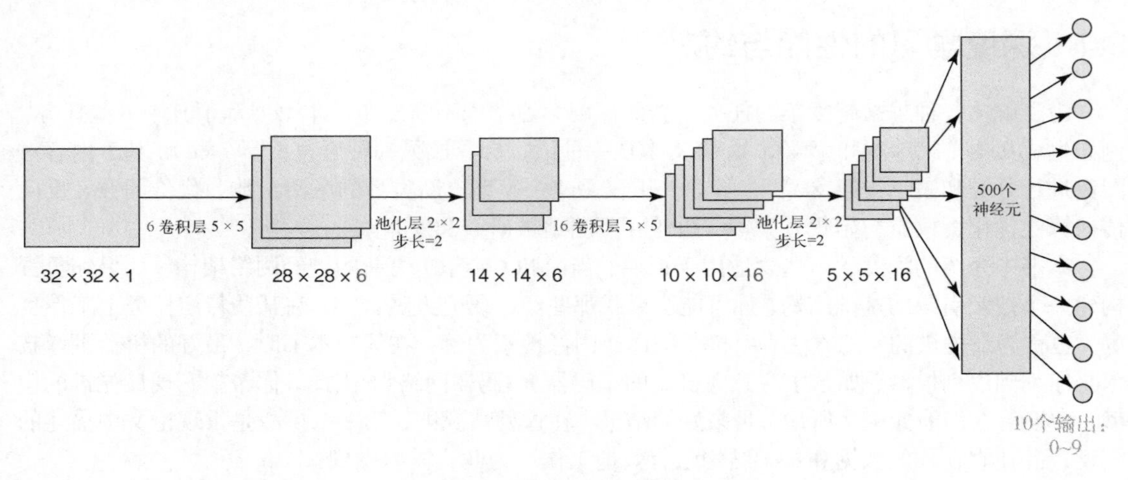

图 9-1　示例 LeNet 模型

代码清单 9-1　LeNet 类型的模型

```
MultiLayerConfiguration conf = new NeuralNetConfiguration.Builder()
    .list()
    .layer(0, new ConvolutionLayer.Builder(new int[]{5, 5}, new int[]{1, 1}
        , new int[]{0, 0}).convolutionMode(ConvolutionMode.Same)
        .nIn(3).nOut(28).activation(Activation.RELU).build())
    .layer(1, new SubsamplingLayer.Builder(PoolingType.MAX,
        new int[]{2,2}).build())
    .layer(2, new ConvolutionLayer.Builder(new int[]{5,5}, new int[] {1,1},
        new int[] {0,0}).convolutionMode(ConvolutionMode.Same)
        .nOut(10).activation(Activation.RELU).build())
    .layer(3, new SubsamplingLayer.Builder(PoolingType.MAX,
        new int[]{2,2}).build())
    .layer(4, new DenseLayer.Builder().nOut(500).build())
    .layer(5, new OutputLayer.Builder(LossFunctions.LossFunction
        .NEGATIVELOGLIKELIHOOD)
        .nOut(numLabels).activation(Activation.SOFTMAX).build())
    .backprop(true)
    .pretrain(false)
    .setInputType(InputType.convolutional(height, width, channels))
    .build();
```

该模型包含两个卷积层序列，接着是一个最大池化层和完全连接层。过滤器尺寸为 5×5，第一个卷积层深度为 28，第二个卷积层深度为 10。密集层尺寸为 500。最大池化层的步长等于 2。

这个模型有些过时，所以不能期待它表现得非常好。但是，实践中最好先从小模型开始，看看它能走多远。

首先，你将从 CIFAR 数据集中训练超过 2000 个示例，以迅速获得一些关于模型参数好坏的反馈，如代码清单 9-2 所示。如果发现模型偏离开始得太快，就要避免加载大型训练集。

代码清单 9-2 从 CIFAR 中训练超过 2000 个示例

```
int height = 32;
int width = 32;
int channels = 3;
int numSamples = 2000;    <-- 从 CIFAR 数据集中只使用 2000 个随机抽取的样本
int batchSize = 100;
boolean preProcessCifar = false;
CifarDataSetIterator dsi = new CifarDataSetIterator(batchSize, numSamples,
    new int[] {height, width, channels}, preProcessCifar, true);

MultiLayerNetwork model = new MultiLayerNetwork(conf);
model.init();
for (int i = 0; i < epochs; ++i) {
  model.fit(dsi);
}
```

1. 模型评价

为了监控神经网络如何学习对图像分类，你可以使用 DL4J UI 监控训练过程。在最好的情况下，分数会朝着 0 稳步下降；但是在图 9-2 中的情况下，它下降得非常慢，且从未达到接近 0 的点。回想一下，该分数度量的是，神经网络在尝试预测每个输入图像的类别时错误的总数。所以，在使用这些统计数据时，你不必希望它表现得很好。

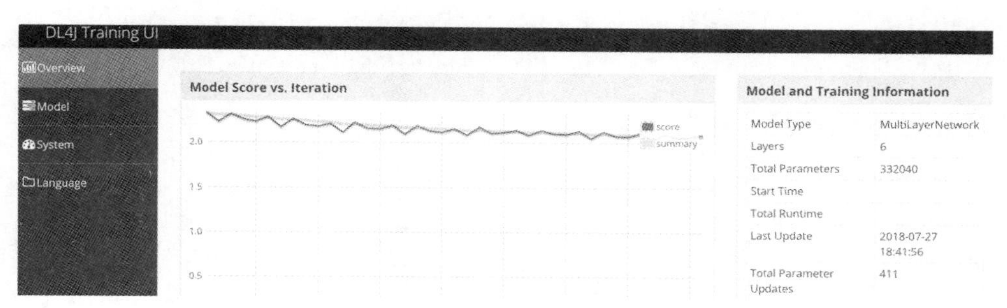

图 9-2 LeNet 训练

在评价机器学习模型的预测准确率时，将用于训练的数据集（训练集）与用于测试模型质量的数据集（测试集）分离是一种好方法。在训练过程中，模型可能会**过拟合**（overfit）数据，因此它在训练集上可能有很好的准确率，在略有不同的数据上却不能很好地工作。因此，使用测试集有助于了解模型在没有参与其训练的数据上表现如何。

可以在一个不同的图像集合上创建一个单独的迭代器，并将其传递给 DL4J 工具进行评价，如代码清单 9-3 所示。

代码清单 9-3 使用 DL4j 评价模型

```
CifarDataSetIterator cifarEvaluationData = new
    CifarDataSetIterator(batchSize, 1000, new int[] {
    height, width, channels}, preProcessCifar, false);    <-- 创建一个测试集迭代器
```

```
Evaluation eval = new Evaluation(cifarEval
    .getLabels());                          ◁ 实例化 DL4J 评价工具

while(cifarEvaluationData.hasNext()) {      ◁ 在测试集上迭代

  DataSet testDS = cifarEvaluationData.next(
    batchSize);                             ◁ 获取下一个小批量数据（本例中是 100 个示例）

  INDArray output = model.output(testDS
    .getFeatureMatrix());                   ◁ 在当前批量上进行预测

  eval.eval(testDS.getLabels(), output);    ◁ 使用实际输出和 CIFAR 输出标签进行评价
}
System.out.println(eval.stats());           ◁ 在标准输出上打印统计数据
```

评价统计数据包括准确率、精确率、召回率、F1 分数和混淆矩阵等度量（F1 分数的值介于 0 和 1 之间，它考虑了精确率和召回率[①]）。

```
========================Evaluation Metrics========================
 # of classes:    10
 Accuracy:        0.2310
 Precision:       0.2207
 Recall:          0.2255
 F1 Score:        0.2133
Precision, recall & F1: macro-averaged (equally weighted avg. of 10 classes)

========================Confusion Matrix========================
  0  1  2  3  4  5  6  7  8  9
\\---------------------------------
 31  9  4 10  2  3  6  3 26  9 | 0 = airplane
  6 19  0  7  6  6  4  0 16 25 | 1 = automobile
 18  8  6 14  8  6 15  4 12  9 | 2 = bird
 11 14  1 28 14  5  8  6  3 13 | 3 = cat
  8  5  3 14 15  5 15  7  5 13 | 4 = deer
  9  5  5 21 18  8  8  1  3  8 | 5 = dog
  8  9  7 12 21  4 29  7  5 10 | 6 = frog
 11 11  8 13  8  4  6 10 11 20 | 7 = horse
 18  6  1  9  4  1  2  2 47 16 | 8 = ship
 12 12  2  8  6  3  2  3 23 38 | 9 = truck
```

如混淆矩阵（confusion matrix）所示，对于第一行中的类别 `airplane`，31 个样本已经被正确地分配给该类，但是大约相同数量的预测（26 个 `airplane` 图像）被分配给了不正确的类别 `ship`。在理想情况下，混淆矩阵的主对角线上是高值，而其他地方是低值。

---

① F1 分数（F1 score）被定义为精确率（简写为 P）和召回率（简写为 R）的调和平均数，即 F1 分数=$2\times(P\times R)/(P+R)$。在 DL4J 中，F1 分数定义为 $2\times TP/(2TP+FP+FN)$。根据精确率、召回率、TP、FP、FN 的定义，这两个公式是等价的。但 DL4J 算法中根据样本分类情况，使用了宏平均（macro-averaged）计算分数，所以本例中不能简单地使用上述公式，通过精确率、召回率计算 F1 分数。——译者注

将 numSamples 值更改为 5000，再次进行训练和评价，可以期望得到更好的结果。

```
========================Evaluation Metrics========================
 # of classes:    10
 Accuracy:        0.3100
 Precision:       0.3017
 Recall:          0.3061
 F1 Score:        0.3010
Precision, recall & F1: macro-averaged (equally weighted avg. of 10 classes)

=========================Confusion Matrix=========================
  0  1  2  3  4  5  6  7  8  9
\\-------------------------------
 38  2  6  3  5  1  1  9 25 13 | 0 = airplane
  4 34  3  2  4  4  6  4 14 14 | 1 = automobile
 15  4 12  7 15  9 16  8 10  4 | 2 = bird
  7  4  4 26 16 11 15 13  1  6 | 3 = cat
  4  2 10  9 24  7 13  5  8  8 | 4 = deer
  7  5  5 19  9 14 11  7  3  6 | 5 = dog
  3  8 10  9 22  5 40 12  1  2 | 6 = frog
  4  8  6 13 12  2  9 29  2 17 | 7 = horse
 17  5  2  8  4  2  0  4 51 13 | 8 = ship
  7 13  3  4  4  3  2 10 21 42 | 9 = truck
```

F1 分数上升了 0.09 左右（0.3010 减去 0.2133）。这是巨大的进步！但仅有 30%的概率取得好的结果，在生产环境中是不合适的。

你也许会回忆起神经网络训练使用反向传播算法（最终会有变化，取决于特定的体系结构，如循环神经网络中基于时间的反向传播）。反向传播算法旨在通过调整权重减少网络预测所犯的错误，进而降低整体误差率。在某一点上，算法将找到一组具有可能最低的误差的权重（例如，附加到不同层神经元之间的连接的权重），但是这可能需要很长时间，具体时间取决于用于训练的下列数据特征。

- 训练示例的多样性——有些文本是用正式语言编写的，另一些文本则是用俚语编写的；或者，有些照片是白天拍的，有些则是晚上拍的。
- 训练示例的噪声——有些文本有打字错误或语法错误；或者，一些图像质量差，或包含水印及其他类型的噪声，使得训练更加困难。

神经网络训练收敛到一组好权重的能力也极大地依赖于参数调整，例如**学习率**。本书提到过它，但是这里值得再说一遍，因为它是一个必须理解的基本方面。学习率太高会导致训练失败，学习率太低会使训练时间太长且不能收敛到一组好的权重。

图 9-3 显示了神经网络相同、学习率不同时的训练成本。你可以清楚地看到，随着时间推移，两个不同的学习率都收敛到相同的权重集合。学习开始于时间 t_0，考虑一下如果在 t_1 或 t_2 停止训练，那么会发生什么。如果在少量迭代之后就停止训练（在时间 t_1 之前），你会排除高学习率的方案，因为它会使损失增加而不是减少；如果在时间 t_2 停止训练，你会丢弃低学习率的方案，因为它的分数将与高学习率保持一致，或者开始增加。因此，最好使用一些合理的参数设置，设计几个可能的架构，并进行一些实验。

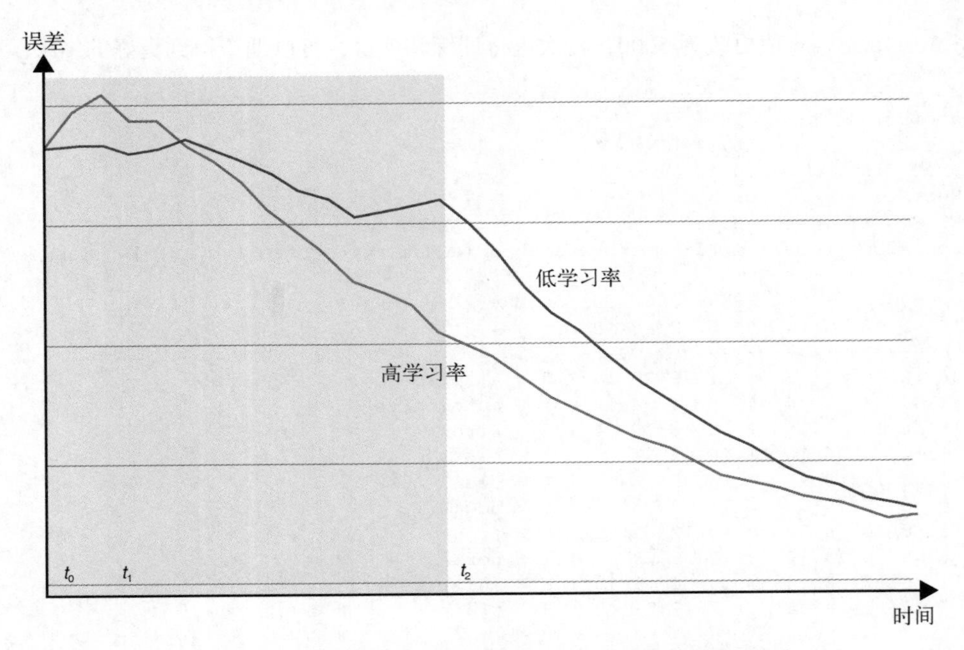

图 9-3　同一神经网络使用不同学习率进行训练的损失图

在 DL4J `Updater` 实现中，人们可以设置神经网络的学习率，如代码清单 9-4 所示。

代码清单 9-4　设置学习率

```
MultiLayerConfiguration conf = new NeuralNetConfiguration.Builder()
    .updater(new Sgd(0.01))      <-- 设置学习率为 0.01
    ...
    .build();
```

2. 添加更多权重

学习更多的权重可能会导致训练耗费更多的时间和资源。一个常见的错误是，人们会尽量增加层数或增加层的大小。但是，只有当网络没有足够的训练能力来适应大量不同的训练样本时，增加层才有帮助，例如当权重的数量远少于样本的数量时，以及神经网络很难收敛到一组好的权重时（也许这时分数不能低于某个值）。

前几节中定义的代码用 5000 个样本训练了一个相对轻量级的 CNN。下面将展示如果让卷积层更深（分别为 96 和 256）会发生什么。5000 个样本的训练时间从 10 分钟增加到 1 小时，评价统计数据如下。

```
========================Evaluation Metrics========================
 # of classes:    10
 Accuracy:        0.3011
 Precision:       0.3211
 Recall:          0.2843
 F1 Score:        0.3016
```

在这种情况下，给网络增加更多的能力是不值得的。

在生产中使用深度神经网络需要一些经验，但这不能一下解决所有问题。要学习的权重的数量是一个重要因素：训练集中的数据点的数量应该总是小于权重的数量。不遵循该规则可能导致过拟合和难以收敛。

现在，对数据做些推理。假如有一些 32 × 32 的小图像。CNN 在卷积层随着时间的推移学习特征，同时在池化层降低采样。给初始卷积层更多的权重，同时使池化层的步长值为 2 而不是 1，也许是有帮助的。你希望训练网络用更少的时间取得稍微好一点的结果。

```
========================Evaluation Metrics========================
 # of classes:    10
 Accuracy:        0.3170
 Precision:       0.3069
 Recall:          0.3297
 F1 Score:        0.3316
```

由于对池化层进行了更改，训练在 5 分钟内而不是 7 分钟内完成，其结果的质量也得到了提高。这看起来可能没有明显的不同，但是在整个数据集上进行训练时，这会产生实际的影响。

3. 使用更多数据进行训练

到目前为止，你只使用 CIFAR 数据集中的几个样本进行了试验。为了更好地理解 CNN 模型的工作原理，你需要用更多的数据来训练它。

CIFAR 中有超过 50 000 幅图像。你应该对数据集进行拆分，将其中的大部分用于训练，将另外的一些图像用于评价。

在使用完整的数据集之前，要考虑可用的硬件和生产场景需求，注意训练所花费的时间，这非常重要。在一台普通笔记本计算机上对 2000 张图片进行第一次迭代的 10 轮训练需要 3 分钟；5000 张图片的 10 轮训练需要 7 分钟。这个时间在实验时是可以接受的，因为你想迅速得到反馈；但在完整数据集上进行几轮训练可能需要数小时。如果提前知道需要改变什么（才能达到更好的结果），你就能节约时间。

现在，让我们在 50 000 幅图像中按当前的设置进行训练，并额外保留 10 000 个图像用于评价。我们可以期望在训练结束时会得到更好的评价度量结果和更低的分数。

```
========================Evaluation Metrics========================
 # of classes:    10
 Accuracy:        0.4263
 Precision:       0.4213
 Recall:          0.4263
 F1 Score:        0.4131
Precision, recall & F1: macro-averaged (equally weighted avg. of 10 classes)

=========================Confusion Matrix=========================
   0   1   2   3   4   5   6   7   8   9
\\---------------------------------------------
 459  60  39  40  14  24  41  49 191  83 | 0 = airplane
  29 592   3  30   3  12  47  34  50 200 | 1 = automobile
```

```
 92  50 123  81 165  89 229  97  46  28 | 2 = bird
 19  34  40 247  48 200 216 103  19  74 | 3 = cat
 44  21  58  83 284  60 263 128  33  26 | 4 = deer
 11  22  69 189  63 337 158 100  29  22 | 5 = dog
  3  26  20  90  66  32 661  52   9  41 | 6 = frog
 24  38  27  86  72  69 107 494  18  65 | 7 = horse
122  92  12  25   6  21  23  26 546 127 | 8 = ship
```

在几乎全部训练集上训练后，你在 3 小时后（在普通笔记本计算机上）得到的 F1 分数是 0.4131。但你对模型的准确率仍不满意，毕竟它的误差率为 59%。

在这种情况下，查看损失曲线很有用。如图 9-4 所示，曲线在下降，如果你有更多的数据，曲线可能会继续下降。遗憾的是，在这个例子中，除非使用更小的测试集，否则曲线不会继续下降。

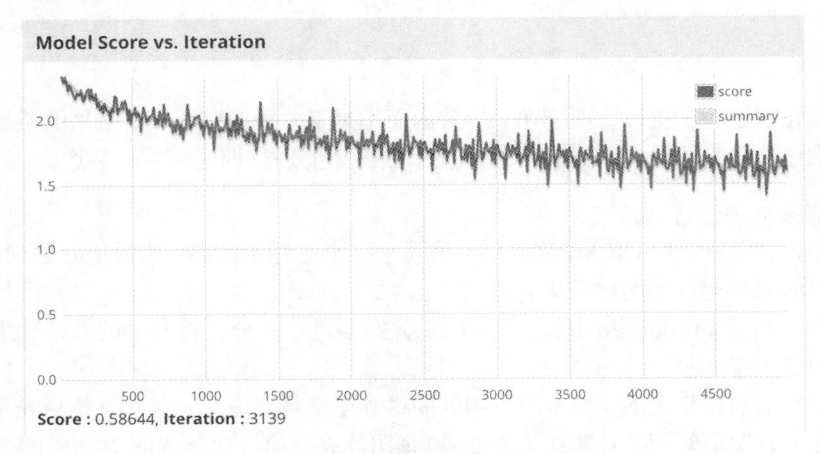

图 9-4 CNN 全训练损失图

4. 调整 batch 大小

当得到这样的曲线时，可以考虑是否使用了错误的 batch 参数大小。批量（batch）或小批量（mini-batch）是一组训练样本，这些样本被放在一起并作为单独一批输入反馈到神经网络。例如，与其一次只输入一幅图像，或是每次只输入一个输入体（volume，一组堆叠矩阵），不如一次塞入多个输入体。这样做通常有两个后果：

- 训练速度更快；
- 训练不容易过拟合。

如果 mini-batch 参数设置为 1，那么曲线（特别是在第一次迭代中）的起伏波动将较为明显[①]。另外，如果 mini-batch 参数设置过大，网络可能无法学习输入中很少出现的特定模式和特征。

---

① 即上下波动的锯齿形。mini-batch 为 1 时，称为随机梯度下降法（stochastic gradient descent，SGD），细节可参见 SGD 相关资料。令人困惑的批量（batch）、小批量（mini-batch）等术语，可参见 Ian 等人所著的《深度学习》8.1.3 节。——译者注

平坦的损失曲线可能与 batch 的大小（在本例中为 100）有关，这个 batch 对数据来说太大了。若要查看这些因素是否有影响，可以在一部分数据集上执行快速测试。如果获得了令人振奋的结果，之后可以在完整的数据集上进行训练，以验证设置中所要进行的更改。将 batch 参数设置为 48，在 5000 个实例上进行训练，并对 1000 幅图像进行评价。这次你希望曲线不太平滑，损失也较低，并希望模型的准确性更好。

```
========================Evaluation Metrics========================
 # of classes:    10
 Accuracy:        0.3274
 Precision:       0.3403
 Recall:          0.3324
 F1 Score:        0.3218
```

正如这些结果和图 9-5 所示，缩小 batch 有助于加快接近最小损失的速度。这比把 batch 大小设置为 100 快得多。但是，训练花费了更多的时间，即 9 分钟，而不是之前的 7 分钟。2 分钟的差异在更大的尺度上可能会被注意到，但是如果增加训练时间换来了明显更好的 F1 分数，那么这是可以接受的。

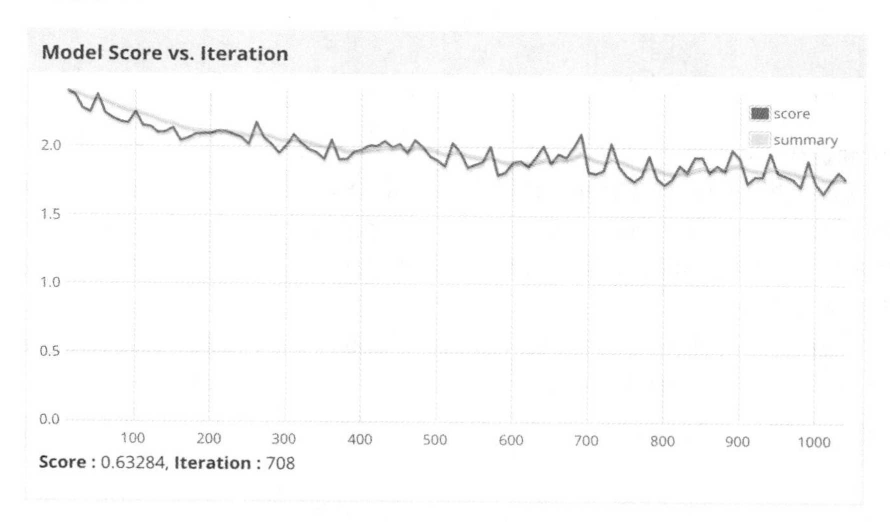

图 9-5　batch 大小为 48 的训练

F1 分数从 0.3016 提高到 0.3218。因此，缩小 batch 似乎是一个好主意，你需要用完整的训练来证明它。我们不会将这样一个小型训练集的 F1 分数与包含超过 50 000 张图片的训练集的 F1 分数进行比较，因为这不公平，并可能会误导我们努力的方向（并阻挠我们取得成果）。但是越小的 batch 效果就越好吗？将 batch 大小设置为 24 并查看（见图 9-6）。

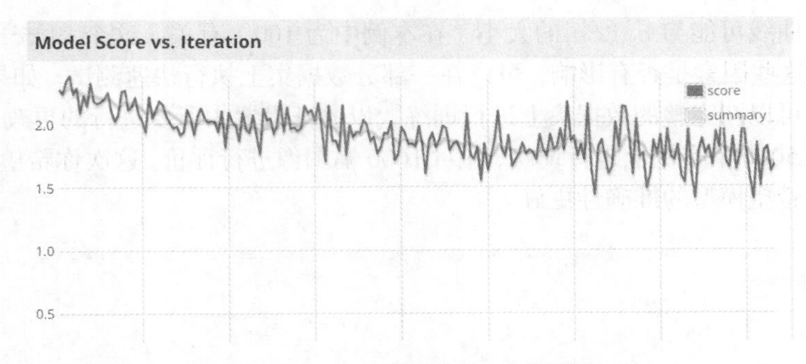

图 9-6　batch 大小为 24 的训练

如图 9-6 所示，此时曲线的起伏更尖锐，损失接近 batch 设置为 48 时，F1 的分数更高（0.3340），但训练用了 13 分钟而不是 9 分钟。

```
========================Evaluation Metrics========================
 # of classes:     10
 Accuracy:         0.3601
 Precision:        0.3512
 Recall:           0.3551
 F1 Score:         0.3340
```

5. 评价和迭代

现在，你必须做出决定：在时间和计算资源方面，你能否负担得起代价更大的训练（例如，如果你正通过云服务进行生产训练，那就意味着花更多的钱）以得到更好的数值？有一种好方法是，把所生成的不同模型连同它们的评价指标和训练时间一起保存起来，这样在后期需要做出决定时就可以把它们找出来。

使用较小的 batch，神经网络能够更好地处理更多不同的输入，但是曲线会更尖锐。用 50 000 个例子在笔记本计算机上训练最新的模型，5 小时后得到以下评价结果。

```
========================Evaluation Metrics========================
 # of classes:     10
 Accuracy:         0.5301
 Precision:        0.5213
 Recall:           0.5095
 F1 Score:         0.5153
```

F1 分数提高了 0.1 左右，从 0.4131 提高到不错的 0.5153。但是，这仍然不适合推送给最终用户。在这样的分数下，如果用户寻找鹿的图像，那么他们可能只得到 5 张鹿的图像，剩下的图像将显示猫、狗，甚至卡车和轮船！

你尝试过使用更深的卷积层，但是没用。如前文所示，随着所使用的数据量增加，准确率也提高了。即使在原型阶段，要得到好结果，batch 大小也已被证明是一个重要参数，但是 batch 大小的变化对训练时间有影响。

此外，仍有许多因素需要考虑。

- 更多训练轮数。
- 检查权重和偏差初始化。
- 查看**正则化**（regularization）选项。
- 改变反向传播过程中神经网络更新权重的方法（**更新算法**）。
- 在这种情况下，确定增加层是否会有帮助。

下面将讨论这些因素。

6. 轮数

示例当前使用了 10 轮（epoch），因此神经网络看到相同的输入 10 次。其原理是，网络如果能够“多次”看到这些输入，就有更高的概率获得正确的权重。在网络的设计开发阶段，5、10 和 30 这样的小数字很常见。但是在训练最终模型时，可以改变此值。如果你增加了轮数，但没有看到任何显著的改进，那么网络可能无法在当前设置下在该数据上取得更好的效果。这种情况下，你需要更改其他内容。

将轮数从 10 改为 20，得到以下结果。

```
========================Evaluation Metrics========================
 # of classes:    10
 Accuracy:        0.3700
 Precision:       0.3710
 Recall:          0.3646
 F1 Score:        0.3565
```

训练时间为 28 分钟，见图 9-7。

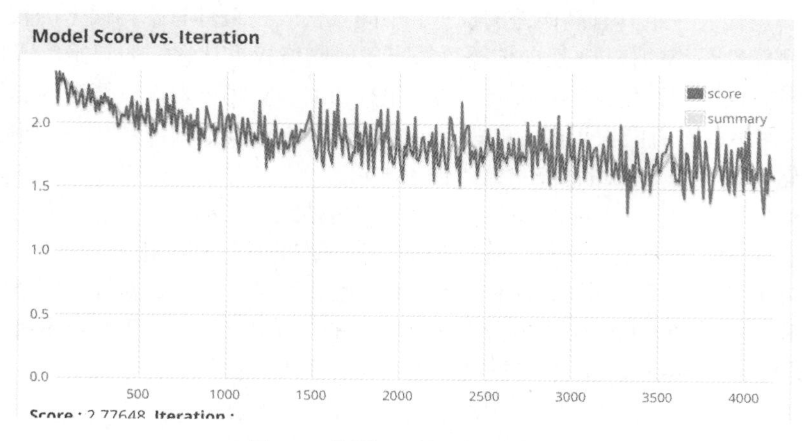

图 9-7　训练 20 轮的损失曲线

7. 权重初始化

考虑尚未接收任何输入的神经网络，此时网络中的所有神经元具有激活函数和连接。当网络开始接收输入和反向传播输出错误时，它开始改变附加到每个连接的权重。改变这些权重被初始化的方式，神经网络会取得出乎意料的成果。大量的研究表明，权重初始化对训练的有效性有显著影响[①]。

一种将权重初始化的简单方法是将它们全部设置为0，或将它们设置为随机数。前面几章介绍了学习算法（反向传播）是如何改变网络权重的：你可以直观地认为这是在一个误差曲面上移动的一个点（见图9-8），这样的曲面上一个点代表一组权重，高度最小的点代表这组权重使得网络提交的误差可能最小。

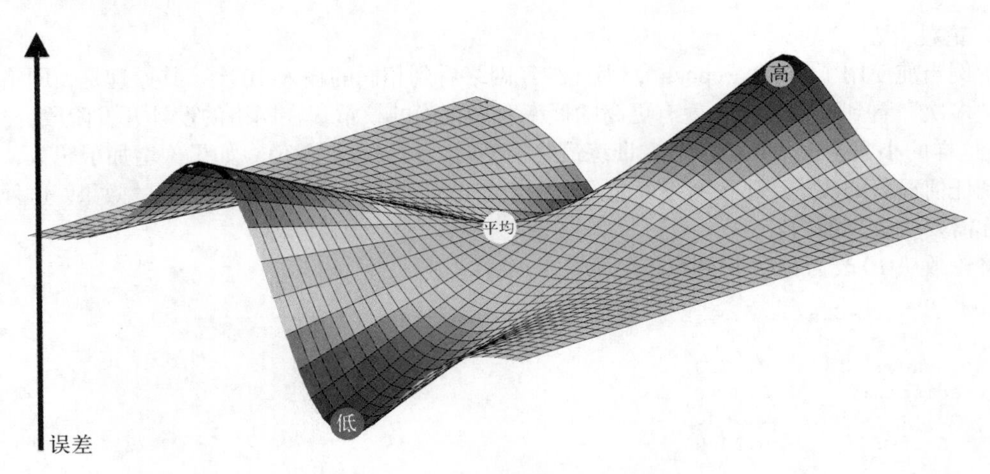

图9-8　一些关注点的误差曲面

图中的最高点代表一组具有高误差的权重，中间点代表一组具有平均误差的权重，而最低点表示一组误差可能性最小的权重。反向传播算法有望使网络权重从它们的起始位置移动到底部标出的点。现在考虑权重初始化：在寻找最佳的一组权重时，它将负责设置算法的起始点。在权重初始化为0时，网络权重可能位于中心的白点，这样既不坏，也不好；而使用一个随机的初始化，你既可能会走运，把权重放在最低点附近（但不太可能），也可能会把权重设置在离它很远的地方，比如顶部标出的点处。这个起始位置会影响反向传播到达底部的能力，或者至少可能会使过程变得道阻且长。因此，要成功进行训练，神经网络权重的良好初始化至关重要。

有一种很好的常用权重初始化，叫作 **Xavier 初始化**。基本上，针对神经网络的权重，它是按参数0均值和每个神经元特定方差的分布来初始化的。初始权重取决于与特定神经元有传出连接的神经元数量。你可以在DL4J中的特定层使用以下代码设置此项。

```
.layer(2, new ConvolutionLayer.Builder(new int[]{5,5}, new int[] {1,1}, new
     int[] {0,0})
  .convolutionMode(ConvolutionMode.Same)
```

① 参见 Xavier Glorot 和 Yoshua Bengio 的文章“Understanding the Difficulty of Training Deep Feedforward Neural Networks”，刊载于 *Proceedings of the 13th International Conference on Artificial Intelligence and Statistics* (*AISTATS*)。

```
.nOut(10)
.weightInit(WeightInit.XAVIER_UNIFORM)    <-- 使用 Xavier 分布初始化给定层的权重
.activation(Activation.RELU)
```

8. 正则化

前文提到，当单个批量中的输入数量减少时，损失曲线变得不那么平滑。这是因为，批量越少，学习算法就越容易发生过拟合（见图 9-9）。

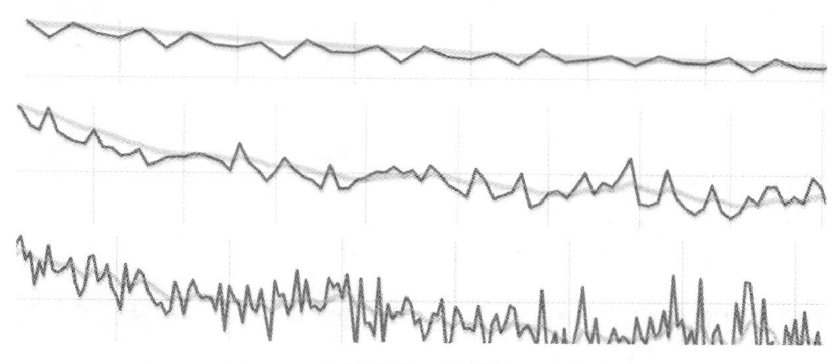

图 9-9 小批量学习的锐化损失曲线

在神经网络训练算法中引入正则化方法通常很有用。这是因为 batch 比较小，但在实践中这通常也是一个好做法。所用的正则化数量视情况而定。

```
MultiLayerConfiguration conf = new NeuralNetConfiguration.Builder()
    .gradientNormalization(GradientNormalization.RenormalizeL2PerLayer)
    .l1(1.0e-4d).l2(5.0e-4d)
```

使用正则化和权重初始化，在 5000 幅图像上进行另一组 10 轮训练。以下是最终结果。

```
========================Evaluation Metrics========================
 # of classes:    10
 Accuracy:        0.4454
 Precision:       0.4602
 Recall:          0.4417
 F1 Score:        0.4438
```

训练花了 16 分钟，但如图 9-10 所示，损失减少的速度要比以前的设置快得多，并且降到了一个更低的值。正如所料，当训练样本相对较少时，F1 分数比较高。

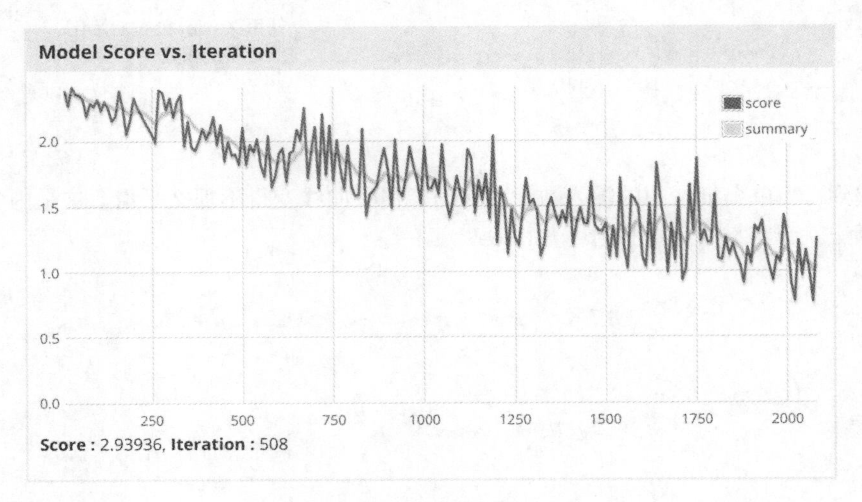

图 9-10　优化调节

注意，随着轮数的增大，结果会有所提高，因此像之前一样，将轮数增加到 20。

```
=======================Evaluation Metrics========================
 # of classes:    10
 Accuracy:        0.4435
 Precision:       0.4624
 Recall:          0.4395
 F1 Score:        0.4411
```

虽然训练时间增加到 19 分钟，曲线看起来也多少有些相似，但令人惊讶的是，F1 分数保持不变（见图 9-11）。有几种原因可能导致这种情况。首先，你可能需要更多的数据。

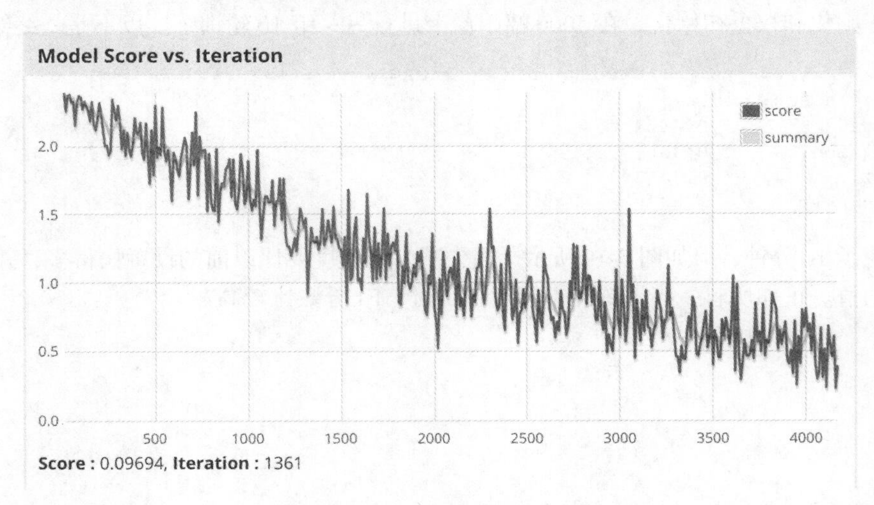

图 9-11　20 轮优化调节

使用包含 50 000 幅图像的整个数据集来评价最后设置的准确率（见图 9-12）。

```
========================Evaluation Metrics========================
 # of classes:    10
 Accuracy:        0.5998
 Precision:       0.6213
 Recall:          0.5998
 F1 Score:        0.5933
```

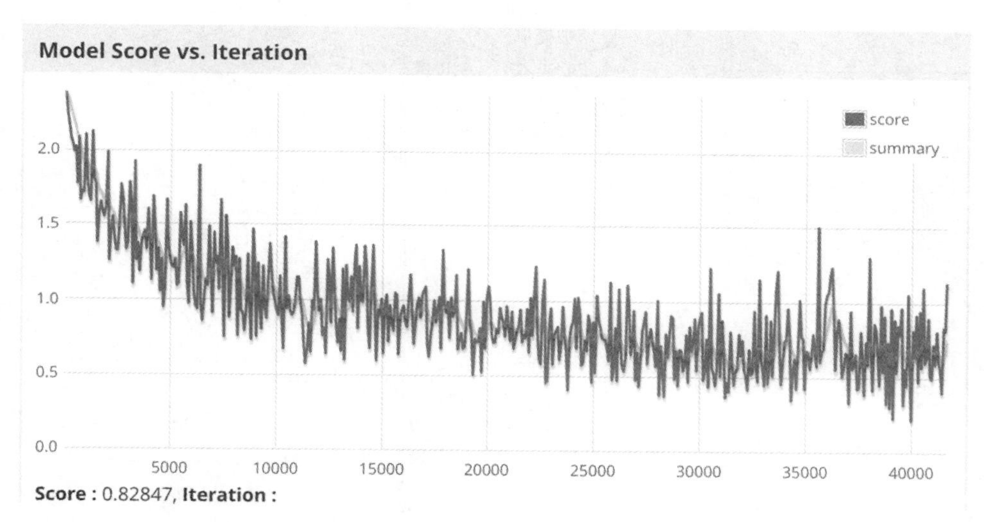

图 9-12　全部数据集的训练损失曲线

得到好数字并不那么容易，并且可能需要按刚才叙述的过程进行多次迭代。看看最近的研究，在神经网络的不同方面寻找更好的解决方案是一个好主意。在某种程度上，调整神经网络像是一门艺术，经验对此有帮助，但是了解数学和学习动力是提出有效模型和设置的关键。

9.2　索引和神经元协同工作

9.1 节演示了一个端到端的过程：建立和调整一个深度神经网络，以在准确率上达到最佳的结果。此外，你简单记录了训练整个网络所需的时间。用这些配置，只能解决一半的问题。你的目标是在搜索环境中使用深度学习模型来向最终用户提供更有意义的搜索结果。现在问题是，如何与搜索引擎一起使用和更新这些深度学习模型。

假设此刻有一个预训练过的模型，它完全适合要索引的数据。例如，你为文本文档编制索引，并希望使用预训练过的，比如 seq2seq 模型，来提取用于搜索引擎的排序函数的思维向量。一种直接的解决方案是，建立一个文档索引管道，首先将文档文本发送到 seq2seq 模型，然后提取相应的思维向量并将其与文档文本一起索引到搜索引擎中。如图 9-13 所示，神经网络和搜索引擎的动作和职责有很多交叉。

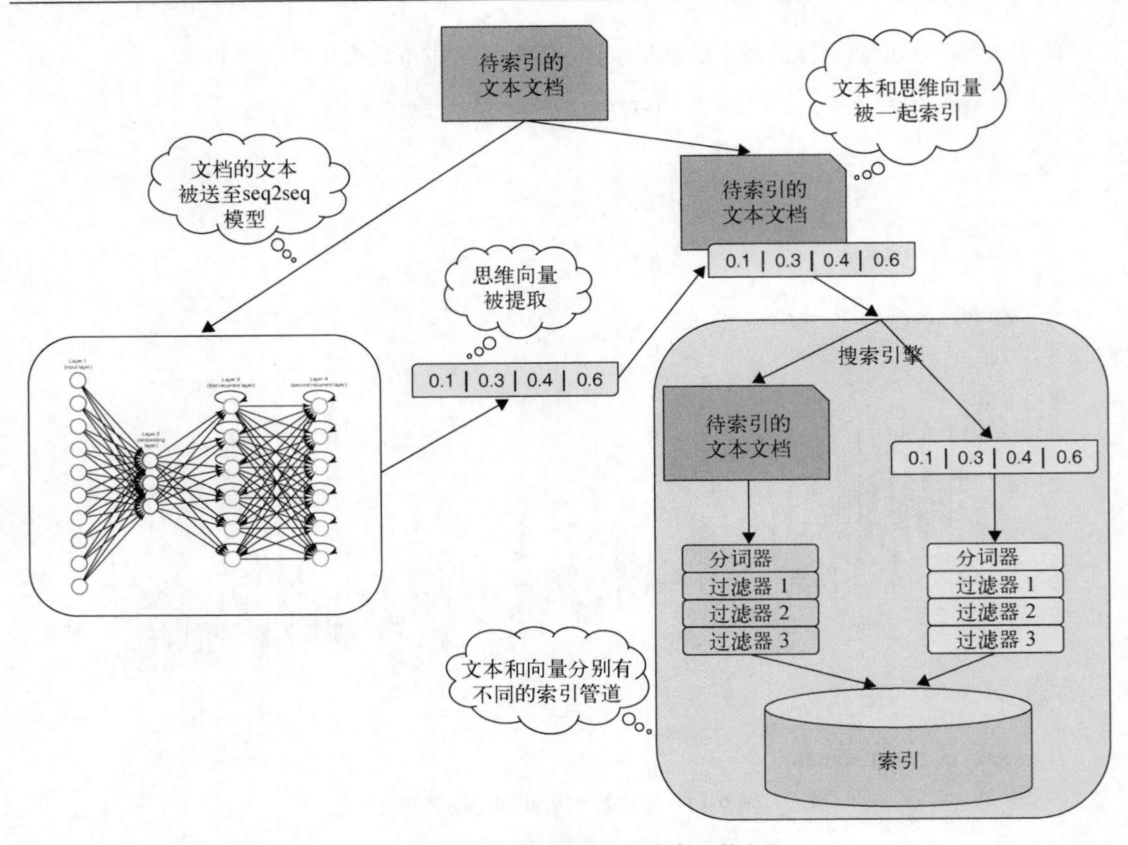

图 9-13　索引时神经网络与搜索引擎交互

在搜索时，再次使用 seq2seq 模型从查询中提取思维向量（见图 9-14）。然后，排序函数使用查询和文档思维向量（以前存储在索引中）进行评分。

看到这些图，你可能会觉得一切都非常合理。但是神经网络可能会导致索引和搜索方面的额外负担。

- **神经网络预测时间**（neural network prediction time）——神经网络在索引时提取文档的思维向量需要多长时间？神经网络在搜索时提取查询的思维向量需要多长时间？
- **搜索引擎索引大小**（search engine index size）——除了文本文档使用的存储空间外，生成嵌入需要多少空间？

一般来说，性能的最关键方面是查询（搜索）阶段。你不能期望用户仅仅因为你的排序函数会返回更好的结果而等待几秒钟。在大多数情况下，用户永远不会了解搜索框背后的原理，他们只希望它快速可靠，并给出好结果。

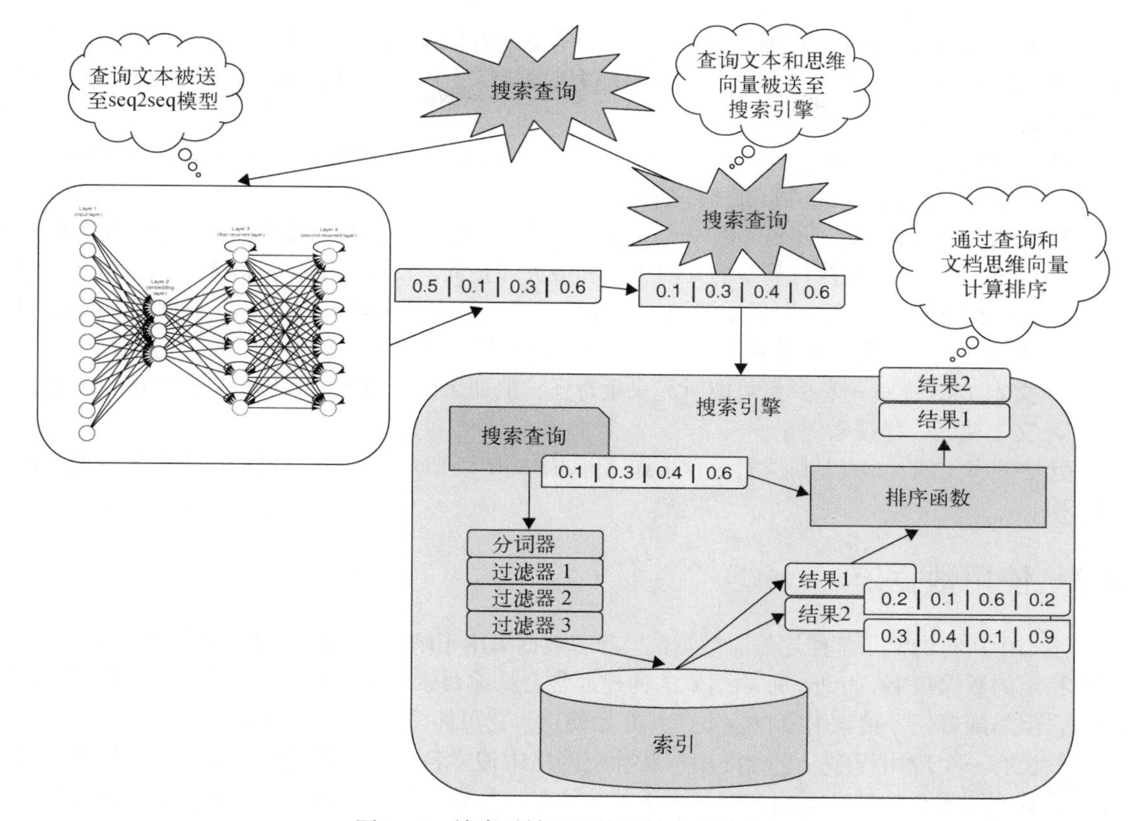

图 9-14　搜索时神经网络和搜索引擎交互

9.1 节讨论了结果的准确率，同时突出了训练时间。此外，你还需要跟踪网络从输入层到输出层的全反馈计算所花费的时间。

在编码器-解码器网络中，网络编码侧的前馈传递只需要提取思维向量。只有当你想用一个目标输出（如果你有）对输入文本进行训练时，才需要使用网络的解码器端。

索引时的开销也必须考虑在内。假设你在一个“静态”的场景中处理一组文档，那么即使它很大也可能没问题，因为如果只发生一次，你可以接受 1~2 小时的总开销。但重新索引或大容量并发索引可能有问题。**重新索引**意味着从搜索引擎中从头开始索引整个文档语料库。这通常通过改变文本分析管道配置或添加文档处理器以提取更多元数据完成。

以一个简单的基于 Lucene 的搜索引擎为例。它没有查询扩展功能，为了使用 word2vec 模型在索引时扩展同义词，需要获取所有现有文档并重新索引它们，以让作为结果的倒排索引也包含由 word2vec 提取的单词（同义词）。索引越大，重新索引的影响就越大。

并发性是另一个方面：神经网络能处理并发输入吗？这是一个实现细节，可能取决于用来实现模型的具体技术，但是它必须兼顾索引时间（多个并行索引过程）和搜索时间（多个用户同时搜索）。

嵌入和稠密向量通常可以有多个维度。如何有效地存储它们是一个尚未解决的问题。在现实世界中，选项可能会受到所用搜索引擎技术能力的限制。例如，在 Lucene 中，稠密向量可以用以下任意一种方式被索引。

- **二进制文件**（binary）——每一个向量都像非限定的二进制文件一样被存储，所有的嵌入处理都是在提取二进制文件时完成的。
- ***n* 维点**（*n*-dimensional point）——每个向量都被存储为一个具有多个维度的点（每个向量维度一个）。可以执行基本的几何查询和最近邻查询。目前，Lucene 最多可以索引 8 维向量，因此必须将高维向量（例如 100 维词向量）减少到最多 8 维向量，才能在 Lucene 中索引它们（就像第 8 章 PCA 对图像特征向量所做的那样）。
- **文本**（text）——一开始可能听起来很奇怪，但如果设计得当，人们可以索引向量，并像文本单元一样搜索向量[①]。

其他的库（如 Vespa）和搜索平台（如 Apache Solr 和 Elasticsearch）可能提供更多的或不同的选项。

9.3 使用数据流

本书中所有的例子都使用静态数据集。静态数据集用于阐释说明时很好，因为它们更容易聚焦在特定的数据集上。此外，搜索引擎的构建通常会从你要索引的一组文档［文本和（或）图像］开始，但是随着一个搜索引擎投入生产并开始使用，它可能需要接收新文档。

假设有一个应用程序，它允许用户从社交网络中搜索各种主题的热门帖文。你可以从一组已经下载或购买了的帖文开始，但是由于关注的焦点是热门帖文，而流行趋势会随时间改变，所以你需要不断地获取数据。不仅是社交网络帖文，新闻也需要类似的应用。你可以下载一个新闻语料库，比如 NYT 带注释的语料库，但是每天，应用必须抓取许多新的文章，使用户可以搜索它们。

现在，使用**流式架构**（streaming architecture）来处理数据输入流是很常见的。在流式架构中，数据从一个或多个源连续地流入，并由管道中的堆叠函数进行转换。数据可以在任何时候被转换、聚合或丢弃，最后到达一个**汇集点**（sink），即管道的最后阶段，例如数据库或搜索引擎索引等持久性系统。

在前面的示例中，流式架构可以连续地从社交网络中抓取帖文并将其索引到搜索引擎中。另一个使用索引数据的应用可以读取索引并向最终用户公开搜索特征。但是你在用神经网络工作，所以你需要训练想使用的神经网络模型。

在一个示例场景中，请构建一个应用程序，以持续为一组预定义主题中的每一个主题找到最相关的帖文（见图 9-15）。要做到这一点，就要使用流式架构来不断地执行以下操作。

- 从社交网络（本例中是 Twitter）抓取推文。

---

① 参见 Jan Rygl 等人的文章“Semantic Vector Encoding and Similarity Search Using Fulltext Search Engines”。

- 训练不同的神经网络模型来提取文档嵌入。
- 在 Lucene 中索引文本和嵌入。
- 针对每个排序模型和每个主题，输出最相关的推文。

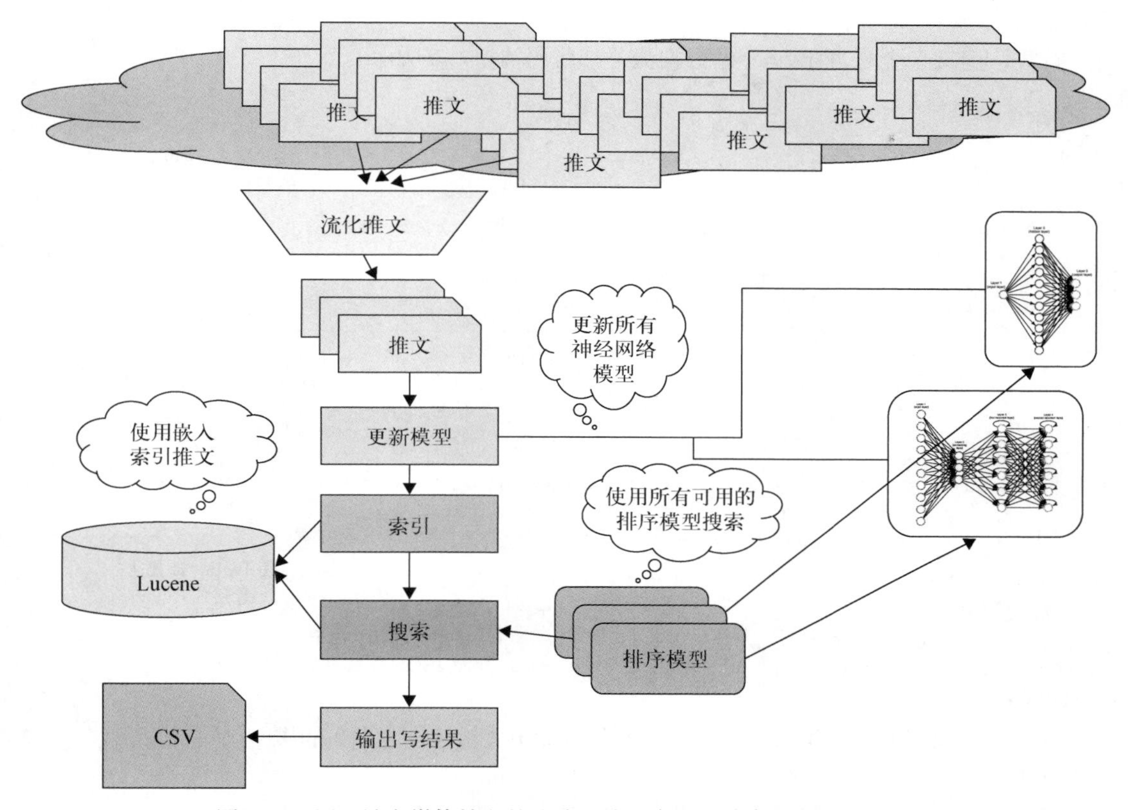

图 9-15　用于社交媒体帖文的连续训练、索引和搜索的流应用程序

最后，你会快速评价不同的排序模型（可能是神经网络的，也可能不是）中哪一个是比较有前途的。例如，可以在试生产阶段使用这样的应用程序来帮助选择最适合生产应用程序的排序模型。

为了建立流式架构，需要使用 Apache FLink，一个用于数据流的计算框架和分布式处理引擎。FLink 流管道将执行以下操作。

- 包含特定关键字的推文从 Twitter 社交网络流入。
- 提取每条推文的文本、语言、用户等。
- 使用两个独立的模型提取文档嵌入，即段向量和 word2vec 平均词嵌入。
- 在 Lucene 中为每条推文的文本、语言、用户和文档嵌入编制索引。
- 使用不同的排序模型（经典的和神经的）在所有索引数据上运行预设的查询。
- 将输出写入 CSV（逗号分隔值）文件中，方便在稍后阶段分析、评价搜索结果的质量。

输出文件将展示针对特定主题的一组固定查询的结果数据变化，以及不同的排序模型是如何响应的。这将展示排序模型是如何适应新推文的，该信息非常有价值。如果一个排序模型不管数据如何变化，总是给出同样的结果，那么它可能不是最好的选择，因为这个应用程序旨在捕捉趋势数据。

首先，定义一个来自 Twitter 的数据流，如代码清单 9-5 所示。

代码清单 9-5　使用 Flink 定义一个 Twitter 数据流

```
final StreamExecutionEnvironment env =
    StreamExecutionEnvironment.getExecutionEnvironment();

Properties props = new Properties();
props.load(StreamingTweetIngestAndLearnApp.class.getResourceAsStream(
    "/twitter.properties"));
TwitterSource twitterSource = new TwitterSource(props);

String[] tags = {"neural search", "natural language processing", "lucene",
    "deep learning", "word embeddings", "manning"};
twitterSource.setCustomEndpointInitializer(new FilterEndpoint(tags));

DataStream<Tweet> twitterStream = env.addSource(twitterSource)
    .flatMap(new TweetJsonConverter());
```

定义 Flink 执行环境

加载接入 Twitter 的安全证书

为 Twitter 数据创建新的 Flink 源

定义主题，用于从 Twitter 抓取推文（仅包含这些关键词的推文才会被提取）

对 Twitter 源的每个主题增加过滤器

在 Twitter 数据上创建流

从将推文原始文本转换为 JSON 格式开始

这个清单执行所需的配置，以开始接收包含如下关键字（主题）的推文："神经搜索""自然语言处理""Lucene""深度学习""词嵌入"和"manning"。

接下来将定义一系列函数来处理推文。我们还将关注性能方面的实现细节。例如，在每次收到新推文时运行预设查询是否有意义？也许在有更多可以影响评分的数据（比如 20 条推文）时，这样做才更好。因此，可以定义一个计数窗口函数，该函数仅在它收到 20 条推文时才将数据传递给下一个函数。此外，仅用一个样本更新神经网络模型通常不是一个好主意，因为使用较大的训练批量不易让训练误差产生波动（使学习曲线更加平滑），如代码清单 9-6 所示。

代码清单 9-6　操作流数据

```
Path outputPath = new Path("/path/to/data.csv");
OutputFormat<Tuple2<String, String>> format = new
    CsvOutputFormat<>(outputPath);

DataStreamSink<Tuple2<String, String>> tweetSearchStream =
    twitterStream
        .countWindowAll(batchSize)
        .apply(new ModelAndIndexUpdateFunction())
```

输出 CSV 文件

在流数据上定义一个计数窗口

更新模型，提取特征，更新索引

```
      .map(new MultiRetrieverFunction())
      .map(new ResultTransformer()).countWindowAll(1)
      .apply(new TupleEvictorFunction())
      .writeUsingOutputFormat(format);
env.execute();
```

运行预设查询

转换输出以适于组成 CSV 文件

ModelAndIndexUpdateFunction 负责更新神经网络模型并对 Lucene 中的文档进行索引。理论上，你可以把它拆分成许多小函数，但是为了保证可读性，可以把摄取和搜索过程拆分成两个函数。你可以根据自身需要使用很多的神经排序模型，本例使用了 word2vec 和段向量（它们的定义分别在第 5 章和第 6 章）来改变排序。

在接收每条推文之后，段向量和 word2vec 模型都生成两个独立的嵌入。向量会与 Twitter 文本一起受到索引，并在检索时被 ParagraphVectorsSimilarity 和 WordEmbeddingsSimilarity 类使用，如代码清单 9-7 所示。

代码清单 9-7 更新模型和索引的函数

```
public class ModelAndIndexUpdateFunction implements AllWindowFunction<Tweet,
     Long, GlobalWindow> {

  @Override
  public void apply(GlobalWindow globalWindow, Iterable<Tweet> iterable,
    Collector<Long> collector) throws Exception {
    ParagraphVectors paragraphVectors = Utils.fetchVectors();
    CustomWriter writer = new CustomWriter();
    for (Tweet tweet : iterable) {
      Document document = new Document();
      document.add(new TextField("text", tweet.getText(),
        Field.Store.YES));

      INDArray paragraphVector =
        paragraphVectors.inferVector(tweet.getText());
      document.add(new BinaryDocValuesField(
        "pv", new BytesRef(paragraphVector.data().asBytes())));

      INDArray averageWordVectors =
        averageWordVectors(word2Vec.getTokenizerFactory()
        .create(tweet.getText()).getTokens(), word2Vec.lookupTable());
      document.add(new BinaryDocValuesField(
        "wv", new BytesRef(averageWordVectors.data().asBytes())));

      ...

      writer.addDocument(document);
    }
    long commit = writer.commit();

    writer.close();

    collector.collect(commit);
  }
}
```

在当前批量推文上迭代

为当前推文文本创建一个 Lucene 文档

推断出段向量，并更新模型

索引段向量

从 word2vec 推断出文档向量，并更新模型

索引平均词向量

索引文档

将全部推文提交给 Lucene

关闭 IndexWriter（释放资源）

将提交标记传递给下一个函数（这能用于追踪索引随时间变化情况）

MultiRetrieverFunction 包含一些基本的 Lucene 搜索代码，可以在全部索引上用不同的排序函数运行固定的查询（例如“深度学习搜索”）。首先，它设置 IndexSearcher，每个 IndexSearcher 使用不同的 Lucene Similarity，如代码清单 9-8 所示。

代码清单 9-8　设置 IndexSearcher

```
Map<String, IndexSearcher> searchers = new HashMap<>();    // 不同 Similarity 的 IndexSearcher 放在这个映射中

IndexSearcher classic = new IndexSearcher(...);    // 为 ClassicSimilarity（TF-IDF）创建一个 IndexSearcher
classic.setSimilarity(new ClassicSimilarity());    // 在 IndexSearcher 上设置 ClassicSimilarity
searchers.put("classic", classic);    // 将 IndexSearcher 放在映射中

IndexSearcher bm25 = new IndexSearcher(...);    // 为 BM25Similarity（Lucene 默认值）创建一个 IndexSearcher
searchers.put("bm25", bm25);

IndexSearcher pv = new IndexSearcher(...);
pv.setSimilarity(new ParagraphVectorsSimilarity(
  paragraphVectors, fieldName));    // 为 ParagraphVectorsSimilarity 创建一个 IndexSearcher
searchers.put("document embedding ranking", pv);

IndexSearcher lmd = new IndexSearcher(...);
lmd.setSimilarity(new LMDirichletSimilarity());    // 为 LMDirichletSimilarity 创建一个 IndexSearcher
searchers.put("language model dirichlet", lmd);

IndexSearcher wv = new IndexSearcher(...);
pv.setSimilarity(new WordEmbeddingsSimilarity(
  word2Vec, fieldName, WordEmbeddingsSimilarity.Smoothing.TF_IDF));    // 为 WordEmbeddingsSimilarity 创建一个 IndexSearcher
searchers.put("average word embedding ranking", wv);
```

你可以尽可能多地添加排序模型。接下来，对可用的 IndexSearcher 进行迭代，并对每个 IndexSearcher 执行相同的查询。最后，将结果写入 CSV 文件。

在执行 MultiretrieverFunction 期间汇总在 CSV 文件中的输出包含每个排序模型的一行。每一行首先包含模型的名称（classic、BM25、average wv ranking、paragraph vectors ranking 等），然后是逗号和该排序模型返回的第一个搜索结果的文本。久而久之，你将得到一个巨大的 CSV 文件，它包含在所有不同排序模型上的相同查询的输出。

请看两个连续执行的结果（为了更好的可读性，手动标记为<iteration-1>和<iteration-2>）。

```
...
...<iteration-1>
...
classic,Amazing what neural networks can do.
// Computational Protein Design with Deep Learning Neural Networks
language model dirichlet,Amazing what neural networks can do.
// Computational Protein Design with Deep Learning Neural Networks
bm25,Amazing what neural networks can do.
// Computational Protein Design with Deep Learning Neural Networks
```

```
average wv ranking,Amazing what neural networks can do.
// Computational Protein Design with Deep Learning Neural Networks
paragraph vectors ranking,Amazing what neural networks can do.
// Computational Protein Design with Deep Learning Neural Networks
...
...<iteration-2>
...
classic,Amazing what neural networks can do.
// Computational Protein Design with Deep Learning Neural Networks
language model dirichlet,Amazing what neural networks can do.
// Computational Protein Design with Deep Learning Neural Networks
bm25,Amazing what neural networks can do.
// Computational Protein Design with Deep Learning Neural Networks
average wv ranking,The Connection Between Text Mining and Deep Learning
paragraph vectors ranking,All-optical machine learning using diffractive
deep neural networks:
...
```

注意，非神经排序模型并没有改变排序靠前的搜索结果，而那些依赖于嵌入的模型则立即适应了新的数据，这种能力让神经排序模型能够发挥作用。流式架构可以处理要索引到搜索引擎中的高负载数据，评价最佳模型，并仔细安排神经网络和搜索引擎如何最好地协同工作。

9.4 总结

- 训练深度学习模型并不总是简单明了的，在真实场景中经常需要对该过程进行调整和修改。
- 搜索引擎和神经网络通常是两个不同的系统，它们在索引时和搜索时相互作用。为了在响应时间方面保持良好的整体用户体验，监控它们的性能很有必要。
- 和常见的流式场景一样，真实世界中的部署必须考虑负载和并发性，评价质量，以实现最佳的搜索解决方案。

展望未来

本书在开始时提出了一个疑问，即是否有可能使用深度神经网络作为智能助手，为人们提供更好的搜索工具。在本书的全部内容中，我们接触了常见的搜索引擎的几个方面，深度学习在其中有很大的潜力，可以帮助用户找到他们想要的东西。

随着本书研究的主题和算法越来越复杂，我希望你对这个话题越来越感兴趣。本书提供了一些工具和实用建议，你可以立即使用它们。我也希望本书能激励你去了解哪些方面仍然有提升的空间，以及哪些问题仍然没有解决，并深入钻研它们。在本书的写作过程中，我在深度学习领域发表了一些新论文，其中包括一些与搜索相关的论文。新的激活函数被证明是有用的，新的模型被提出并取得了令人满意的结果。我建议你不要止步于此，而要继续思考你和你的用户需要什么，以及如何创造性地达到目的。

本书仅仅触及了将深度学习应用于信息检索的皮毛。但是现在你已经了解了神经搜索的基础知识，做好了深入地自主学习并完成难度更高的任务的准备。祝你从中获得更多乐趣！

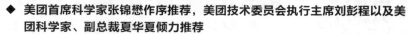

TURING
图灵教育
站在巨人的肩上
Standing on the Shoulders of Giants

TURING
图灵教育
站在巨人的肩上
Standing on the Shoulders of Giants